哈尔滨理工大学制造科学与技术系列专著

高速铣刀安全性衰退机理及其跨尺度关联设计方法

姜 彬 赵培轶 著

科学出版社
北京

内 容 简 介

高速铣刀宏介观安全稳定性既是高速铣刀在较高层次上的安全性需求，也是实现高速稳定铣削的基础，综合反映了铣刀在高速铣削过程中的安全状态和表现，是检验高速铣刀产品能否满足关键零部件高效、高精度加工安全性需求的最终判据。本书针对高速铣刀安全性衰退导致的不稳定铣削问题，论述非线性多场强耦合作用下高速铣刀安全稳定性，揭示高速铣刀安全性衰退机理，讨论高速铣刀安全性衰退本征/非本征交互作用和介观结构域、宏观结构域、功能域之间映射变换方法，提出高速铣刀跨尺度关联设计技术。

本书以实际应用为主，图文并茂、深入浅出，设计实例与工程实践结合紧密，研究步骤符合刀具设计与工艺设计人员的思维习惯，相关方法和数据可供高效铣削及刀具技术研究人员和加工工艺设计人员参考，也可供高等院校机械工程相关专业本科生、研究生参考。

图书在版编目（CIP）数据

高速铣刀安全性衰退机理及其跨尺度关联设计方法/姜彬，赵培轶著. —北京：科学出版社，2024.6
（哈尔滨理工大学制造科学与技术系列专著）
ISBN 978-7-03-070087-2

Ⅰ. ①高… Ⅱ. ①姜… ②赵… Ⅲ. ①铣刀—研究 Ⅳ. ①TG714

中国版本图书馆 CIP 数据核字（2021）第 211232 号

责任编辑：杨慎欣 狄源硕 / 责任校对：邹慧卿
责任印制：徐晓晨 / 封面设计：无极书装

科学出版社 出版
北京东黄城根北街 16 号
邮政编码：100717
http://www.sciencep.com

涿州市般润文化传播有限公司印刷
科学出版社发行 各地新华书店经销
*

2024 年 6 月第 一 版 开本：720×1000 1/16
2024 年 6 月第一次印刷 印张：18
字数：363 000

定价：168.00 元
（如有印装质量问题，我社负责调换）

前　　言

高速铣削技术是当今世界制造业中一项快速发展的先进实用的制造技术，具有强大的生命力和广阔的应用前景。随着高速铣削技术的发展和高速镗铣加工中心等高性能机床的不断开发，高速铣削技术被广泛应用于航空、航天、汽车和模具等制造行业，工序集约化和高速加工设备通用化使得高速铣削成为高效、高精度加工关键零部件首选的工艺方案。目前，高速铣削技术作为提高企业敏捷力与柔性制造能力的核心技术，在金属铣削加工领域取得了巨大的经济效益和社会效益，成为当今世界制造业重点发展的一项高新技术。

高速铣削中，铣刀与工件发生碰撞、冲击使其产生高速激烈应变，铣刀组件结合面出现压溃、脆性或延性断裂等问题导致的铣刀安全性衰退已成为制约高速铣削效率提高的瓶颈，铣刀材料学行为的科学实质有待揭示。高速铣刀安全性具有动态特性，跨尺度关联是研究安全性衰退机理的"制高点"。目前，研究高速铣刀跨尺度关联方法，探索铣刀材料结构与性质的本质联系，为新型高速铣刀的研制提供科学依据和设计方法，是高速铣刀设计研究新方向。

高速铣刀安全性、铣削稳定性、加工效率和加工表面质量等高速铣削性能之间存在着不同程度的交互作用。提高铣削速度有利于降低铣削力，改善加工精度和加工表面质量，但当铣削速度超过某一范围后，在较大离心力作用下，铣刀安全性将显著降低。同时，较高的激振频率可能与铣刀模态相互作用，降低铣刀高速铣削稳定性。高速铣削加工实践证实，采用已有刀具设计理论开发的可转位面铣刀在安全性和铣削稳定性等方面已经不能满足铣削速度大幅度提高的要求。

本书在高效铣削技术及铣刀安全可靠性设计相关研究成果基础上，以阐明高速铣削工作载荷对铣刀宏介观安全性衰退过程的控制性影响机制、保证高速铣削过程中刀具安全可靠为目的，采用多尺度理论、铣削动力学理论、系统安全工程理论、摩擦学理论、系统工程理论、灰色系统理论和公理设计理论，着重讨论高速铣刀安全性衰退机理及其跨尺度关联设计方法。

全书共6章，具体内容如下。

第1章针对高速铣削过程中的工作载荷进行分析，表征高速铣刀安全性衰退行为，提出高速铣刀安全稳定性判据。分析高速铣刀完整性破坏行为特征，构建高速铣刀安全稳定行为特征模型，提出高速铣刀安全稳定铣削的工艺条件求解方法。

第2章构建高速铣刀服役行为多结构层次模型，提出高速铣刀结构化设计方法。针对铣刀模型的结构安全性进行分析，研究高速铣刀组件变形行为及其对离心力、铣削力和预紧力等工作载荷的响应特性。分析高速铣刀结合面压溃和延性断裂的载荷作用机制，构建高速铣刀宏观安全性衰退模型。

第 3 章研究高速铣刀组件介观结构缺陷及其力学行为特征，对铣刀组件拉伸、压缩和剪切变形微区的结构行为特征进行识别。研究高速铣刀组件位错滑移、位错攀移和位错塞积特性，分析铣刀组件晶界迁移、微裂纹扩展和晶面解理等介观行为特征，构建高速铣刀介观安全性衰退本征/非本征模型。

第 4 章提出高速铣刀连续介质-分子动力学关联分析方法，研究高速铣刀原子点阵位错演变与连续介质位错形成过程，提出原子群运动和连续介质运动的耦合匹配判定方法，构建高速铣刀介观安全性衰退模型。分析高速铣刀结合面压溃及完整性破坏过程，研究铣刀失效的介观运动过程，构建高速铣刀安全性衰退本征/非本征模型。

第 5 章分析高速铣刀介观安全性对宏观参数的跨尺度响应特性，研究铣刀安全性衰退本征/非本征交互作用，构建高速铣刀安全性跨尺度设计模型。设计、分析与重构高速铣刀跨尺度设计矩阵，提出高速铣刀安全性设计方法并构建其底层功能优化设计模型，设计高速铣刀物理原型并进行铣刀安全性测试。

第 6 章进行高速铣刀安全性衰退行为特征实验，分析高速铣刀安全性衰退过程中的振动、铣削力、组件位移及刀齿磨损不均匀性变化特性。进行高速铣刀安全性跨尺度关联验证实验，研究高速铣刀组件变形力学行为以及组件微区结构、原位成分，验证高速铣刀安全性跨尺度关联分析模型。进行高速铣刀跨尺度关联设计方法验证实验，研究铣刀铣削稳定性、铣刀磨损和加工表面形貌变化特征。

本书相关内容的研究得到国家自然科学基金项目"高速铣刀安全性衰退机理及其跨尺度关联设计方法"（50975067）、"高能效铣刀波动力学损伤机理及其多尺度协同设计方法"（51375124）、"高能效铣刀非线性摩擦动力学磨损多尺度耦合作用机理"（51875145）和黑龙江省自然科学基金重点项目"高能效铣削重型机床基础部件的有序多源流演变机理与关键技术"（ZD2020E008）的支持。

本书第 1、2、3 章由姜彬撰写，第 4、5、6 章由赵培轶撰写。本书在撰写过程中得到季嗣珉、范丽丽、姜宇鹏、李菲菲、刘轶成、聂秋蕊、王程基、王彬旭、宋雨峰等的指导和热情帮助，在此表示衷心的感谢！

本书的出版得到哈尔滨理工大学机械工程"高水平大学"特色优势学科建设项目和先进制造智能化技术教育部重点实验室建设项目资助。

希望本书能对您的工作和学习有所帮助，并衷心希望您能对本书中存在的不妥之处提出宝贵意见！

作 者

2023 年 4 月 17 日

目　　录

前言

第1章　高速铣刀安全稳定性表征………………………………………………1

　1.1　高速铣刀安全性表征……………………………………………………1
　　1.1.1　高速铣刀工作载荷………………………………………………1
　　1.1.2　高速铣刀安全稳定性判据…………………………………………11
　　1.1.3　高速铣刀安全行为特征序列………………………………………20
　　1.1.4　高速铣刀安全性衰退行为表征……………………………………21
　1.2　高速铣刀完整性破坏行为特征及破坏过程分析…………………………23
　　1.2.1　高速铣刀完整性破坏行为特征……………………………………23
　　1.2.2　高速铣刀完整性破坏行为特征识别方法…………………………26
　　1.2.3　高速铣刀完整性破坏过程分析……………………………………29
　1.3　高速铣刀安全稳定行为特征模型及分析方法……………………………31
　　1.3.1　高速铣刀振动行为特征模型………………………………………31
　　1.3.2　高速铣刀动态铣削力频谱模型……………………………………37
　　1.3.3　高速铣刀动态铣削力频谱分析方法………………………………38
　　1.3.4　高速铣刀安全稳定铣削工艺条件求解方法………………………44
　1.4　本章小结……………………………………………………………………51

第2章　高速铣刀安全性衰退行为特征模型…………………………………52

　2.1　高速铣刀结构化设计方法及其模态特性分析……………………………52
　　2.1.1　高速铣刀服役行为多结构层次模型………………………………52
　　2.1.2　高速铣刀服役行为设计矩阵及其结构化设计方法………………56
　　2.1.3　高速铣刀模型结构安全性分析……………………………………58
　　2.1.4　高速铣刀物理原型构建及其模态特性分析………………………67
　2.2　高速铣刀组件变形特征……………………………………………………76
　　2.2.1　高速铣刀组件变形行为表征………………………………………76
　　2.2.2　高速铣刀结构对其组件变形行为的影响特性……………………80
　　2.2.3　高速铣刀组件材料对其变形行为的影响特性……………………81
　　2.2.4　高速铣刀组件变形对离心力的响应特性…………………………85

2.2.5 高速铣刀组件变形对铣削力的响应特性 ·············· 92

2.2.6 预紧力对高速铣刀组件变形的影响 ················ 100

2.3 高速铣刀宏观安全性衰退行为特征 ···················· 104

2.3.1 高速铣刀宏观安全性失稳行为及其响应特性 ·········· 104

2.3.2 高速铣刀宏观模型形变的响应特性 ················ 105

2.3.3 高速铣刀结合面压溃的响应特性 ·················· 108

2.3.4 高速铣刀延性断裂的响应特性 ··················· 111

2.3.5 高速铣刀宏观安全性衰退过程及模型 ·············· 112

2.4 本章小结 ····································· 114

第3章 高速铣刀介观安全性衰退行为特征与动态特性 ·········· 116

3.1 高速铣刀组件安全性衰退问题分析 ···················· 116

3.1.1 高速铣刀组件延性断裂 ······················ 116

3.1.2 高速铣刀组件结合面压溃 ····················· 117

3.1.3 高速铣刀组件剪切断裂 ······················ 118

3.2 高速铣刀组件粒子群乱序的熵值判定 ··················· 118

3.2.1 高速铣刀组件安全性衰退过程中的乱序运动 ·········· 118

3.2.2 高速铣刀组件粒子群运动乱序评判模型 ············· 120

3.2.3 高速铣刀组件安全性衰退的特征熵值 ·············· 121

3.3 高速铣刀组件安全性衰退熵值特征模型及控制方法 ··········· 128

3.3.1 高速铣刀组件安全性衰退熵值特征模型 ············· 128

3.3.2 高速铣刀组件安全性衰退熵值控制方法 ············· 130

3.4 高速铣刀组件微区结构行为特征 ····················· 132

3.4.1 高速铣刀组件介观结构初始缺陷模型及其力学行为特征 ···· 132

3.4.2 高速铣刀组件拉伸变形微区结构行为特征 ············ 135

3.4.3 高速铣刀组件压缩变形微区结构行为特征 ············ 139

3.4.4 高速铣刀组件剪切变形微区结构行为特征 ············ 142

3.5 高速铣刀组件介观运动特性 ······················· 146

3.5.1 高速铣刀组件构型及边界条件 ··················· 146

3.5.2 高速铣刀组件位错滑移特性 ···················· 147

3.5.3 高速铣刀组件位错攀移特性 ···················· 147

3.5.4 高速铣刀组件位错塞积特性 ···················· 148

3.6 高速铣刀组件安全性衰退介观行为特征 ·················· 149

3.6.1 高速铣刀组件晶界迁移特性 ···················· 149

3.6.2 高速铣刀组件微裂纹扩展特性 ··················· 150

3.6.3 高速铣刀组件晶面解理特性 ···················· 151

  3.7 高速铣刀介观安全性动态特性 ································· 152
    3.7.1 高速铣刀安全性介观行为特征及判据 ··············· 152
    3.7.2 高速铣刀介观安全性衰退过程控制 ··············· 153
    3.7.3 高速铣刀介观安全性衰退本征/非本征模型 ········· 155
  3.8 本章小结 ··· 156

第4章　高速铣刀跨尺度关联与安全性衰退机理研究 ·············· 158
  4.1 高速铣刀连续介质-分子动力学关联分析方法 ············· 158
    4.1.1 基于力连接的高速铣刀跨尺度关联方法 ··········· 158
    4.1.2 高速铣刀组件材料构型优化方法 ··············· 161
    4.1.3 高速铣刀跨尺度关联分析方法 ················· 162
  4.2 高速铣刀宏介观同步关联演化过程 ····················· 166
    4.2.1 高速铣刀材料点区域与分子动力学区域同步关联演化 ··· 166
    4.2.2 铣刀原子点阵位错演变与连续介质位错形成过程 ····· 172
    4.2.3 原子群运动和连续介质运动的耦合匹配判定方法 ····· 173
    4.2.4 高速铣刀介观安全性衰退模型 ················· 178
  4.3 高速铣刀安全性跨尺度关联分析 ······················· 185
    4.3.1 高速铣刀结合面压溃及完整性破坏跨尺度分析 ······ 185
    4.3.2 高速铣刀组件变形跨尺度分析 ················· 188
    4.3.3 高速铣刀失效的介观运动过程 ················· 192
  4.4 高速铣刀安全性衰退机理 ····························· 198
    4.4.1 高速铣刀安全性衰退过程本征/非本征分析 ········· 198
    4.4.2 高速铣刀安全性衰退介观运动速率过程分析 ········· 204
    4.4.3 高速铣刀安全性衰退本征/非本征模型 ··········· 205
  4.5 本章小结 ··· 207

第5章　高速铣刀跨尺度关联设计方法研究 ····················· 208
  5.1 高速铣刀介观安全性对宏观参数的跨尺度响应特性 ········· 208
    5.1.1 高速铣削过程中铣刀组件载荷变化 ············· 208
    5.1.2 铣刀组件介观损伤演变时间的确定方法 ··········· 210
    5.1.3 铣刀组件介观损伤演变过程分析 ··············· 212
    5.1.4 铣刀组件介观损伤对其铣刀宏观参数的响应特性 ····· 214
  5.2 高速铣刀安全性衰退本征/非本征交互作用 ··············· 224
    5.2.1 高速铣刀宏观安全性衰退本征/非本征交互作用 ····· 224
    5.2.2 高速铣刀介观安全性衰退本征/非本征交互作用 ····· 225
    5.2.3 高速铣刀宏介观安全性衰退本征/非本征交互作用 ··· 229

　5.3　高速铣刀跨尺度关联设计方法···231
　　5.3.1　高速铣刀安全性跨尺度响应分析··231
　　5.3.2　高速铣刀安全性设计中的交互作用分析·····································234
　　5.3.3　高速铣刀跨尺度设计矩阵重构与关联设计模型···························234
　　5.3.4　高速铣刀安全性设计方法与底层功能优化设计模型·····················237
　5.4　高速铣刀物理原型设计与安全性测试分析···································239
　　5.4.1　高速铣刀物理原型设计及其安全性测试方法································239
　　5.4.2　等齿距/不等齿距高速铣刀安全性测试分析································239
　5.5　本章小结··241

第6章　高速铣刀跨尺度安全性及铣刀设计方法的实验研究·················243
　6.1　高速铣刀安全性衰退行为特征实验···243
　　6.1.1　实验平台构建与实验条件···243
　　6.1.2　高速铣刀振动实验结果··245
　　6.1.3　高速铣刀铣削力实验结果···246
　　6.1.4　高速铣刀组件位移及动平衡实验结果··247
　　6.1.5　高速铣刀安全性铣削实验···249
　6.2　高速铣刀组件安全性跨尺度关联验证实验···································251
　　6.2.1　高速铣刀组件霍普金森压杆实验结果··251
　　6.2.2　高速铣刀组件宏介观同步关联演化的性能验证方法·······················255
　　6.2.3　高速铣刀组件微区结构及原位成分分析·······································256
　　6.2.4　高速铣刀组件的原子群构型力学性能验证····································258
　6.3　高速铣刀跨尺度关联设计方法验证实验··260
　　6.3.1　高速铣刀不平衡质量响应行为实验结果·······································260
　　6.3.2　高速铣刀铣削力验证实验结果··261
　　6.3.3　高速铣刀铣削稳定性实验结果··263
　　6.3.4　高速铣刀磨损实验结果··264
　　6.3.5　高速铣刀加工表面形貌实验···273
　6.4　本章小结··275

参考文献··276

第1章　高速铣刀安全稳定性表征

高速铣刀的安全稳定性表征是解决铣刀安全稳定性衰退的基础。载荷作为直接引起刀具变形甚至破坏的直接原因，其大小与分布严重影响铣刀铣削过程中的安全性。高速铣刀的工作状况受多载荷交互作用的影响，对高速铣刀载荷分析是研究宏观安全稳定性的基础，因此本章对铣刀完整性行为进行分类，结合铣刀材料表面微观形貌及金相组织提出铣刀行为的识别方法，建立铣刀完整性破坏判据，表征高速铣刀安全性衰退行为。

为研究高速铣刀完整性破坏载荷作用机制，本章分别对结合面压溃、延性断裂及剪切断裂进行响应特性分析，获得完整性载荷作用机制，提出铣刀完整性破坏控制方法。对引起完整性破坏的高速铣刀破坏的实际工况进行分析，进而初步判别发生完整性破坏的高速铣刀的破坏受载形式。为了研究铣削过程中高速铣刀的安全稳定性，建立高速铣刀振动特征模型和动态铣削力频谱模型，并提出动态铣削力频谱的分析方法，最后得出高速铣刀安全稳定铣削工艺条件求解方法。

1.1　高速铣刀安全性表征

1.1.1　高速铣刀工作载荷

1. 高速可转位铣刀载荷分析

铣刀在高速旋转时各部分都要承受很大的离心力，其作用有时会远远超过铣削力的作用，成为刀具的主要载荷，转速太大时引起的过大离心力容易导致刀体破碎[1]。因此，高速可转位铣刀建模和有限元分析过程中，必须考虑离心力对刀具安全性的影响。假设铣刀在旋转中心有等效的不平衡质量 m_s（g），刀具等效不平衡质量与其偏心量的乘积 $m_s r$ 定义为刀具不平衡量（g·mm）。当主轴转速为 n（r/min）时，产生的离心力 F_e 计算公式如式（1-1）所示：

$$F_e = m_s r \left(\frac{\pi n}{30} \right)^2 \times 10^{-6} = \frac{1}{9} m_s r (\pi n)^2 \times 10^{-8} \tag{1-1}$$

式中，r 为刀具的偏心量（mm）；m_s 为刀具的等效不平衡质量（g）。

从式（1-1）中可看出转速的平方与离心力的大小成正比，刀具直径与离心力大小成正比。由此可知，要使离心力不过大，主轴转速要在一定限制范围内，刀具直径不宜过大，特别不宜使用大直径高速铣刀。高速刀具旋转产生的离心力带给加工系统的副作用很大，它使刀具寿命减少，不仅使主轴轴承受到方向不断变化的径向力作用而加速磨损，还会引起机床振动，降低加工精度甚至造成事故。因此，研究高速铣刀的安全性技术、防止这种由离心力引起的工具不平衡和刀具损坏，是进一步发展和应用高速铣削的必要前提，具有重要的现实意义。本书在进行有限元分析过程中，离心力是以转速的形式施加到刀具有限元模型上的，以刀具主轴为旋转轴，施加转速，这样就可以在转速载荷的基础上施加螺钉预紧力和铣削力，对刀具进行有限元分析，得到的应力场分析结果才更精确。

2. 高速铣刀载荷分析

高速铣刀的工作状况是处在多载荷场的交互作用下的，其宏观安全特性的变化也是建立在多载荷共同作用的基础上的，对高速铣刀载荷分析是研究宏观安全特性的基础。同时，载荷情况可以通过铣削实验直接获得，很好地保证了分析的准确性，因此进行高速铣刀的载荷分析，获取铣削实验中的载荷数据是分析宏观安全特性的基础。

高速铣刀及其组件所承受的工作载荷主要包括式（1-1）～式（1-3）。

$$F_c(t) = p \cdot A_D \cdot \sin(\pi - \varphi_0 + 2\pi nt) \tag{1-2}$$

$$P_0 = T_0 / (k_0 d_0) \tag{1-3}$$

式中，$F_c(t)$ 为铣刀所受动态铣削力；p 为作用于刀片上的单位铣削力；t 为铣刀参与铣削时间；A_D 为铣刀单个刀齿所受的瞬态铣削层横截面积；φ_0 为起始接触角；P_0 为螺栓预紧力；T_0 为螺栓预紧力矩；k_0 为高速铣刀工作载荷；d_0 为螺栓公称直径。

高速铣削加工中，高速旋转引起的离心力往往占主导作用，成为铣刀破坏的主要载荷。铣削力主要来源于弹塑性变形产生的抗力及摩擦阻力，其直接作用于刀片上，同时将能量传递给铣刀整体，过大的铣削力会引起刀片磨损甚至破损，从而影响其他组件发生破坏行为。预紧力在高速铣削中主要起紧固刀体各组件的作用。过小的预紧力容易使刀片产生滑移，达不到较好的铣削质量；过大的预紧力会增大螺钉与刀片、螺钉与刀体的摩擦，使刀片与刀体连接处产生压溃，刀体螺纹口处产生变形，从而引起刀具失效。

3. 高速铣刀动态铣削力

高速铣削过程中，铣削力的研究是热量传递、工件变形及刀具磨损、破损等各种物理现象的基础，铣削力主要来源于弹塑性变形产生的抗力及摩擦阻力。其中，抗力产生于铣削层金属与切屑及工件表面层金属间，摩擦阻力产生于刀具与切屑、工件接触表面。高速铣刀工作时所受切向铣削分力远远大于其他两个方向的分力。对铣削力合理的理论解释是了解铣削加工过程机理、提高刀具性能和研究高速铣刀安全性破坏的关键所在。

通过对单齿铣削载荷及高速铣刀多齿受载的研究，结合金属铣削原理可得出高速铣刀各齿所受动态铣削力的波形，如图1-1所示。

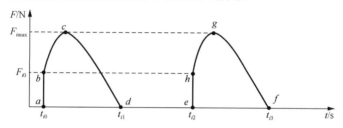

图1-1　单齿动态铣削力波形图

图1-1中，点c、g为铣削力最高水平，线段ab为切入冲击阶段，t_{i0}为单齿未接触工件时间，$t_{i1} - t_{i0}$为单齿单次铣削时间，$t_{i2} - t_{i0}$为单齿铣削的周期，线段ab、曲线$abcd$为单齿铣削力变化情况。

多齿动态铣削力波形图如图1-2所示。

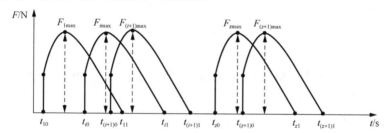

图1-2　多齿动态铣削力波形图

采用高速铣刀铣削时，由于其刀齿铣削的断续性和铣削厚度的变化，使得波形呈周期性变化的铣削力成为引起刀具系统振动的主要激振力之一。单齿铣削方式如图1-3所示。

图1-3中，D为铣刀直径，a_e为工件铣削宽度，u_1为切离一侧铣刀露出加工面的距离，u_2为切入一侧铣刀露出加工面的距离，φ_0为切入角，φ_e为切出角，φ_s为铣削接触角，φ为进给方向角。刀齿铣削接触角φ_s和进给方向角φ分别为

$$\varphi_s = \varphi_e - \varphi_0, \quad \varphi_0 \leqslant \varphi \leqslant \varphi_e \tag{1-4}$$

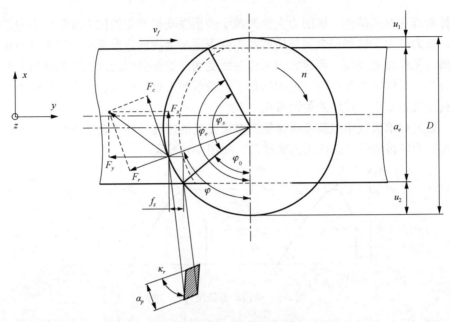

图 1-3　高速铣刀单齿铣削方式

沿铣刀切向的铣削分力 F_c、径向铣削分力 F_r 和轴向铣削分力 F_z 可分别表示为

$$F_c = p \cdot a_p \cdot f_z \cdot \sin\varphi \qquad (1\text{-}5)$$

$$F_r = \eta' \cdot p \cdot a_p \cdot f_z \cdot \sin\varphi \qquad (1\text{-}6)$$

$$F_z = \eta' \cdot \cot\kappa_r \cdot p \cdot a_p \cdot f_z \cdot \sin\varphi \qquad (1\text{-}7)$$

式中，p 为单位铣削力（MPa）；a_p 为铣削深度（mm）；f_z 为每齿进给量（mm）；φ 为刀尖铣削点的进给方向角（°）；κ_r 为铣刀主偏角（°）；η' 为系数，与具体铣削条件有关，随刀具铣削角度、刀具锋利程度、进给量不同而改变，可通过实验确定。将 F_c、F_r、F_z 转换为沿铣削进给方向（y 向）、铣削宽度方向（x 向）和刀具轴线方向（z 向）的铣削分力 F_x、F_y、F_z：

$$\begin{bmatrix} F_x \\ F_y \\ F_z \end{bmatrix} = \begin{bmatrix} -\cos\varphi & \sin\varphi & 0 \\ -\sin\varphi & -\cos\varphi & 0 \\ 0 & 0 & 1 \end{bmatrix} \cdot \begin{bmatrix} F_c \\ F_r \\ F_z \end{bmatrix} \qquad (1\text{-}8)$$

高速铣削中，刀齿所受到的铣削力为周期性的动态铣削力，图 1-2 中波形图的形式类似于只有波峰没有波谷的正弦曲线，其中当 $u_2 \neq 0$ 时，刀齿未接触工件的时间 t_{i0} 如式（1-9）所示：

$$t_{i0} = \frac{\varphi_0 D}{2n} \tag{1-9}$$

刀具第一齿由点 a 开始，因高速铣削采用顺铣方式，故铣削力由点 a 到点 b 有明显的阶跃。此时刀具受到较大的冲击载荷，使铣削力由 0 瞬间达到 F_0，其中 F_c 为铣削分力，如式（1-5）所示。

随着刀具的铣削，当 $\varphi=90°$ 时，铣削力达到最大值 F_{max}，如式（1-10）所示：

$$F_{max} = pA_{D\,max} \tag{1-10}$$

波形的幅值与铣削层面积有密切关系，铣削层面积为关于进给方向角的正弦函数，当进给方向角达到 90° 时，铣削层面积最大，即此时铣削力最大。随着角度的不断增大，铣削层参数逐渐减小，最终彻底离开工件，完成单齿铣削。精加工中大都采用顺铣的铣削方式，故进给方向角在达到 90° 时的上升斜率要大于衰退过程的斜率。

刀具单齿单次铣削时间 $t_{i1} - t_{i0}$ 如式（1-11）所示：

$$t_{i1} - t_{i0} = \frac{\varphi_s D}{2n} \tag{1-11}$$

式中，φ_s 为铣削接触角；D 为铣刀直径。

单齿铣削的一个周期，其时间 $t_{i2} - t_{i0}$ 如式（1-12）所示：

$$t_{i2} - t_{i0} = \frac{1}{n} \tag{1-12}$$

由式（1-12）可得出影响高速铣刀单齿铣削周期的因素为主轴转速。

单个刀齿在一个周期内铣削的长度为 L，如式（1-13）所示：

$$L = \varphi_s \frac{D}{2} \tag{1-13}$$

铣削接触角 φ_s 与铣削参数中的铣削宽度 a_e 有关，其关系如式（1-14）所示：

$$\sin\varphi_s = 1 - \frac{\left(a_e - \dfrac{D}{2}\right)^2}{\dfrac{D^2}{4}} = \frac{4a_e D - 4a_e^2}{D^2} \tag{1-14}$$

由式（1-14）可推出主要影响刀具单个刀齿所受铣削力时间的因素为：刀具直径与铣削宽度。即可通过控制 D 和 a_e 达到控制一个周期内单齿铣削次数的目的。

通过对比 i 与 $i+1$ 第一个波形的波峰，到达波峰的时间差 $t_{(i+1)0} - t_{i0}$ 表明的是刀具齿距的大小，如式（1-15）所示：

$$t_{(i+1)0} - t_{i0} = \frac{\theta_i D}{2n} \tag{1-15}$$

式中，当 $\theta_1 = \theta_2 = \cdots = \theta_i$ 时，高速铣刀为等齿距刀具。

铣刀每个刀齿的瞬时铣削层横截面积 $A_D = h_D b_D$。由前述可知，各种铣刀的铣

削厚度 h_D 都是变化的,而铣刀的铣削宽度也是变化的。因此,铣削时单个刀齿的铣削层横截面积 A_D 是随时间变化的。而现实铣削中,每个刀齿的铣削厚度会受到刀片的初始径向安装误差影响,铣削宽度会受到轴向安装误差的影响,所以,考虑刀片安装误差修正后的瞬时铣削层横截面积如式(1-16)所示:

$$A_D = h_D b_D = \left(f_z + \frac{\delta_D}{2} \right)\left(a_p + \delta_L \right)\sin\varphi \tag{1-16}$$

式中, f_z 为铣刀每齿进给量; δ_D 为刀齿径向误差; a_p 为铣刀铣削深度; δ_L 为刀齿轴向误差; φ 为进给方向角。

故当刀具多齿铣削时,其各刀齿参与铣削所受的最大铣削力也有所不同,由于随机的径向误差及轴向误差,铣削力各不相同,但差别不大,如式(1-17)所示:

$$F_i = p A_D = p\left(f_z + \frac{\delta_{Di}}{2} \right)\left(a_p + \delta_{Li} \right)\sin\varphi \tag{1-17}$$

式中, δ_{Di} 为第 i 个刀齿的径向误差; δ_{Li} 为第 i 个刀齿的轴向误差。

4. 高速铣刀组件受力分析

通过对螺钉进行受力分析,可以清楚地了解在高速铣削中,螺钉在三种载荷共同作用下发生变形,分别放大螺钉主要发生的变形,如图1-4、图1-5所示。

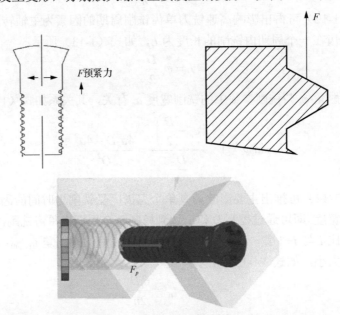

图 1-4　螺钉螺纹处受拉

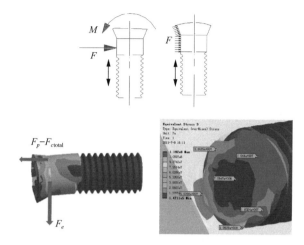

图 1-5　螺钉头部受拉

通过分析可知，螺钉发生剪切变形时主要由径向铣削分力和离心力的合力引起，发生端部压溃主要由预紧力和切向铣削分力的合力引起，而螺钉螺纹处受拉主要是预紧力和离心力共同作用的结果。因此可以得出螺钉的变形是由拉伸变形、剪切变形和压缩变形共同完成的，而针对不同的强度理论及铣削载荷大小，可得出准确的螺钉安全判据。

根据高速铣削中刀体的状态及破坏形式，得出刀体受力情况，如图 1-6 所示。分析可知，刀体齿根处发生延性断裂是离心力和切向铣削力共同作用的结果，螺纹处受拉是螺钉预紧力和离心力共同作用导致的，而刀片结合面的压溃与预紧力和切向铣削力的共同作用密不可分。

通过对铣削过程中刀体的力学分析，可知道刀体主要发生三种变形，如图 1-7～图 1-9 所示。

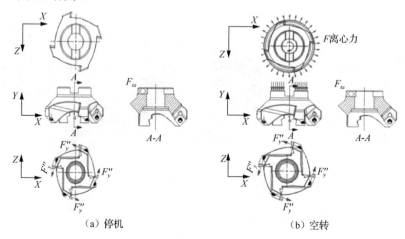

（a）停机　　　　　　　　　　　　　（b）空转

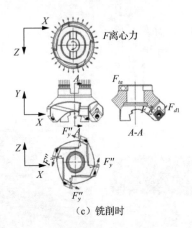

（c）铣削时

图 1-6　刀体受力分析

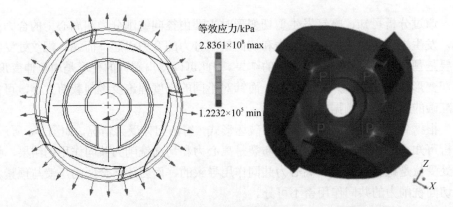

图 1-7　P 处延性断裂

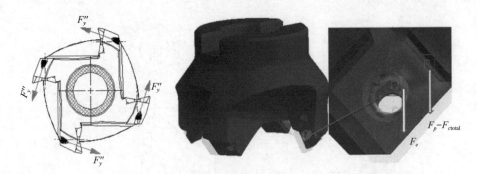

图 1-8　刀体螺纹处受拉

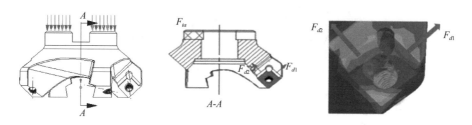

图 1-9　刀体结合面压溃

根据高速铣削中刀片的状态及破坏形式,可得出刀片受力分析如图1-10所示。

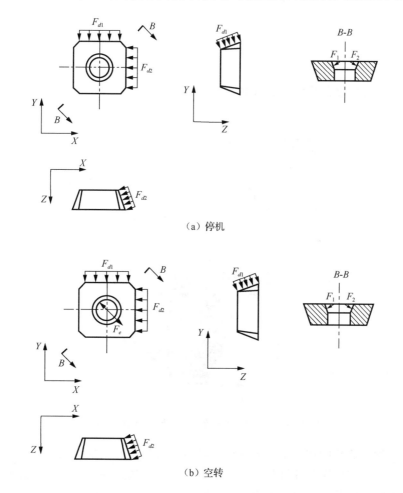

（a）停机

（b）空转

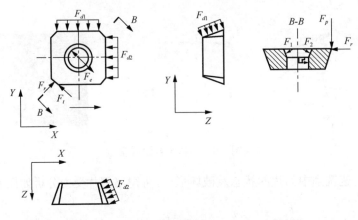

（c）铣削

图 1-10　刀片受力分析

刀片失效等效力系如图 1-11 所示。

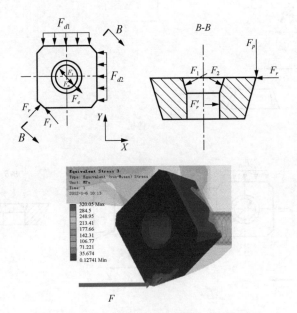

图 1-11　刀片失效等效力系（F_p 为主铣削力）

在三种载荷共同作用下，刀片由于其自身材料属性发生脆性变形，如崩刃、破碎等。分析其原因是脆性材料特有的抗压不抗拉的属性，使刀片在铣削过程中较易发生完整性破坏，仅需更换刀片即可，故此处不多讨论。

1.1.2 高速铣刀安全稳定性判据

1. 基于强度的高速铣刀安全性判据

离心力与铣削力作用下高速刀具失效的主要原因为刀具组件发生脆性断裂和塑性流动导致的破坏。在刀具各组件中，如果刀体、螺钉没有发生塑性流动破坏，刀片没有发生脆性断裂，则刀具在这种情况下是安全的。

1）刀体和螺钉的安全性判定

根据最大切应力理论和米泽斯（Mises）屈服条件来判定刀体和螺钉的安全性。按最大切应力理论，刀体与螺钉发生流动破坏的条件如式（1-18）所示：

$$\tau_{\max} \geqslant \frac{\sigma_\tau}{2} \tag{1-18}$$

式中，$\tau_{\max}$ 为刀体、螺钉最大切应力；σ_τ 为铣刀组件屈服强度。

按 Mises 屈服条件，刀体与螺钉发生塑性变形的条件如式（1-19）所示：

$$\sigma_{l\max} \geqslant \sigma_s \tag{1-19}$$

式中，$\sigma_{l\max}$ 为刀体、螺钉最大等效应力；σ_s 为材料屈服应力。

由应力场分析结果确定刀体和螺钉各自的最大切应力 $\tau_{\max}$ 和最大等效应力 $\sigma_{l\max}$。若分别满足式（1-18）和式（1-19），则刀体和螺钉塑性变形失效，不安全；反之，则刀体和螺钉未发生塑性变形失效，是安全的。

2）刀片的安全性判定

根据最大拉应力理论和最大伸长线应变理论来判定刀片的安全性。按最大拉应力理论，刀片发生断裂破坏的条件如式（1-20）所示：

$$\sigma_1 \geqslant \sigma_b (\sigma_1 > 0) \tag{1-20}$$

式中，σ_1 为最大等效拉应力；σ_b 为材料抗拉强度。

按最大伸长线应变理论，刀片发生断裂破坏的条件如式（1-21）所示：

$$\varepsilon_1 \geqslant \varepsilon_{jx} = \frac{\sigma_b}{E} (\varepsilon_1 > 0) \tag{1-21}$$

式中，ε_1 为刀片最大伸长线应变；ε_{jx} 为材料应变极限值；σ_b 为材料抗拉强度；E 为材料弹性模量。

由应力场分析结果确定刀片最大等效拉应力 σ_1 和最大伸长线应变 ε_1，若分别满足式（1-20）和式（1-21），则刀片会发生脆性断裂，不安全；反之，则刀片不会发生脆性断裂，是安全的。

3）高速可转位铣刀安全性判据

根据 1）、2）所述，采用最大切应力理论和 Mises 屈服条件来判断刀体失效时，刀体应力状态值达到其本身材料失效的临界值，这时对应刀体失效存在两个临界转速，设为 n_1 和 n_2；同理，当应用最大切应力理论和 Mises 屈服条件来判断螺钉失效时，也存在两个临界转速，设为 n_3、n_4；采用最大拉应力理论和最大伸长线应变理论来判定刀片的安全性时，应该也存在两个临界转速，设为 n_5、n_6。若要保证刀具不失效，则刀具的最高安全转速应为 n_1～n_6 中最小的转速。由此可得出刀具整体的安全性判据如式（1-22）所示：

$$n_0 = [n_1, n_2, \cdots, n_6]_{\min} \qquad (1\text{-}22)$$

式中，n_0 为刀具整体安全临界转速。

当刀具的工作转速 $n_w < n_0$ 时，刀具整体是安全的。

2. 高速铣刀强度失效判据

高速铣刀刀体在工作过程中，离心力作用造成刀体膨胀及振动，使得刀体所受应力增加。当外力过大时，刀体材料沿着最大剪应力所在截面滑移，发生塑性流动破坏，使刀体产生塑性变形，螺钉材料在离心力及预紧力作用下也发生塑性流动破坏。刀体及螺钉安全性应根据最大剪应力理论和 Mises 屈服条件判定，如表 1-1 所示。

表 1-1 高速铣刀刀体、螺钉破坏条件

流动破坏条件（最大剪应力理论）		塑性变形条件（Mises 屈服条件）	
刀体	螺钉	刀体	螺钉
$\tau_{1\max} \geqslant \tau_1 = \sigma_{1s}/2$	$\tau_{2\max} \geqslant \tau_2 = \sigma_{2s}/2$	$\sigma_{1\max} \geqslant \sigma_{1s}$	$\sigma_{2\max} \geqslant \sigma_{2s}$

表 1-1 中，$\tau_{1\max}$、τ_1 分别为刀体最大剪应力及极限剪应力，$\sigma_{1\max}$、σ_{1s} 分别为刀体最大等效应力及屈服应力，$\tau_{2\max}$、τ_2 分别为螺钉最大剪应力及极限剪应力，$\sigma_{2\max}$、σ_{2s} 分别为螺钉最大等效应力及屈服应力。

根据材料力学知识，材料的等效应力 σ_e 如式（1-23）所示：

$$\sigma_e = \sqrt{\frac{1}{2}\left[(\sigma_1 - \sigma_2)^2 + (\sigma_2 - \sigma_3)^2 + (\sigma_3 - \sigma_1)^2\right]} \qquad (1\text{-}23)$$

式中，σ_1、σ_2、σ_3 为材料微元体三个方向上的应力，如图 1-12 所示，其中 $\sigma_3 > \sigma_2 > \sigma_1$。

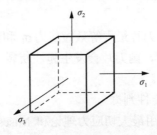

图 1-12　材料微元体应力状态

由于刀片采用脆性材料，其材料的脆性断裂成为刀片失效的主要模式。因此，刀片强度失效应根据最大拉应力理论及最大伸长线理论判定（见表 1-2）。

表 1-2　高速铣刀刀片破坏条件

最大拉应力理论	最大伸长线理论
$\sigma_3 \geqslant \sigma_{3b}\,(\sigma_3 > 0)$	$\varepsilon_3 \geqslant \varepsilon_{3jx} = \sigma_{3b}/E$

表 1-2 中，σ_3 为刀片最大拉应力，σ_{3b} 为刀片材料抗拉强度，ε_3 为刀片材料最大伸长线应变，ε_{3jx} 为刀片材料应变极限值。

3. 高速可转位铣刀刚度判据

在高速铣削加工过程中，刀具的共振是由外力产生的激振频率与刀具固有频率接近而引起的。由共振引起刀具结构疲劳损伤，可能致使刀具在工作过程中失效，因此，在刀具工作过程中应尽量避免刀具共振。

根据彭桓武判别法，认为当分子值大于或等于 3 倍分母值时，分子为分母的近似无穷大，或当分子值小于或等于 1/3 分母值时，分子为分母的近似无穷小。则刀具刚度判据如式（1-24）所示：

$$\begin{cases} \dfrac{f_0}{f_{\max}} \geqslant 3 \\ \dfrac{f_0}{f_{\max}} \leqslant \dfrac{1}{3} \end{cases} \tag{1-24}$$

式中，f_0 为高速铣刀固有频率；$f_{\max}$ 为铣刀工作过程中最大激振频率。当固有频率与最大激振频率满足式（1-24）时，铣刀不发生共振，铣刀具有很好的动态性能。

当激振力为铣削力时，其频率公式为

$$f_x = \frac{nz_x}{60} \tag{1-25}$$

式中，f_x 为铣削力激振频率；z_x 为参与铣削的齿数。

由式（1-25）可知，主轴转速对铣刀激振频率有很大的影响，为保证高速铣刀可靠性要求，铣刀加工时应选择适当的主轴转速，避免共振。

4. 高速铣刀变形失效判据

根据《高速切削铣刀　安全要求》（GB/T 25664—2010），高速铣刀在 1.6 倍最大转速下实验，应保证刀具不出现爆破或崩碎现象，铣刀任何永久性变形和误差大小不超过 0.05mm。

为保证铣刀高速工作过程中的安全性，其最大位移不能超过 0.05mm。

　　刀具变形量随着转速的增加而增加。对于满足安全性标准要求的刀具变形量，为增加刀具可靠性，提高刀具铣削性能，需对铣刀变形量进行再次约束。根据彭桓武判别法，可得出铣刀变形失效判据如式（1-26）所示：

$$\frac{d_f}{d_{\max}} > \frac{1}{3} \tag{1-26}$$

式中，d_f 为铣刀变形量；$d_{\max}$ 为满足安全性标准的铣刀各方向变形最大值，其轴向分量为满足表面粗糙度要求的最大值。

　　根据彭桓武判别法，当 d_f 不大于 $d_{\max}$ 的 1/3 时，可将 d_f 看作 $d_{\max}$ 的无穷小量，从变形角度看，满足式（1-26）的铣刀能达到更好的铣削性能。

　　5. 铣削热及铣刀片热稳定性失效判据

　　1）铣削热的产生

　　高速铣削过程中切削运动能量中的大部分转化为热量，热量的产生使得刀具铣削温度升高，影响刀具的磨损和使用寿命，影响工件的加工精度和已加工表面质量，从而影响刀片工作可靠度及铣削性能。

　　金属铣削过程中铣削热主要来源于剪切面的塑性变形热、刀具前刀面与切屑间的摩擦热、刀具后刀面与工件间的摩擦热，如图 1-13 所示。金属铣削过程中铣削热公式如式（1-27）所示：

$$Q = q_1 A_1 + q_2 A_2 + q_3 A_3 \tag{1-27}$$

式中，Q 为单位时间内产生的热量；q_1、q_2、q_3 分别为单位时间单位面积上剪切面、前刀面、后刀面产生的热量；A_1、A_2、A_3 分别为剪切面面积、前刀面-刀屑接触面积、后刀面-工件接触面积。

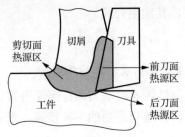

图 1-13　铣削热产生区域

　　2）铣削热的传出

　　铣削热除一小部分通过周围介质传出外，剩余大部分主要传入切屑、工件及刀具中。其中，剪切面热源区产生的热量 Q_1，一部分流入工件，另一部分流入切屑；前刀面摩擦热源产生的热量 Q_2，一部分流入切屑，另一部分流入刀具；后刀面摩擦热源产生的热量 Q_3 则一部分流入刀具，另一部分流入工件。

铣削热传出的热平衡方程可写为

$$Q = Q_a + Q_d + Q_g + Q_c \qquad (1\text{-}28)$$

式中，Q_a 为单位时间内传给切屑的热量；Q_d 为单位时间内传给刀具的热量；Q_g 为单位时间内传给工件的热量；Q_c 为单位时间内传给周围介质的热量。

热量的传出过程中，各个传热部分所带走的热量是不同的，正常铣削过程中，传热量大小为

$$Q_a > Q_g > Q_d > Q_c \qquad (1\text{-}29)$$

其中切屑带走的热量最多，其次为工件，相对而言，刀具传出的热量很少，传给周围介质的热量最少。传出热量的具体比例则随铣削参数、刀具、工件的不同而变化。随着铣削速度升高，传热时间减少，切屑带走的热量增加。当铣削速度足够高时，铣削热几乎可以全部通过切屑传出。

热量传出过程中，如工件吸收的热量过多，工件内部产生的热应力增加，形成较大的残余应力，工件整体结构变形加剧，出现工件扭转、开裂等现象，严重时可能造成工件报废。随着刀具吸收的热量增多，刀具温度不断升高，当其温度超过刀片材料的耐热性时，铣刀刀片就会出现塌陷现象，造成铣刀破损，降低铣刀可靠度，严重影响铣削性能。因此，在铣削过程中，应根据工件材料及结构不同，调整铣削参数、刀具材料及结构，保证刀屑带走大部分热量，流入工件及刀具的热量在适当的范围内。

3）铣削热稳定性判据

由 2）可知，铣刀在高速铣削过程中，由铣削做功所转化的热量一部分通过刀片与切屑接触区流入刀片，另一部分通过刀片与工件接触区流入刀片，使得铣削刃附近的温度急剧升高。刀片与工件的接触面积由后刀面磨损带确定，无磨损或磨损很小时，从后刀面流入刀具的热量很少，可忽略。刀片与切屑接触长度及铣削宽度可通过理论计算或实验测得。

由金属铣削理论可知，铣削宽度 a_e 如式（1-30）所示：

$$a_e = \frac{a_p}{\sin \kappa_r} \qquad (1\text{-}30)$$

摩擦角 β 如式（1-31）所示：

$$\beta = \tan^{-1} \mu \qquad (1\text{-}31)$$

前刀面上摩擦力 F_f 如式（1-32）所示：

$$F_f = \frac{F_c \cdot \sin \beta}{\cos(\beta - \gamma_0)} \qquad (1\text{-}32)$$

刀屑接触长度 l_f 如式（1-33）所示：

$$l_f = \frac{F_f}{\tau_c \cdot a_w} \tag{1-33}$$

式（1-30）～式（1-33）中，F_c 为主铣削力；κ_r 为主偏角；μ 为刀片材料与工件材料的摩擦系数；γ_0 为刀具前角；τ_c 为切屑底层金属的屈服应力；a_w 为刀屑接触宽度。

图 1-14 为高速铣刀铣削铝合金时，使用超景深显微镜测出的铣削刃刀屑接触区情况。铣削参数为：a_p=1.50mm，κ_r=45°，γ_0=20°。测得铣削宽度 a_e 约为 2.751mm，刀屑接触长度 l_f 为 0.0162mm。根据式（1-33）计算得出 a_w 为 2.121mm，l_f 为 0.0206mm。

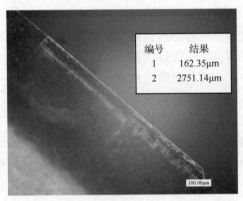

编号	结果
1	162.35μm
2	2751.14μm

图 1-14　实验测得后刀面接触区形貌

在理论计算时忽略了刀具铣削过程中的振动及变形，所以理论计算值与实际测量值有所差距。通过对比分析可知，理论计算值与实际测量值差距不大，因此理论计算可行。

图 1-15 为直径 20mm 的高速球头铣刀在转速为 4000r/min 时，使用红外热像仪测量的铣削温度分布情况。铣削参数为：铣削宽度 a_e=0.3mm，加工倾角 λ=30°，铣削深度 a_p=0.2mm。由图可知，温度最高区域位于铣削刃附近，刀片上温度升高部位即为刀屑接触区。

图 1-15　使用红外热像仪测量的铣削温度分布图

在外力作用下，当铣刀片升高的温度超过保持刀片材料硬度、强度能力的最大温度时，刀片材料会发生流动、塌陷现象。为保证铣刀可靠性，铣刀片在热-力耦合场中产生的最高温度不应超过刀片材料所能承受的最高温度，如式（1-34）所示：

$$t_{max} \leqslant [t] \tag{1-34}$$

式中，t_{max} 为铣刀片耦合场最高温度；$[t]$ 为铣刀片材料耐热温度。

通过给刀片涂层可以提高铣刀片的耐热温度，刀片热稳定性能提高。但在实际铣削中，刀片存在正常磨损，刀片材料的涂层在正常磨损状态时可能被磨掉。为保证刀片在正常磨损后不发生热稳定性能失效，需保证铣刀基体材料也具有一定的耐热温度。为保证刀具具有较高的铣削性能，$[t]$ 应作为刀片基体材料的耐热温度判定刀具热稳定性。

6. 高速铣刀初始衰退判据

在高速铣削中，刀具铣削厚度不断变化，由铣刀断续铣削引起的周期性动态铣削力成为引起铣刀振动的主要激振力。同时，刀具不平衡质量引起的离心力则成为铣刀振动的另一个主要强迫激励。

高速铣刀受到铣削载荷作用时，铣刀组件发生由振动引起的变形，使刀具在储存一部分能量的同时又消耗一部分能量，进而使刀具既体现了材料弹性特性的同时又体现了材料的阻尼特性，则高速铣刀振动模型如式（1-35）所示：

$$\begin{cases} x_{total}(t) = W_x + S_x + x_1(t) \\ y_{total}(t) = W_y + S_y + y_1(t) \end{cases} \tag{1-35}$$

式中，W_x、W_y 分别为刀具在 x 轴、y 轴的误差，W 引起的铣刀位置偏置如式（1-36）所示：

$$\begin{cases} W_x = W \sin\left(\dfrac{2\pi nt}{60} + \varphi\right) \\ W_y = W \cos\left(\dfrac{2\pi nt}{60} + \varphi\right) \end{cases} \tag{1-36}$$

刀具不平衡质心相位角 φ_x 引起铣刀空转时离心力激励产生的振动幅值最大值 S_f 的分量如式（1-37）所示：

$$\begin{cases} S_x = S_f \sin\left(\dfrac{2\pi nt}{60} + \varphi_x\right) \\ S_y = S_f \cos\left(\dfrac{2\pi nt}{60} + \varphi_x\right) \end{cases} \tag{1-37}$$

依据高速铣削动力学模型和瞬态铣削力模型，铣刀铣削力振动位移如式（1-38）所示：

$$\begin{cases} x_1(t) = \dfrac{F_x' - m_x x''(t) - c_x x'(t)}{k_x} \\[3mm] y_1(t) = \dfrac{F_y' - m_y y''(t) - c_y y'(t)}{k_y} \end{cases} \tag{1-38}$$

式中，$x(t)$、$y(t)$、$x''(t)$、$y''(t)$、$x'(t)$、$y'(t)$ 分别为铣刀在 x、y 方向上的振动位移、振动加速度和振动速度；m_x、m_y，c_x、c_y，k_x、k_y 分别为刀具在 x、y 方向上的模态质量、模态阻尼和模态刚度。

由式（1-35）～式（1-38）可知，随着刀具误差及离心力增大，铣刀振动导致刀齿随着转速呈周期性运动，由此引起的刀具偏摆将使刀齿铣削的不均匀性显著增加。当刀具偏摆幅度到达式（1-39）所示位置时，处于该位置附近的刀齿铣削厚度显著减小，而其后续刀齿的铣削厚度将大幅度增长，铣刀参与铣削的刀齿数量减少，使得铣削力振动频率和振动幅值发生显著变化，并引起铣刀安全稳定性下降。

$$M_{\max} = \frac{R - \sqrt{R^2 - f_z^2}}{\sin \kappa_r} \tag{1-39}$$

式中，$M_{\max}$ 为铣刀沿进给方向振动幅值；R 为铣刀半径；f_z 为每齿进给量；κ_r 为铣刀主偏角。

由此可得铣刀一个回转周期内全部刀齿均参与铣削的条件，如式（1-40）所示：

$$M = \sqrt{x_{\text{total}}^2(t) + y_{\text{total}}^2(t)} \leqslant M_{\max} \tag{1-40}$$

高速铣刀在振动过程中，其径向变化大小主要受动态铣削力的影响，为降低这种影响程度，应使铣刀铣削力频谱的波形在 x、y 方向的最大值处尽量平坦。为此，采用线性加权法，按下式对高速铣刀刀齿铣削不均匀性和铣削能量分散程度进行评价：

$$P = \omega_1 \cdot \max F_x + \omega_2 \cdot \max F_y \leqslant P_{\max}$$

式中，$\max F_x$、$\max F_y$ 分别为 x、y 方向动态铣削力幅值谱对应的最大值；ω_1 和 ω_2 为加权系数，且 $\omega_1 + \omega_2 = 1$；$P_{\max}$ 为铣刀多齿安全稳定铣削允许的径向铣削力最大频谱值。

受铣刀固有特性和刀齿分布影响，高速铣刀发生共振失效条件如式（1-41）所示：

$$\begin{cases} n_f / k_g \leqslant n \leqslant k_g n_f \\[2mm] n_f \approx 60 f_{gi} / k_z \end{cases} \tag{1-41}$$

式中，k_g 为铣刀共振失效影响系数，由彭桓武判别法得 $k_g = 3$；f_{gi} 为铣刀第 i 阶固有频率；k_z 为系数，与刀齿分布的均匀程度有关，如果刀齿是均匀分布的，k_z 的大小与齿数大小相同，如果刀齿不是均匀分布的，则 $k_z = 1$。

依据上述判据，考虑工件状态和高速铣削工艺条件影响，结合铣削力与离心力振动分析，通过高速铣刀共振、铣刀全齿铣削与刀齿铣削不均匀性判别，进行高速铣刀安全铣削稳定性评价，如图 1-16 所示。

该高速铣刀安全铣削稳定性评价方法在考虑铣刀共振失效对安全稳定性影响的基础上，采用铣刀振动模型获取刀齿径向振动偏置量，通过对丧失铣削功能的刀齿数量进行判别，评价铣削厚度和铣削载荷急剧增大所引起的铣刀安全稳定性破坏，利用动态铣削力频谱模型获取高速铣削振动能量分布特性，通过分析铣刀振动激励能量集中程度，评价变形和组件位移引起刀齿不均匀铣削所导致的铣刀初始衰退的严重程度。

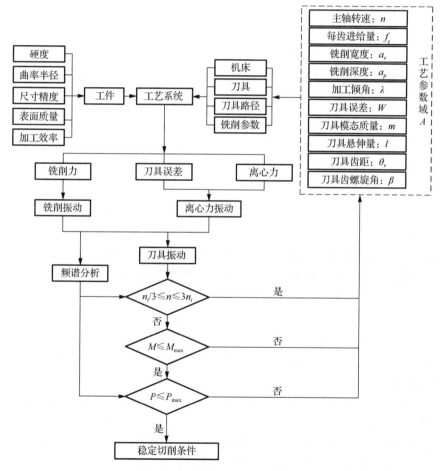

图 1-16　高速铣刀安全铣削稳定性评价

n_i 为铣刀共振的失效转速

1.1.3　高速铣刀安全行为特征序列

依据安全系统工程理论,高速铣刀安全性是指高速铣削条件下铣刀保持其"完整"与"稳定"状态的能力，高速铣刀安全稳定性和完整性评价指标序列表征如式（1-42）所示：

$$S_{fi} = \left\{ n_f, M_{\max}, P_{\max}, G_0, \delta_{\max}, \sigma_s \right\}, S_{\delta i} = \left\{ \sigma_A, \sigma_{bc}, \sigma_b, \sigma_c, \sigma_m, \varepsilon_B \right\} \qquad (1\text{-}42)$$

式中，G_0 为铣刀动平衡精度；σ_s 为铣刀组件屈服强度；$\delta_{\max}$ 为铣刀组件允许的最大变形量；σ_A 为铣刀组件冲击强度；σ_{bc} 为铣刀组件抗压强度；σ_b 为铣刀组件抗拉强度；σ_c 为铣刀组件剪切强度；σ_m 为铣刀组件脆性断裂强度；ε_B 为铣刀组件断裂应变。

由式（1-42），离心力与铣削力载荷作用下的高速铣刀安全行为特征序列表征如式（1-43）所示：

$$S_i = \left\{ f_i, M, P, U, \delta, \sigma, \varepsilon \right\} = S_i(X_1, X_2, X_3, X_4, X_5, X_6) \qquad (1\text{-}43)$$

式中，f_i 为铣刀第 i 阶振动频率；M 为铣刀振动幅值；P 为铣刀铣削力频谱值；U 为铣刀不平衡量；δ 为铣刀组件变形量；σ 为铣刀组件应力；ε 为铣刀组件应变；X_1 为铣刀结构参数；X_2 为铣刀组件材料参数；X_3 为铣刀铣削参数；X_4 为铣刀误差；X_5 为铣刀模态参数；X_6 为铣刀附加载荷。

高速铣刀安全性影响因素行为序列表征如式（1-44）、式（1-45）所示：

$$X_1 = \left\{ d, L_x, z, \kappa_r, \Delta\theta, r_z \right\}, X_2 = \left\{ \rho, \text{HB}, a, E, v, \delta_l \right\} \qquad (1\text{-}44)$$

$$X_3 = \left\{ n, f_z, a_p, a_e \right\}, X_4 = \left\{ \Delta m, r, \Delta_z, \Delta_L \right\}, X_5 = \left\{ m, c, k, f_{gi} \right\}, X_6 = \left\{ p, T_0 \right\} \qquad (1\text{-}45)$$

式中，d 为铣刀直径；L_x 为铣刀长度；z 为铣刀齿数；κ_r 为铣刀主偏角；$\Delta\theta$ 为铣刀齿距；r_z 为刀齿根部结构参数；ρ 为铣刀组件材料密度；HB 为铣刀组件材料硬度；a 为铣刀组件材料晶格常数；E 为铣刀组件材料弹性模量；v 为铣刀组件材料泊松比；δ_l 为铣刀组件材料伸长率；n 为主轴转速；f_z 为每齿进给量；a_p 为铣削深度；a_e 为铣刀铣削宽度；Δm 为铣刀不平衡质量；r 为铣刀偏心量；Δ_z 为铣刀刀齿径向误差；Δ_L 为铣刀刀齿轴向误差；m 为刀具模态质量；c 为铣刀模态阻尼；k 为铣刀模态刚度；f_{gi} 为铣刀第 i 阶固有频率；p 为高速铣削工件材料的单位铣削力；T_0 为施加的铣刀组件预紧力矩。

分析式（1-44）、式（1-45）中各变量属性和关系可知，铣刀结构参数 X_1 和铣刀组件材料参数 X_2 直接决定了高速铣刀安全稳定性和安全完整性的固有特征，而依附于 X_1 和 X_2 的铣刀铣削参数 X_3、铣刀误差 X_4、铣刀模态参数 X_5、铣刀附加载荷 X_6 则通过改变铣刀组件结合状态和铣削条件，使高速铣刀安全性产生额外的变化。因此，采用式（1-43）～式（1-45），可分别获得由高速铣刀结构、材料设计变量所激发的安全性本征响应特性和由铣削条件、误差等干扰因素所激发的安全性非本征响应特性。

1.1.4 高速铣刀安全性衰退行为表征

高速铣刀铣削过程中，随着离心力和铣削力载荷的逐渐增大，铣刀与工件之间的冲击、碰撞加剧，导致铣刀组件变形和位移量逐渐增大，铣刀质量分布随之发生改变，动平衡精度下降[2]，高速铣刀安全稳定铣削状态开始衰退。在铣刀未发生完整性破坏之前，高速铣刀安全性存在一个动态衰退过程，其在特定条件下的安全性描述如图 1-17 所示。

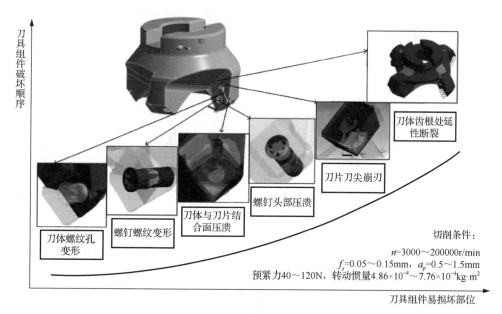

图 1-17　高速铣刀安全性描述

由图 1-17 可知，随着离心力和铣削力载荷的增大，高速铣刀安全性衰退过程开始于铣刀振动和变形导致的安全性失稳，结束于铣刀组件压溃和断裂导致的完整性破坏。其安全性衰退行为特征曲线由铣刀抗振能力、抗变形能力和抗破坏能力决定。

在铣削力、离心力和预紧力载荷的综合作用下，铣刀组件所发生的变形及其对铣削过程的影响，如图 1-18 所示。

结合振动行为引起刀具变形的响应分析结果，获得铣刀安全性衰退过程中组件变形与振动行为特征，如图 1-19 所示。

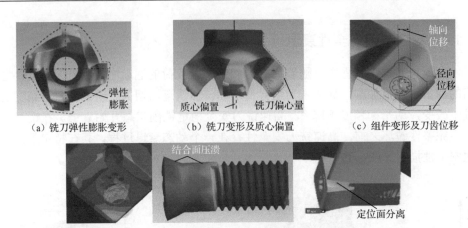

（a）铣刀弹性膨胀变形　　　（b）铣刀变形及质心偏置　　　（c）组件变形及刀齿位移

（d）铣刀结合面变形及刀齿偏置

图 1-18　高速铣刀组件变形

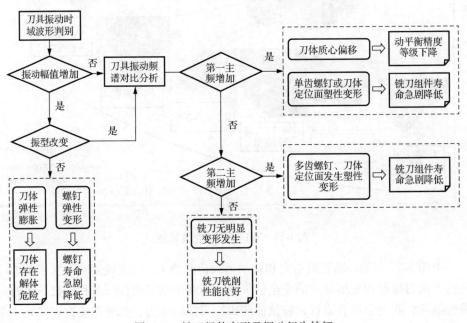

图 1-19　铣刀组件变形及振动行为特征

由图 1-19 可知，随离心力和铣削力载荷的增大，铣刀组件由弹性变形向塑性变形演变过程中，铣刀振动行为特征表现为由振动幅值的逐渐增大转变为振型和主频的改变，铣刀变形与振动行为的交互作用显著增强。在铣刀发生安全性衰退初始阶段，其变形和振动行为共同反映了铣刀结构、材料设计变量所激发的安全性本征响应特性；在铣刀安全性衰退过程中，其振动行为则反映了铣刀变形引起刀工接触关系劣化所激发的安全性非本征响应特性。

1.2 高速铣刀完整性破坏行为特征及破坏过程分析

1.2.1 高速铣刀完整性破坏行为特征

1. 高速铣刀完整性破坏形式

采用从整体到细节的顺序对已发生完整性破坏的高速铣刀进行观测,描述其破坏发生时的现场状态。对已发生完整性破坏的高速铣刀进行宏观直观分析,通过其各个刀齿的不同变形特征及对比分析,对其所受载荷及载荷突变情况进行理论推导,可分析其完整性破坏过程。具体发生完整性破坏的高速铣刀如图 1-20 所示。

特征:(1)刀片脱落
　　　(2)刀齿螺钉破坏不明显

特征:(1)刀片、螺钉脱落
　　　(2)刀齿严重破坏

图 1-20　发生完整性破坏的高速铣刀

首先观察完整性破坏的高速铣刀刀体上的标注性文字,可知该刀具为山特维克超密不等齿距高速铣刀,其许用最高转速为 18000r/min,主要用于铣削铝镁合金。通过观察刀具图片可以发现,该刀具的刀齿螺钉均呈现很大程度的破坏,且不同刀齿所呈现的破坏程度不同,为获取更详细的极端破坏形式,需进一步对细节进行观测。因而提取超景深显微镜检测结果,表征高速铣刀完整性破坏细节,如图 1-21 所示。

通过对整个刀体及刀体组件的宏观观察,仅一个刀齿上留有完整的刀片、刀齿及紧固螺钉,故以此为基准,分别标记其他七个刀齿,按其铣削过程中方向,沿逆时针标记其后第一个刀齿为②号刀齿,依此类推,完整刀齿为①号刀齿。

从图 1-20 中可以看出,该刀具的八个刀齿大致呈现两类破坏形式,即以①号刀齿水平线为基准,上半部的四个刀齿整体变形严重,出现了很大程度的破坏,而在下半部包括①号的四个刀齿则发生整体的破坏,但是刀片均崩断丢失,同时螺钉的破坏程度也不同。

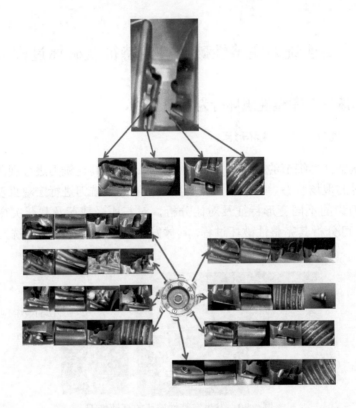

图 1-21　高速铣刀完整性破坏细节

分析可能发生破坏的原因，需要提取高速铣刀完整性破坏的证据，首先通过刀片黏结层能谱判定，在正常铣削时该刀具用于铣削铝镁合金，其次根据上文分析得出的明显破坏性质临界点，选取铣削性质发生突变的刀齿，通过其破坏形式获取正常铣削时的铣削层参数，同时确定刀体发生破坏时的临界值。通过上述方法，基本确定如下参数：工件材料为铝镁合金，铣削深度 4～5mm，每齿进给量1.2mm。具体参数如图 1-22 所示。

从分析加工状况的角度入手，分析出现这种现象的具体原因。①号刀齿保存完整，①号刀齿在铣削瞬间其铣削参数没有发生改变，铣削载荷平稳，同时处在完整性破坏的高速铣刀组件的强度范围内。当⑧号刀齿继续跟进铣削的瞬间，由于特殊的外在因素，如机床振动、工件偏离、操作失误等原因，诱发了铣削参数的突然改变，铣削层面积突然增大，刀片的受力急剧升高，引起刀片破损。同样在⑦号、⑥号刀齿上的破损程度继续增大。在⑤号刀齿铣削瞬间，铣削状况发生急剧恶化，刀具的偏离严重，刀齿直接与工件发生撞击，形成类似冲击造成大面积的刀齿塑性变形，而这种冲击作用力是由刀具的位置突变所造成的，因此其方向并未与刀具的进给旋转方向相一致，而从后跟进的④号、③号以及②号刀齿破坏状态可以看出，其方向是大致沿着⑤号刀齿的切线方向。因此⑤号刀齿之后的三个刀齿虽然发生了整体的变形，但是其程度呈下降趋势。

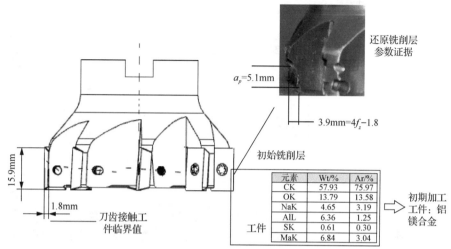

图 1-22　高速铣刀完整性破坏的参数条件

Wt 为质量分数；Ar 为原子百分数

　　根据上述理论及仿真分析可知，该完整性破坏的高速铣刀是在铣削时，由于外部特定因素引起稳定性下降，进而引起铣削参数的突变和铣削层面积的改变。由于刀片所受铣削力超过其强度范围，导致从①号刀齿按顺时针方向排列的四个刀齿刀片崩断丢失；从⑤号刀齿及按顺时针排列的其余四个刀齿进入破坏的第二阶段，是由于非正常铣削状态下的冲击作用力引起的整体破坏。通过上文对刀具发生完整性破坏的推理，基本分析了该刀具的实际加工状况，并将刀齿破坏性质分成两类，为后续细节的比对观测提供了基础。

2. 高速铣刀完整性破坏特征

　　高速铣刀铣削过程中，过大的离心力与动态铣削力会引起铣刀结构性超载，铣刀组件会发生较大程度的变形甚至结构分离破坏，其安全行为特征依次表现为：刀片与刀体结合面压缩塑性变形、刀片与螺钉结合面压缩塑性变形、刀体与螺钉的螺纹结合面压缩塑性变形、刀片断裂、刀体与螺钉的螺纹结合面压溃及螺纹根部拉伸塑性变形、刀体螺纹孔完整性破坏、螺钉结合面完整性破坏、刀片与刀体结合面压溃、螺钉断裂、刀体刀齿顶部完整性破坏、刀体刀齿根部拉伸塑性变形与断裂。具体分类情况如表 1-3 所示。

表 1-3 高速铣刀完整性破坏分类

序号	完整性破坏类型	完整性破坏特征		
A	刀体形变与延性断裂			
B	刀片与刀体结合面压溃			
C	刀体与螺钉的螺纹结合面压溃及螺纹根部拉伸塑性变形			
D	螺钉断裂			
E	螺钉结合面完整性破坏			
F	刀片断裂			

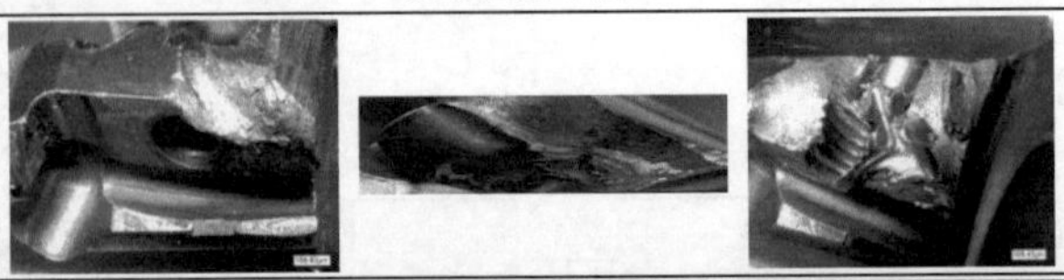

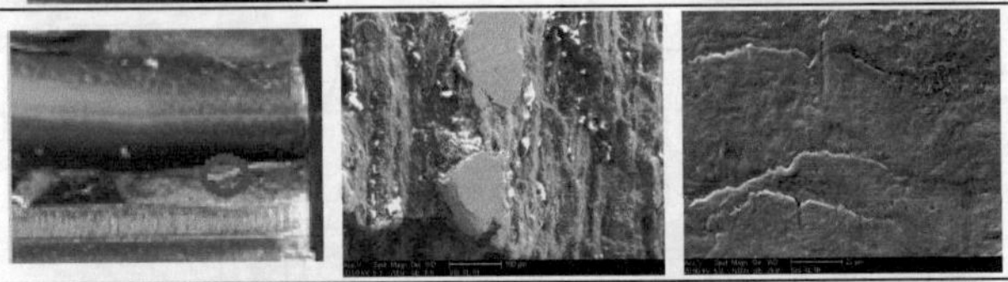

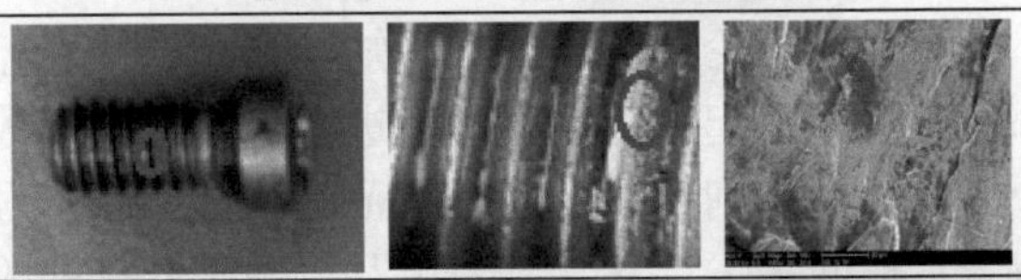

1.2.2 高速铣刀完整性破坏行为特征识别方法

1. 高速铣刀完整性破坏结构分析

在对比之前将完整性破坏的高速铣刀的典型破坏位置进行区分,主要分为刀齿、螺钉、螺纹孔及结合面。同时选取特征差别最大的两组刀齿,即相应位置破坏最严重与破坏最轻的两类刀齿间进行比较。另外,由于单一尺度下的形貌图片不足以充分对比破坏的区别,因此选用不同尺度的观测方法进行全面检测,本书选用超景深显微镜与扫描电镜两种尺度的两类观测方法。

通过对局部照片的分析,进一步对不同破坏程度的刀齿及螺钉进行具体分析,如图 1-23 所示。

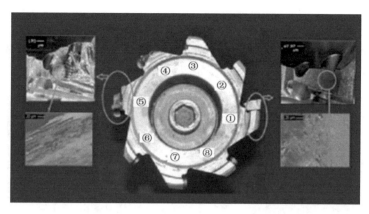

图 1-23　完整性破坏的高速铣刀刀齿与螺钉的破坏

　　通过比较破坏最严重的刀齿与保存完整的刀齿可知，破坏程度最大的⑤号刀齿的螺钉与刀片均破损丢失，螺纹孔也仅保留一部分。通过超景深显微镜的观测图片可知，刀齿发生了很大程度的变形，刀齿的前端面被去除。进一步通过扫描电镜的图片分析可知，在断口处伴有大量韧窝，属于典型的塑性变形断口，且韧窝方向较一致，属于一种受力造成的大程度的塑性变形。

　　通过对局部照片进行分析，进一步对发生完整性破坏刀具中不同破坏程度的刀体与螺钉结合面进行具体细节对比分析，如图 1-24 所示。

图 1-24　完整性破坏的高速铣刀刀体与螺钉结合面变形

　　继续比较螺纹破坏相对严重的④号刀齿与螺纹孔相对完整的②号刀齿。④号刀齿的螺纹宏观变形相对较小，通过扫描电镜图片可发现其发生了一定的塑性变形。进一步增大放大倍数，在图像中出现了大量的韧窝以及第二相微粒，这说明螺纹孔发生了大面积的塑性变形，同时由于材料组分的原因螺纹孔发生塑性变形的面积更大。

通过对局部照片的分析，进一步对发生完整性破坏刀具中不同破坏程度的刀体结合面进行具体细节及宏观分析，如图 1-25 所示。

图 1-25　完整性破坏的高速铣刀刀体结合面变形

选择结合面相对破坏严重的③号刀齿与结合面破坏程度较小的①号刀齿进行比较。③号刀齿的结合面从宏观上可以看出发生了微小的塑性变形。进一步从扫描电镜图片可以看出，在结合面处出现了大量的裂纹，结合面的破坏是一种压缩变形。

通过对局部照片的分析，进一步对发生完整性破坏刀具中不同破坏程度的螺钉进行具体细节及宏观对比分析，如图 1-26 所示。

图 1-26　完整性破坏的高速铣刀螺钉变形

选择螺钉相对破坏严重的⑥号刀齿与螺钉破坏程度较小的⑧号刀齿进行比较。⑥号刀齿的螺钉从宏观上可以看出发生了微小的塑性压缩变形。进一步从扫描电镜图片可以看出，在结合面处出现了大量的裂纹，晶格长度有所增大，可看出螺钉螺纹处发生了不同程度的压缩变形和拉伸变形。

2. 高速铣刀完整性破坏判据

为解决高速铣刀在完整性上存在的上述问题，依据《高速切削铣刀　安全要求》（GB/T 25664—2010），建立刀体、螺钉和刀片等铣刀组件完整性破坏判据，如表 1-4 所示。

表 1-4　高速铣刀完整性破坏判据

组件冲击破坏	组件压溃	组件延性断裂	组件脆性断裂	组件变形
$\sigma \geqslant \sigma_A$	$\sigma \geqslant \sigma_{bc}$	$\sigma_{max} \geqslant \sigma_b$, $\tau_{max} \geqslant \sigma_c$	$\sigma \geqslant \sigma_m$	$\varepsilon \geqslant \varepsilon_B$

表 1-4 中，σ 为铣刀铣削时组件承受的应力，σ_A 为铣刀组件冲击强度，σ_{bc} 为铣刀组件抗压强度，σ_b 为铣刀组件抗拉强度，σ_{max} 为铣刀组件所受的最大等效应力，τ_{max} 为铣刀组件最大剪应力，σ_c 为铣刀组件剪切强度，σ_m 为铣刀组件脆性断裂强度，ε 为铣刀组件应变，ε_B 为铣刀组件断裂应变。

该判据将保证高速铣刀铣削过程中的组件完整性确立为进行高速铣削加工必须满足的重要前提条件，不仅规定了高速铣刀组件完整性破坏的实验方法和标准，而且提出了高速铣刀设计、制造和使用的安全性评价与检验方法。

1.2.3　高速铣刀完整性破坏过程分析

根据上述对刀齿细节的具体对比，可将该完整性破坏的高速铣刀各刀齿铣削顺序描述为：从①号刀齿起由于铣削厚度过大，铣削力水平高于刀片的强度，刀片发生断裂，由于刀片的破损，工件并未去除，当②号刀齿跟进铣削，切入冲击依旧存在，且其铣削厚度继续增大，刀片破损工件未被去除，直到③号刀齿切入时，其铣削厚度达到刀齿与工件接触的临界值，刀片破坏工件仍未被去除。由于③号刀齿的铣削厚度已经达到刀齿与工件接触临界值，在刀片破坏之后刀齿承担了铣削作用，同时与工件接触的第一个刀齿是整个刀具结构中齿厚最大、强度相对最高的刀齿，其实现了铣削作用，去除了工件，同时自身也发生了整体的破坏。由于其去除了一部分工件，相应地减少了下一跟进刀齿的铣削厚度，因此后续的刀齿破坏呈下降趋势。具体过程如图 1-27 所示。

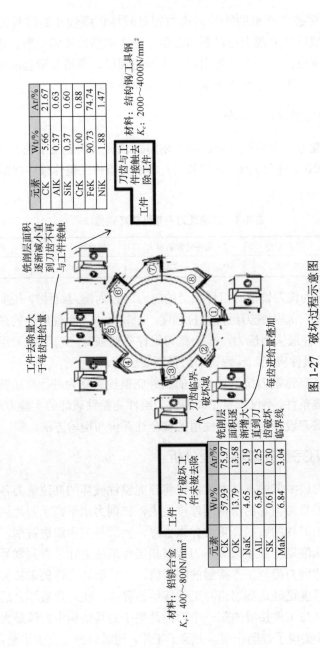

材料: 结构钢/工具钢
K_c: 2000~4000N/mm²

元素	Wt/%	At/%
CK	5.66	21.67
AlK	0.37	0.63
SiK	0.37	0.60
CrK	1.00	0.88
FeK	90.73	74.74
NiK	1.88	1.47

刀齿与工件接触，工件除去

铣削层面积逐渐减小直到刀齿不再与工件接触

工件去除量大于每齿进给量

刀齿临界破坏区

每齿进给量叠加

铣削层面积逐渐增大直到刀齿破坏临界线

材料: 铝镁合金
K_c: 400~800N/mm²

元素	Wt/%	At/%
CK	57.93	75.97
OK	13.79	13.58
NaK	4.65	3.19
AlL	6.36	1.25
SK	0.61	0.30
MaK	6.84	3.04

刀片破坏工件未被去除

图 1-27 破坏过程示意图

K_c 为材料的屈服极限；因数据四舍五入，各元素质量分数加和可能与100%稍有偏差，余同根据上述分析可知，该刀具表现了刀具破坏失效的一种动态过程，根据不同刀齿所表现出的细节不同，刀具失效的过程为：外载荷共同作用导致的刀具整体弹性变形引起刀具的偏心量以及径向误差，造成稳定性能下降，进一步造成铣削载荷的突变，加快刀具组件的塑性变形，随着塑性变形的出现以及预紧力的作用，组件结合面处会逐渐形成压溃现象，导致定位性能下降，刀具的误差进一步增大，铣削载荷的突变程度进一步增大，最后会导致完整性的破坏，在各个不同组件上出现大程度的塑性变形以及延性断裂。综上所述可将该刀具样本的失效破坏用式（1-46）表示：

$$A = \{a_1, a_2, a_3, a_4\} \tag{1-46}$$

式中，a_1 表示刀齿塑性变形破坏；a_2 表示螺纹孔塑性变形破坏；a_3 表示结合面受压缩破坏；a_4 表示螺钉断裂破坏。这几种破坏形式较全面地表现了高速铣刀安全性失效的宏观特征，其表述了在铣削条件发生突变的情况下，刀具安全性衰退的极端状态及基本表现形式。

综上所述，本节按照"整体观测→分析工况→多尺度单一细节对比→微观形貌定性分析→总结宏观破坏特征序列"这一顺序，对完整性破坏的高速铣刀进行了全面分析，分析了造成其破坏的实际工作状况和载荷形式，获得了其各部位各组件不同的变形破坏性质，归纳为受力较简单的刀齿塑性变形、受力较复杂的螺纹孔塑性变形、压缩作用力引起的结合面压溃失效、剪切作用力起主导的螺钉断裂破坏。在此基础上给出了分析完整性破坏的高速铣刀的一种基本思路，即从整体观测入手，以分析现场为基础，重点利用多尺度观测对不同部位的破坏进行定性分析，并归纳特征。这一思路基本解决了完整性破坏的高速铣刀分析中现场证据少、在线情况未知等一系列问题，较准确地给出了该完整性破坏的高速铣刀的典型破坏形式。

1.3　高速铣刀安全稳定行为特征模型及分析方法

1.3.1　高速铣刀振动行为特征模型

1. 高速铣刀初始衰退行为特征

稳定性一方面是高速铣削的基本要求，另一方面也是变形、压溃等宏观安全特性最直接的表现，由于其响应敏感以及实验数据多，因此其在宏观安全特性中具有很重要的地位。描述高速铣刀稳定性主要依据振动波形，因此有必要研究其振动幅值、振动频率等变化趋势，以探究稳定性的动态过程，并进一步分析其他宏观安全特性的程度[3]。

当铣刀组件变形增大到一定程度时，将导致铣刀质心及刀工接触关系的改变，并对高速铣刀铣削稳定性产生影响，如图 1-28 所示。

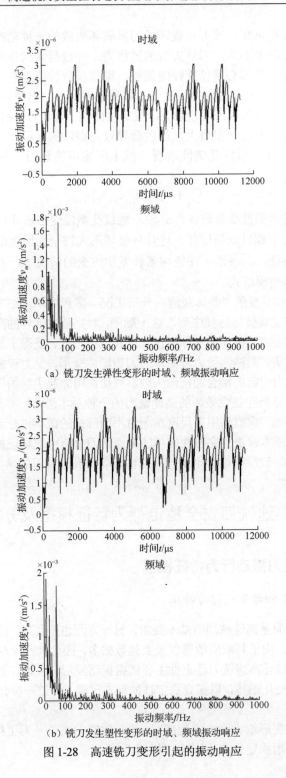

（a）铣刀发生弹性变形的时域、频域振动响应

（b）铣刀发生塑性变形的时域、频域振动响应

图 1-28 高速铣刀变形引起的振动响应

当铣刀组件产生弹性变形时，所有刀齿均向外偏移，不会产生明显的不均匀铣削现象，但会导致铣削层面积增大，使铣刀振动幅值增大，且铣刀振动状态随转速下降而得到明显改善；当铣刀组件产生塑性变形时，铣刀质心产生的永久性偏置和刀齿偏转不仅会引起铣刀振动幅值增大，而且会导致铣刀振型的改变，引起铣刀铣削稳定性下降，此时降低转速不会改善其振动状态。

高速铣刀在铣削载荷的作用下，产生了可等效为弹簧和阻尼器的微小位移或转动，故简化刀具动态铣削模型。同时，铣刀铣削载荷主要作用于刀具径向铣削域内，因而建立铣刀动态铣削模型，如图 1-29 所示。

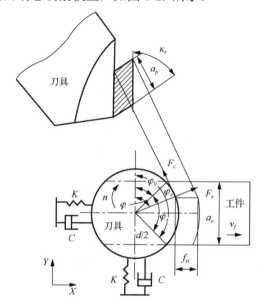

图 1-29　高速铣刀动态铣削模型

图 1-29 中，C 为铣刀阻尼矩阵；K 为铣刀刚度矩阵；d 为铣刀直径；f_{zi} 为第 i 个刀齿的每齿进给量；n 为铣刀主轴转速；F_c 为主铣削力；F_r 为径向铣削力；φ_0 为切入角；φ_e 为切出角；φ_s 为铣削接触角；φ 为进给方向角，其中 $\varphi_s = \varphi_e - \varphi_0$，$\varphi_0 \leqslant \varphi \leqslant \varphi_e$。

通过对铣刀结构动力学原理的研究，建立铣刀动力学微分方程，如式（1-47）所示：

$$\ddot{x}(t) + 2\zeta\omega_n \dot{x}(t) + \omega_n^2 x(t) = \omega_n^2 P_x(t), \quad \ddot{y}(t) + 2\zeta\omega_n \dot{y} + \omega_n^2 y(t) = \omega_n^2 P_y(t) \qquad (1\text{-}47)$$

通过分析可知离心力作用下高速铣刀振动幅值 A_p 如式（1-48）所示：

$$\begin{cases} A_P = \dfrac{mr\left(\dfrac{\omega}{\omega_n}\right)^2 \cdot \sqrt{1+\sin(2\omega t)\cdot\sin(2\alpha_x)}}{M\sqrt{\left[1-\left(\dfrac{\omega}{\omega_n}\right)^2\right]^2 + \left(\dfrac{2\xi\omega}{\omega_n}\right)^2}} \\[6mm] \alpha_x = \arctan\dfrac{1-\left(\dfrac{\omega}{\omega_n}\right)^2}{2\xi\left(\dfrac{\omega}{\omega_n}\right)} \end{cases} \tag{1-48}$$

式中，ω_n 为固有频率；ξ 为阻尼率；ω 为角速度。

在高速铣削过程中，动态铣削力是引起刀具产生受迫振动的重要激振力之一。根据铣削力作用下的高速铣刀运动方程，获得动态铣削力作用下高速铣刀振动幅值，如式（1-49）所示：

$$\begin{cases} A_F = \dfrac{p_{zav}\cdot a_p\cdot f_{zav}\cdot\sqrt{1+\eta'^2}}{M_0\cdot\sqrt{(\omega_n-\omega)^2+(2\xi\omega\omega_n)^2}}\cdot\sum_{i=1}^{z}q_i^\lambda \\[6mm] \sum_{i=1}^{z}q_i^\lambda = [z/(2\pi)]^\lambda\cdot\sum_{i=1}^{z}\theta_i^\lambda \end{cases} \tag{1-49}$$

式中，η' 为影响铣刀位移的静平衡位置常数；f_{zav} 为平均每齿进给量；p_{zav} 为对应 f_{zav} 的平均铣刀单位铣削力；q_i 为第 i 个齿距与平均齿距的比值；λ 为与铣削条件和工材料性质有关的指数，可通过实验确定；M_0 为质量矩阵；z 为铣刀齿数；θ_i 为相邻刀齿夹角。

2. 高速球头铣刀瞬态铣削力模型

球头铣刀铣削刃几何模型及其铣削层参数如图 1-30～图 1-35 所示。

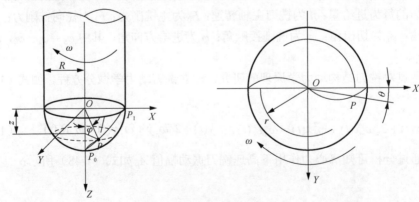

图 1-30　球头铣刀铣削刃模型

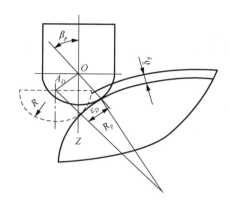

图 1-31　行距方向铣削姿态图

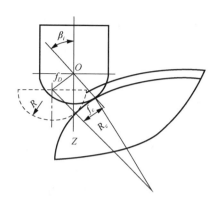

图 1-32　进给方向铣削姿态图

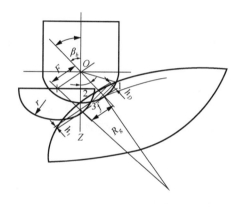

图 1-33　瞬时铣削层参数示意图

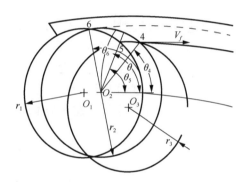

图 1-34　铣削层俯视图

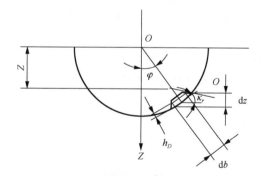

图 1-35　球头铣刀铣削微元示意图

刀具切触角为 θ 时，刀具单齿瞬时铣削层面积如式（1-50）所示：

$$A_D(\theta) = \int_{z_1}^{z_2} \frac{h_D \cdot R \cdot \mathrm{d}z}{\sqrt{R^2 - z^2}} + \int_{z_2}^{z_3} \frac{h_D \cdot R \cdot \mathrm{d}z}{\sqrt{R^2 - z^2}} \tag{1-50}$$

瞬时平均铣削厚度如式（1-51）所示：

$$h_{aV}(\theta) = \frac{1}{\varphi_3 - \varphi_1} \int_{\varphi_1}^{\varphi_3} h_D(\varphi) \mathrm{d}\varphi \tag{1-51}$$

通过实验可获得单位铣削力，如式（1-52）所示：

$$p_c(\theta) = p_{c1.1}/h_{aV}^u(\theta) = \left(p_{0c1.1} + k \cdot \Delta\mathrm{HRC}\right)/h_{aV}^u(\theta), \ p_{0c1.1} = 27521.42 \cdot n^{-0.21477} \tag{1-52}$$

式中，$p_{c1.1}$ 为铣削层公称厚度和宽度各为 1mm 时铣削层单位面积铣削力，其数值与铣削层公称厚度有关；u 为指数，表示 h_{aV} 对单位面积铣削力的影响程度；k 为工件硬度影响系数，当 HRC < 50 时，k=93.75，当 HRC ≥ 50 时，k=107.14。

综合考虑转速和硬度作用，球头铣刀瞬时铣削力如式（1-53）所示：

$$F_c(\theta) = A_D(\theta) \cdot \left(27521.42 \cdot n^{-0.21477} + k \cdot \Delta\mathrm{HRC}\right)/h_{aV}^u(\theta) \tag{1-53}$$

3. 铣削力振动模型

高速铣刀在铣削加工过程中，动态铣削力与刀具质心偏移引起的离心力是刀具振动的两个主要强迫激励。离心力和动态铣削力共同作用下，刀具既储存能量又消耗能量，表现出既有弹性又有阻尼的特性。

由于 z 向刚度远大于其他方向，因此，用刀具与工件接触平面内相互垂直的两自由度弹性-阻尼系统来建立基本的高速铣削加工动力学物理模型，如式（1-54）所示：

$$\begin{cases} F_x'(t) = m_x x''(t) + c_x x'(t) + k_x x(t) \\ F_y'(t) = m_y y''(t) + c_y y'(t) + k_y y(t) \end{cases} \tag{1-54}$$

式中，$x(t)$、$y(t)$、$x''(t)$、$y''(t)$、$x'(t)$、$y'(t)$ 分别为系统在 x、y 方向上的刀具振动位移、振动加速度和振动速度；m_x、m_y、c_x、c_y、k_x、k_y 分别为刀具在 x、y 方向上的模态质量、模态阻尼和模态刚度。

铣削力引起的激励可表示为式（1-55）～式（1-60）：

$$F_c = K_c' \cdot A_c + \tan\gamma_0 \cdot K_r' \cdot A_c \tag{1-55}$$

$$F_r = K_r' \cdot A_c - \tan\gamma_0 \cdot K_c' \cdot A_c \tag{1-56}$$

式中，A_c 为铣削层面积。

$$K_c' = k_c\left(f_z \sin\varphi\right)^{-m_p} \tag{1-57}$$

$$K_r' = k_r\left(f_z \sin\varphi\right)^{-m_p} \tag{1-58}$$

式中，f_z 为每齿进给量（mm）；φ 为进给方向角（°）；k_c 为切向单位铣削力（MPa）；k_r 为轴向单位铣削力（MPa）；m_p 为经验指数（m=0.210）。

根据力的叠加原理得

$$F_x = F_{r\text{total}} \sin\varphi - F_{c\text{total}} \cos\varphi \tag{1-59}$$

$$F_y = F_{ctotal} \sin\varphi - F_{rtotal} \cos\varphi \tag{1-60}$$

式中，F_{rtotal} 为径向力总和（N）；F_{ctotal} 为切向铣削力总和（N）；φ 为进给方向角（°）。

4. 离心力偏摆模型

刀具不平衡引起的离心力 F_e 激励可表示为

$$F_e = mr\left(\frac{2\pi n}{60}\right)^2 \tag{1-61}$$

式中，r 为铣刀偏心量。

在高速铣削过程中若以工作台为基准，刀具刀尖部位振动值应为整个主轴、刀盘、刀具系统的振动叠加后得出。在机床主轴高速旋转过程中，工具系统的塑性及弹性变形、主轴的偏移、机床的弹性变形都会叠加到刀具上，由于式（1-61）为假定机床在理想状态下的刀具离心力模型，故实际刀具振动偏移量 S_f' 大于 S_f。所以在此需将离心力偏摆模型修正如下：

$$F_e = m_s e'\left(\frac{2\pi n}{60}\right)^2 \tag{1-62}$$

式中，m_s 为铣刀质量；e' 为刀具等效偏心量。

由于 e' 受工具系统、机床主轴及床身性能等多方面因素影响，故其求解烦琐，可以通过机床空转实验来测得 e' 值，每个机床匹配相应的 e' 即可使模型的计算结果更加精确。刀具系统在高速空转过程中由于受到初始离心力的影响，产生初始位移后，刀具整体质心偏移，进而产生新的偏心量 $x(t)$ 及离心力 F_e'。

1.3.2　高速铣刀动态铣削力频谱模型

高速铣削中，铣刀各刀齿铣削力受齿距分布及初始误差的影响，其单齿铣削力波形各不相同，且其各刀齿之间存在时间位移差，刀体所受的铣削力为所有单个刀齿所受铣削力波形共同构成的一个单脉冲函数，如式（1-63）所示：

$$\begin{cases} F_B(t) = F_0(t) \cdot G_F(t) \\ G_F(t) = q_1^\lambda + \sum\limits_{i=2}^{z} q_i^\lambda \cdot \delta(t - \sum\limits_{m=2}^{i} q_i \cdot t_z) \end{cases} \tag{1-63}$$

式中，$F_0(t)$ 为单齿铣削力；$G_F(t)$ 为铣刀齿距分布的特征函数。

高速铣刀在使用过程中，由单脉冲函数 $F_B(t)$ 周而复始作用构成了周期性的铣刀铣削力函数，如式（1-64）所示：

$$\begin{cases} F(t) = F_0(t) \cdot G_F(t) \cdot \delta_T(t) \\ \delta_T(t) = \sum\limits_{m=-\infty}^{\infty} \delta(t - mt_n) \end{cases} \tag{1-64}$$

式中，$m =\pm1,\pm2,\cdots$；$t_n = 60/n$。

在研究时域卷积定理的基础上，对式（1-64）两边分别进行傅里叶变换，则周期性的铣刀动态铣削力频谱可表示为式（1-65）、式（1-66）：

$$P(f) = f_n \cdot G_F(f) \cdot P_0(f) \tag{1-65}$$

$$G_F(f) = q_1^\lambda + \sum_{i=2}^{z} q_i^\lambda \cdot e^{-j\frac{2m\pi}{z}\sum_{m=2}^{i} q_m} \tag{1-66}$$

式中，f_n 为基频，$f_n = 1/t_n = n/60$；f 为离散频谱采样频率，$f = mf_n$，$m = 1,2,\cdots$。

综上可知，对动态铣削力频谱的研究应从振动幅值大小与频率大小入手，其中振动幅值大小主要由单齿铣削力频谱 $\delta_T(t)$ 决定，而影响铣削力振动频率的因素主要为铣刀齿距分布的特征函数 $G_F(t)$ 及转速。

1.3.3　高速铣刀动态铣削力频谱分析方法

1. 刀齿均匀分布的动态铣削力频谱模型

刀齿均匀分布的高速铣刀进行铣削时，每个刀齿的铣削条件基本一致，各刀齿铣削力波形相同且时间间隔相等，构成了一个周期性的铣削力波形序列，其周期为刀具转过一个齿距所需的时间。因此，对刀齿均匀分布铣刀进行动态铣削力分析，可以转化为对由相同单齿铣削力波形组成的周期性波形序列进行分析。

铣刀单齿铣削力波形为 $[F_x(t), F_y(t), F_z(t)]^T$，则根据狄拉克函数性质，可得铣刀周期铣削力为

$$F(t) = F_0(t) \cdot \delta_T(t) \tag{1-67}$$

$$\delta_T(t) = \sum_{n=-\infty}^{\infty} \delta(t - mt_z) \tag{1-68}$$

式中，$m = \pm1,\pm2,\cdots$；$t_z = 60/(nz)$，n 为铣刀转速（r/min）；z 为铣刀齿数。

根据时域卷积定理，对式（1-68）两边同时进行傅里叶变换，可得铣刀周期铣削力频谱为

$$P(f) = f_n \cdot P_0(f) \cdot \sum_{m=-\infty}^{\infty} \delta(f = mf_n) \tag{1-69}$$

式中，f_n 为基频，$f_n = nz/60$；f 为离散频谱采样频率，$f = mf_n$，$m = \pm1,\pm2,\cdots$。

高速铣刀沿轴线方向的刚度远远大于其径向刚度。因此，以铣刀沿 x、y 方向的铣削分力为主，进行高速铣刀动态铣削力分析。

高速铣刀顺铣时 t 时刻进给方向角如式（1-70）所示：

$$\varphi(t) = (\pi - \varphi_s) + 2\pi nt \tag{1-70}$$

则由式（1-67）～式（1-70），得 $F_x(t)$、$F_y(t)$ 分别如式（1-71）、式（1-72）所示：

$$F_x(t) = pa_p f_z \left\{ \sin[(\pi - \varphi_s) + 2\pi nt] - \eta' \cdot \cos[(\pi - \varphi_s) + 2\pi nt] \right\}$$
$$\cdot \sin[(\pi - \varphi_s) + 2\pi nt] \tag{1-71}$$

$$F_y(t) = -pa_p f_z \left\{ \cos[(\pi - \varphi_s) + 2\pi nt] + \eta' \cdot \sin[(\pi - \varphi_s) + 2\pi nt] \right\}$$
$$\cdot \sin[(\pi - \varphi_s) + 2\pi nt] \tag{1-72}$$

对式（1-71）、式（1-72）进行傅里叶变换得

$$P_{0x}(f) = \int_{-\infty}^{+\infty} F_x(t) e^{-j2\pi ft} \, dt \tag{1-73}$$

$$P_{0y}(f) = \int_{-\infty}^{+\infty} F_y(t) e^{-j2\pi ft} \, dt \tag{1-74}$$

将式（1-73）、式（1-74）代入式（1-69），获得刀齿均匀分布的高速铣刀顺铣时 x、y 方向的铣削力频谱：

$$P_x(f) = f_p \cdot P_{0x}(f) \cdot \sum_{m=-\infty}^{\infty} \delta(f - mf_p) \tag{1-75}$$

$$P_y(f) = f_p \cdot P_{0y}(f) \cdot \sum_{m=-\infty}^{\infty} \delta(f - mf_p) \tag{1-76}$$

由于刀齿均匀分布高速铣刀铣削时，其铣削力频率取决于铣刀转速和齿数，因此，其铣削力频谱主要取决于单齿铣削力单脉冲函数的频谱函数 $\delta_T(t)$ 和采样间隔 f_p，并且只出现在 f_p 的整数倍上。

2. 刀齿不均匀分布的动态铣削力频谱模型

采用刀齿不均匀分布高速铣刀进行铣削时，每个刀齿的单齿铣削力波形不同，且相互之间的时间位移各异，所有刀齿的铣削力波形共同构成了一个铣削力的单脉冲函数，如式（1-63）所示。

高速铣刀铣削过程中，单脉冲函数 $F_B(t)$ 随铣刀每旋转一周而重复出现，构成了一个周期性函数，则铣刀周期性铣削力如式（1-64）所示。

由式（1-73）～式（1-76）得铣刀顺铣时沿 x、y 方向的铣削力频谱为

$$P_x(f) = f_n \cdot G_F(f) \cdot P_{0x}(f) \tag{1-77}$$

$$P_y(f) = f_n \cdot G_F(f) \cdot P_{0y}(f) \tag{1-78}$$

由此可知，刀齿不均匀分布高速铣刀铣削力频谱主要取决于单齿铣削力频谱函数 $\delta_T(t)$ 和铣刀齿距分布的特征函数 $G_F(t)$，其频率间隔为铣刀转动频率 f_n。

3. 待定常数计算

根据式（1-8），由 F_x、F_y 两式联立得铣刀动态铣削力及其频谱模型中的常数 η' 为

$$\eta' = (F_y \sin\varphi + F_x \cos\varphi) / (F_y \cos\varphi - F_x \sin\varphi) \tag{1-79}$$

根据式（1-79），在高速铣刀铣削力实验结果中，选取同一个进给方向角 φ 及其对应的铣削分力 F_x、F_y 幅值，可对常数 η' 进行求解。

铣削力 p 如式（1-80）所示：

$$p = p_{1.1} \cdot (f_z \sin \kappa_r)^{1-\lambda} \tag{1-80}$$

式中，$p_{1.1}$ 为铣削厚度和宽度均为 1mm 时的单位铣削力；指数 λ 主要反映了铣削厚度对单位铣削力的影响程度。

由式（1-80）得指数 λ 为

$$\lambda = \log(F_{x1} / F_{x2}) / \log(f_{z1} / f_{z2}) \tag{1-81}$$

式中，F_{x1}、F_{x2} 分别为每齿进给量为 f_{z1}、f_{z2} 时的铣削力实验值（进给方向角 φ=90°）。

4. 高速铣刀铣削稳定性评价模型

在受迫振动条件下，高速铣刀在高速铣削工艺系统中的振动表示为

$$S_R(\omega) = A(\omega) \cdot S_s(\omega) \tag{1-82}$$

式中，$S_R(\omega)$ 为相对振动函数；$A(\omega)$ 为激振力谱；$S_s(\omega)$ 为系统频响函数。

根据式（1-82），若高速铣削工艺系统的频响函数 $S_s(\omega)$ 已知，则可以调整刀齿分布，使激振力谱 $A(\omega)$ 较密地分布在以铣刀回转频率为间隔的特定频率上，使相对振动函数 $S_R(\omega)$ 达到最小值，并满足铣削力谱谐波分量的峰值不出现在工艺系统固有频率附近。

高速铣刀实际铣削加工中，受机床、工件和铣削条件影响，工艺系统的动态特性和频响函数 $S_s(\omega)$ 处于不稳定状态，并且常常是未知的。为解决上述问题，根据统计学观点，假设系统的频响函数 $S_s(\omega)$ 在各种频率下均为一常数。则欲使铣刀的振动最小，刀齿分布应使激振力谱 $A(\omega)$ 在所有频率条件下达到最小值，即 $A(\omega)$ 的谱图应尽量平坦。

为减小动态铣削力作用下的高速铣刀径向振动程度，通过控制 x、y 方向动态铣削力频谱最大幅值的方法，达到使高速铣刀铣削力幅值尽量平坦的要求。采用线性加权法，对高速铣刀铣削稳定性进行评价，如式（1-83）所示：

$$M = w_x \cdot \Delta F_{x\max} + w_y \cdot \Delta F_{y\max} \tag{1-83}$$

式中，$\Delta F_{x\max}$ 和 $\Delta F_{y\max}$ 为 $F_x(f)$ 和 $F_y(f)$ 相应幅值谱集合中的最大幅值；w_x 和 w_y 分别为 $\Delta F_{x\max}$ 和 $\Delta F_{y\max}$ 的权重，$w_x+w_y=1$。

根据式（1-82）、式（1-83），通过控制铣刀总的径向铣削力最大频谱值，减小高速铣削振动，提高铣刀铣削稳定性的方法，具有较强通用性和较大适用范围，据此开发的高速铣刀可以应用于不同的高速铣削工艺系统中。

5. 均齿铣刀动态铣削力频谱分析

采用式（1-64），在铣削接触角 $\varphi_s=180°$、单位铣削力 $p=650.5\text{MPa}$ 条件下，求解四齿和五齿等齿距铣刀动态铣削力频谱，如图 1-36 所示。

观察图 1-36，四齿等齿距铣刀的采样点均位于频谱图的零值处，五齿等齿距铣刀的采样点则间隔地处于频谱图的峰顶和零值处，四齿等齿距铣刀频谱值小于五齿等齿距铣刀频谱值，其在铣刀径向铣削工作平面内振动相对较小。主要原因在于齿数的减少使四齿等齿距铣刀离散频谱采样频率小于五齿等齿距铣刀，因而产生振动的激励能量较为分散。

采用式（1-75）、式（1-76）、式（1-83），在铣削接触角 $\varphi_s=30°\sim120°$、单位铣削力 $p=200\text{MPa}$、650MPa、1000MPa 条件下，对四齿和五齿等齿距铣刀动态铣削力频谱进行求解，如图 1-37 所示。

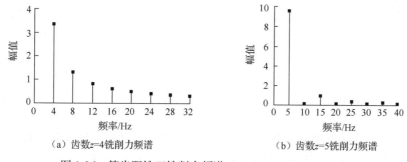

（a）齿数$z=4$铣削力频谱　　　　　　（b）齿数$z=5$铣削力频谱

图 1-36　等齿距铣刀铣削力频谱（$a_p=1\text{mm}$，$f_z=0.06\text{mm}$）

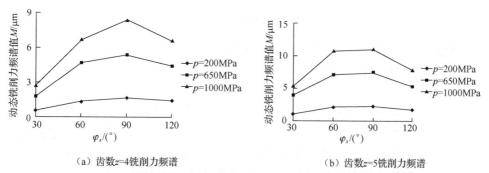

（a）齿数$z=4$铣削力频谱　　　　　　（b）齿数$z=5$铣削力频谱

图 1-37　不同铣削接触角条件下等齿距铣刀动态铣削力频谱（$a_p=1\text{mm}$，$f_z=0.06\text{mm}$）

随着单位铣削力的增大，动态铣削力频谱值增大，铣刀振动加剧。因此，采用较大前角铣刀进行铣削，可以有效减小动态铣削力频谱值，降低高速铣削过程中的振动。

对比分析图 1-37（a）、（b）：在铣削接触角 φ_s=90°～120°条件下，四齿等齿距铣刀动态铣削力频谱值随铣削接触角增大而下降；五齿等齿距铣刀动态铣削力频谱值在铣削接触角 φ_s=60°～90°范围内得到了抑制，当铣削接触角 φ_s≥90°时，动态铣削力频谱值呈下降趋势。

6. 接触比对动态铣削力频谱的影响

对前文结果进行分析可知，刀齿均匀分布的高速铣刀单齿铣削力幅值谱和采样间隔与单齿铣削力波形频率之间存在密切关系。刀齿频率与单齿铣削力波形频率比值称为接触比 γ_z，如式（1-84）所示：

$$\gamma_z = z \cdot \varphi_s / 360 \tag{1-84}$$

由式（1-84）可知，在多齿铣削力波形中：当接触比 γ_z>1 时，相邻两单齿铣削力波形重叠；当接触比 γ_z=1 时，相邻两单齿铣削力波形首尾相连；当接触比 γ_z<1 时，相邻两单齿铣削力波形不重叠。

四齿等齿距铣刀在铣削接触角 φ_s=90°时，五齿等齿距铣刀在铣削接触角 φ_s=72°时，其接触比均为 γ_z=1。此时，相邻两单齿铣削力波形首尾相连，获得的采样点位于铣削力幅值谱峰顶，产生的激励较大，铣刀动态铣削力频谱值达到最大值。

四齿等齿距铣刀在铣削接触角 φ_s>90°时，五齿等齿距铣刀在铣削接触角 φ_s>72°时，其接触比 γ_z>1，相邻两单齿铣削力波形重叠程度增大，产生的激励逐渐下降。

由此可知，刀齿数量和铣削接触角之间存在的这种接触比关系，直接影响高速铣刀铣削稳定性，其影响规律为具有不同刀齿数量的高速铣刀选择最佳铣削接触角范围提供了依据。

7. 刀齿分布对动态铣削力频谱的影响

根据式（1-61）～式（1-79），在铣削接触角 φ_s=30°～150°、单位铣削力 p=650.5MPa 条件下，对五齿均匀分布和不均匀分布高速铣刀动态铣削力频谱进行求解。

铣削接触角 φ_s=90°时，铣刀沿切向的铣削分力 $F_c(f)$ 频谱如图 1-38 所示。

通过分析图 1-38 可知，刀齿不均匀分布铣刀动态铣削力频谱值线分散间隙较小，具有较小的幅值，且频谱比较平坦。由前文可知，刀齿均匀分布与不均匀分布铣刀动态铣削力频率及其离散频谱采样频率存在如下关系：

$$f_p = zf_n, f = mf_p = mzf_n, \quad m = 1, 2, \cdots \tag{1-85}$$

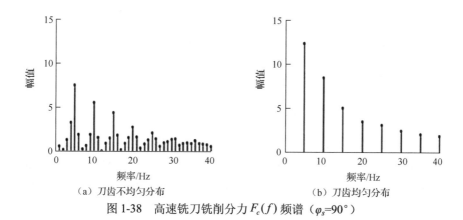

图 1-38　高速铣刀铣削分力 $F_c(f)$ 频谱（$\varphi_s=90°$）

式（1-85）表明：刀齿均匀分布使铣刀动态铣削力幅值谱线稀疏地分散在特定的频率上（mf_p），产生振动的激励能量集中在较少的一些离散刀齿啮合频率上；而刀齿不均匀分布使铣刀的动态铣削力幅值谱线分散在间隙较小的更为广泛的频率上（mf_n），其各频率处均具有相对较小的幅值，动态铣削力谱比较平坦。因此，在相同的高速铣削工艺系统中，刀齿不均匀分布铣刀的铣削振动小于刀齿均匀分布铣刀，从而具有明显的减振铣削效果。

在此基础上，对齿距差为 $\Delta\theta_i=5°$、$10°$、$20°$ 的铣刀动态铣削力频谱进行求解，如图 1-39 所示。

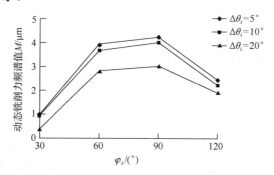

图 1-39　刀齿不均匀分布对铣削力频谱值影响

由图 1-39 可知，随齿距差 $\Delta\theta_i$ 的增大，动态铣削力频谱值减小，但在刀齿不均匀分布程度较小条件下（$\Delta\theta_i=5°$、$10°$、$10°$），铣削力频谱值变化较小。

由式（1-63）知，刀齿不均匀分布程度的增加，改变了铣刀齿距分布的特征函数 $G_F(t)$，从而对铣削力频谱产生影响。而在相邻刀齿最大齿距差约束下，则存在一个使得铣刀齿距分布的特征函数 $G_F(t)$ 达到最小值的最佳刀齿分布状态。

根据前文，铣削条件对单位铣削力和频谱模型中的相关指数、系数存在一定影响。因此，在铣刀安全性判据和稳定铣削条件对相邻刀齿最大齿距差约束下，采用式（1-85），以铣刀总的径向铣削力频谱值达到最小值为目标，进行刀齿分布优化更为有效和实用。

1.3.4　高速铣刀安全稳定铣削工艺条件求解方法

1. 复杂曲面多硬度拼接淬硬钢高速铣削特征分析

实验机床为 MIKRON UCP-710 五轴联动镗铣加工中心和三轴数控铣床XH715；实验刀具为直径 20mm 可转位球头铣刀 BNM-200，悬伸量为 92mm；实验工件的材料为 Cr12MoV 和 7CrSiMnMoVn，两种试件硬度范围分别在 HRC55～60 及 HRC25～30。

测试系统如下所示。

（1）数据采集测试系统 DH5922（图 1-40）：主要用于铣削振动和力信号的同时采集与传输。

图 1-40　数据采集测试系统

（2）传感器：电涡流传感器 ST-2U-05-00-20（图 1-41）主要用于振动位移的测量；Kistler 加速度传感器（图 1-42）主要用于振动加速度信号的测量。

图 1-41　电涡流传感器　　　　　　图 1-42　Kistler 加速度传感器

复杂曲面多硬度拼接淬硬钢加工过程中，提高铣削稳定性主要有两种方式：优化刀路控制单位铣削力变化幅度；优化刀路及铣削参数控制铣削层变化幅度。高速铣削复杂曲面多硬度拼接淬硬钢铣削稳定性控制因素如图 1-43 所示。

由于单位铣削力及铣削参数均为影响刀具振动的重要因素，复杂曲面多硬度拼接淬硬钢加工过程中两种因素存在交互作用，故应对其影响铣削稳定性重要程度进行排序，进而对刀具轨迹及铣削参数进行优化。结合已有实验数据对相同工艺条件下不同工件硬度、不同凹曲率半径条件下刀具振动特性进行对比，如图 1-44 所示。

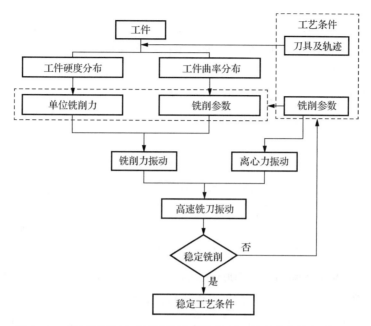

图 1-43　高速铣削复杂曲面多硬度拼接淬硬钢铣削稳定性控制因素

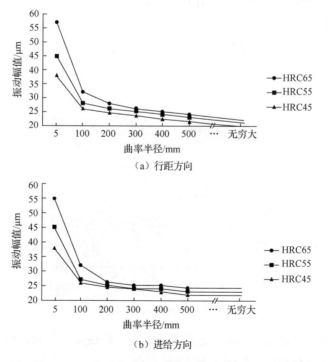

图 1-44　工件硬度、凹曲率半径与刀具振动趋势图

从图 1-44 中可以看出，在相同工艺条件下，当复杂曲面多硬度拼接淬硬钢硬度在 HRC45、HRC55、HRC65，凹曲率半径变化范围为 10～300mm 时，随着工件型面曲率半径的增大，刀具振动幅值下降，且降幅较大。这说明在此曲率半径范围内铣削力强迫振动为影响刀具振动的主要因素，故在此区域内控制铣削稳定性应以减小铣削层参数、降低单位铣削力为主，主要途径为提高转速、降低每齿进给量。

曲率半径的改变主要改变加工时铣削层参数，故而曲率半径的改变直接导致铣削力的改变[4]，所以硬度较低区域铣削力强迫振动相对较小，随曲率半径增加曲线下降坡度较缓，而高硬度区铣削力强迫振动相对较大，故而曲率半径的改变对其影响更加显著。说明高硬度区由于曲率半径的减小，铣削稳定性明显下降（图 1-44）；低硬度区由于曲率半径的改变会让铣削过程相对稳定。所以，在模具曲率半径变化范围为 10～300mm 时，若工件曲率半径可控、硬度不可控，应优先满足高硬度区大曲率半径铣削以保证铣削稳定。

如图 1-45 所示，在相同工艺条件下，不同的材料会产生不一样的工艺表面。当模具硬度在 HRC45、HRC55、HRC65，凹曲率半径变化范围为 300mm 至无穷大时，随曲率半径的增大，刀具振动趋势无显著变化，且振动幅值保持在 25μm 左右，其主要原因在于当模具曲率半径大于 50mm 时，随着曲率半径的增大，铣削层参数基本不变，且由于刀具误差给定为 20μm，故影响刀具振动最主要的因素为刀具误差及离心力振动。

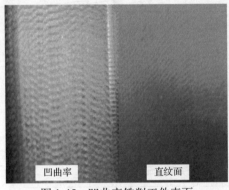

图 1-45　凹曲率铣削工件表面

结合已有实验数据对相同工艺条件下不同工件硬度、不同凸曲率半径条件下刀具振动特性进行对比，如图 1-46 所示。

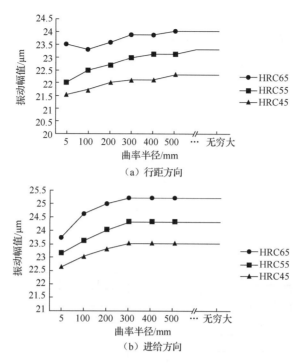

（a）行距方向

（b）进给方向

图1-46　工件硬度、凸曲率半径与刀具振动趋势图

从图1-46中可以看出，在相同工艺条件下，当复杂曲面多硬度拼接淬硬钢硬度在 HRC45、HRC55、HRC65，凸曲率半径变化范围为 5～300mm 时，随着工件型面曲率半径的增大，刀具振动幅值增大但增幅较小。硬度较低区域铣削力强迫振动相对较小，随曲率半径增加，曲线上升坡度较缓；而高硬度区铣削力强迫振动相对较大，故而曲率半径的改变对其影响更加显著。说明高硬度区由于曲率半径的减小，铣削稳定性明显下降，低硬度区由于曲率半径的改变，铣削过程相对稳定。与凹曲率半径-刀具振动趋势对比可知，凸曲率半径的增大与凹曲率半径不同，其振动幅值随凸曲率半径增大而降低，这有利于提高铣削稳定性，说明凸曲率加工时由于相同铣削条件下铣削稳定性有所提高（图 1-47），工艺优化目标由铣削稳定性转变为加工效率。

而当模具硬度变化范围在 HRC45、HRC55、HRC65，曲率半径变化范围为 300mm 至无穷大时，随凸曲率半径的增大，刀具振动趋势无显著变化，其主要原因在于当模具曲率半径大于 300mm 时，随着曲率半径的增大，铣削层参数基本不变。

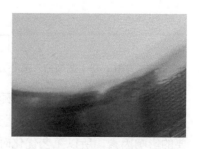

图1-47　凸曲率铣削工件表面

2. 淬硬钢高速铣削稳定性控制研究

1）高速铣削淬硬铣削力与离心力交互作用

综上所述，铣削力、离心力交互作用和铣削稳定性影响因素及分析流程如图 1-48 所示。

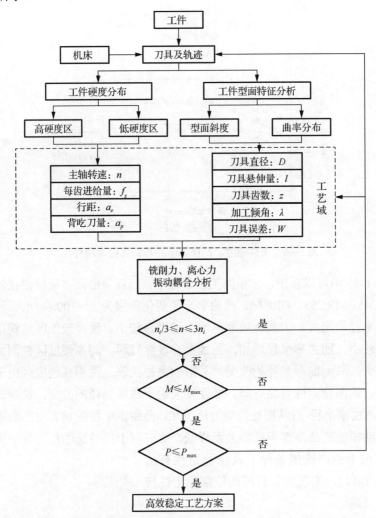

图 1-48　铣削力、离心力交互作用和铣削稳定性影响因素及分析流程

分析可得，当复杂曲面多硬度拼接淬硬钢硬度在 HRC45、HRC55、HRC65，曲率半径变化范围为 800mm 至无穷大时，工件硬度及单位铣削力为刀具振动最主要的影响因素，所以工艺优化时应优先考虑刀具轨迹，使得铣刀沿单位铣削力变化幅度最小的方向铣削。最理想的铣削方式为对不同硬度模具进行单独铣削。

在高硬度区，由于单位铣削力较大，约为 $6450N/mm^2$，低转速高进给铣削参数条件下刀具铣削力在 320N 左右。提高铣削稳定性可通过提高主轴转速来降低单位铣削力。在转速提高引起的刀具振动幅值允许的范围内，应尽量提高转速以达到降低单位铣削力的目的。在单位铣削力不可控的条件下，为降低振动幅值、提高铣削稳定性，应尽量减小其铣削层面积。减小铣削层面积最有效的方式为降低进给每齿进给量。

在低硬度区单位铣削力相对较小，约为 $4442N/mm^2$，低转速高进给铣削参数条件下刀具铣削力在 220N 左右，所以在低硬度铣削过程中，刀具由于铣削力引起的强迫振动小于高硬度区，为提高加工效率，可适当增加每齿进给量。

由于铣刀存在刀具误差，随着主轴转速的提高，刀具由于离心力引起的刀具振动会增大，在相对较低转速条件下进行铣削加工，适当提高主轴转速可以达到上述效果，即高效、稳定铣削。但是当离心力引起的刀具振动增幅大于铣削力引起的强迫振动降幅时，如果继续提高主轴转速反而会使刀具振动幅值增大，铣削稳定性下降。

由于模具硬度分布不均，随着转速的增加，单位铣削力的降幅也会有所不同，所以在确定主轴最佳转速之前，应绘制相应硬度区域的转速-振动幅值趋势图，通过图中拐点位置可判断控制铣削稳定性最优主轴转速。以低硬度区转速-振动幅值趋势图为例进行分析，如图 1-49 所示。

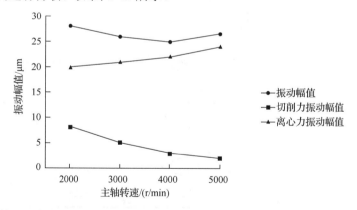

图 1-49　转速-振动幅值趋势图（f_z=0.2mm，a_p=0.2mm，a_e=0.2mm，W=0.02mm，l=92mm）

当 $n \leqslant 4000r/min$ 时，随着转速的增加，单位铣削力的降低导致铣削力强迫振动幅值下降，进而叠加后振动幅值随之下降；当 $n \geqslant 4000r/min$ 时，随着转速的增加，离心力的增大导致铣刀离心力振动幅值加剧，进而叠加后振动幅值随之升高。因此由图 1-49 可知在此硬度区内最佳转速为 4000r/min。

由于不同硬度区域最佳转速各异，所以应该针对不同硬度区域进行转速-振动幅值仿真以求解最佳转速，为工艺优化提供依据。

2）复杂曲面多硬度拼接淬硬钢高速铣削稳定性控制方法

综上所述，通过对复杂曲面多硬度拼接淬硬钢特征及铣削稳定性进行分析，给出其具体的稳定性控制方法。

图 1-50 为复杂曲面多硬度拼接淬硬钢高速铣削稳定性控制方法流程图。首先

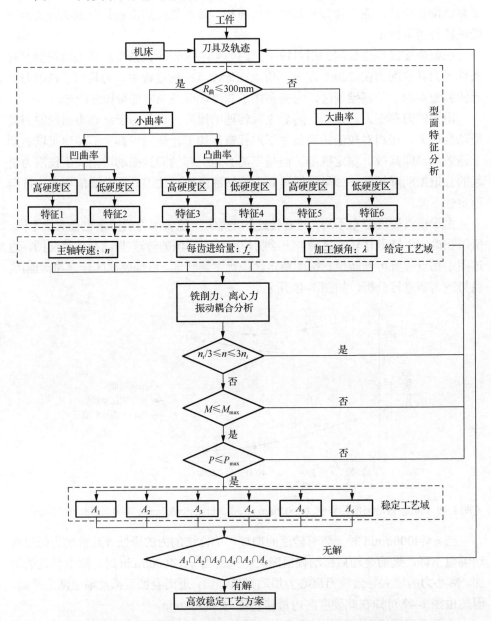

图 1-50　复杂曲面多硬度拼接淬硬钢高速铣削稳定性控制方法流程图

根据刀具轨迹及工件将工件型面特征分为六种，然后分别对不同的型面特征进行动力学分析，并给出其高效稳定铣削条件。通过求解六个工艺域的交集得到高效稳定工艺方案，若出现无解情况则可重新规划刀路或优选刀具。但是六种工艺条件在求解过程中如果始终无解则应考虑优先级，即按重要程度对部分约束进行妥协。

1.4　本　章　小　结

（1）在考虑铣刀共振失效对安全稳定性影响的基础上，通过铣刀振动激励能量集中程度判别，评价变形和组件位移引起刀齿不均匀铣削所导致的铣刀初始衰退的严重程度。依据安全系统工程理论，得到高速铣刀安全行为特征序列。在铣刀发生安全性衰退初始阶段，其变形和振动行为共同反映了铣刀结构、材料设计变量所激发的安全性本征响应特性；在铣刀安全性衰退过程中，其振动行为则反映了铣刀变形引起刀工接触关系劣化所激发的安全性非本征响应特性。

（2）高速铣刀铣削过程中，其安全行为特征表现为：刀片与刀体结合面压缩塑性变形、刀片与螺钉结合面压缩塑性变形、刀体与螺钉的螺纹结合面压缩塑性变形、刀片断裂、刀体与螺钉的螺纹结合面压溃及螺纹根部拉伸塑性变形等。采用多尺度单一细节观测比对的方法，获得完整性破坏的高速铣刀的微观形貌，进而揭示不同组件部位上所表现出的破坏形式的差别。

（3）在高速铣削过程中，动态铣削力是引起刀具产生受迫振动的重要激振力之一。高速铣刀铣削力频谱主要取决于单齿铣削力频谱函数 $\delta_T(t)$ 和铣刀齿距分布的特征函数 $G_F(t)$，其频率间隔为铣刀转动频率 f_n。刀齿不均匀程度的增加，改变了铣刀齿距分布的特征函数 $G_F(t)$，从而对铣削力频谱产生影响。当复杂曲面多硬度拼接淬硬钢硬度在 HRC40、HRC55、HRC65，曲率半径变化范围为 800mm 至无穷大时，影响铣削稳定性的最主要因素为工件硬度及单位铣削力。

第 2 章 高速铣刀安全性衰退行为特征模型

高速铣刀铣削过程中，由于受到离心力和铣削力的作用，铣刀组件会产生变形和位移。随离心力载荷和铣削冲击增大，铣刀组件变形、位移和质量重新分布引起动平衡精度下降和振动加剧，使高速铣刀安全稳定铣削状态开始劣化。在发生安全性衰退之前，高速铣刀存在一个安全性失稳的过程，其安全性失稳的最终结果直接决定了高速铣刀安全性衰退的初始状态。同时，高速铣削过程中铣刀组件变形直接影响刀工接触关系和高速铣刀安全稳定性。铣刀组件变形既是反映高速铣刀安全性衰退过程的重要行为特征之一，也是诱发高速铣刀发生完整性破坏的主要因素。

为揭示高速铣刀安全性衰退过程，本章在铣刀组件功能分析基础上，获取高速铣刀工作载荷作用下的铣刀组件变形特征，构建铣刀组件变形行为特征序列，进而分析高速铣刀结构安全性。并通过对铣削层参数的分析，研究铣刀组件结构的变形和位移对铣削层参数的影响规律。通过铣削力实验验证铣削层的变化规律，并且确定高速铣刀变形有限元分析中的边界条件，进而揭示出在离心力和铣削力载荷作用下铣刀组件的变化规律。最后研究高速铣刀宏观安全性的失稳行为及其响应特性，构建高速铣刀宏观安全性衰退模型。

2.1 高速铣刀结构化设计方法及其模态特性分析

2.1.1 高速铣刀服役行为多结构层次模型

1. 基于公理设计理论的高速铣刀功能分解

公理设计理论是在总结设计制造领域规律基础上提出的一般化、普遍性的设计理论，它将产品设计过程标准化为一个通用的设计框架，从而为设计提供正确的决策。

从满足高速铣刀加工质量、效率和安全性等基本要求出发，采用公理设计理论，在高速铣刀功能域（F_{RS}）和结构域（D_{PS}）之间进行"之"字形映射变换，对其高速铣刀功能铣削进行分解，如图 2-1 所示。

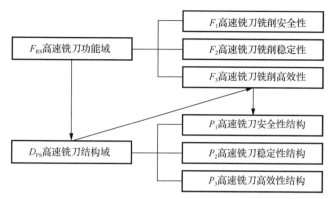

图 2-1　高速铣刀功能分解

由此可获得高速铣刀铣削铝合金功能分解方案为

$$\begin{bmatrix} F_1 \\ F_2 \\ F_3 \end{bmatrix} = \begin{bmatrix} A_{11} & A_{12} & A_{13} \\ A_{21} & A_{22} & A_{23} \\ A_{31} & A_{32} & A_{33} \end{bmatrix} \cdot \begin{bmatrix} P_1 \\ P_2 \\ P_3 \end{bmatrix} \tag{2-1}$$

式中，$A_{11} \sim A_{33}$ 为高速铣刀相关功能的二级设计矩阵。

2. 高速铣刀铣削安全性功能分解

在高速铣刀安全性功能域和结构域之间进行"之"字形映射变换，对其高速铣刀铣削的安全性功能进行分解，如图 2-2 所示。

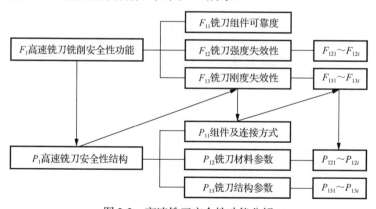

图 2-2　高速铣刀安全性功能分解

图 2-2 中，P_{121} 和 P_{122} 分别为影响铣刀强度和刚度失效的铣刀材料屈服强度、密度，P_{131}、P_{132}、P_{133} 和 P_{134} 分别为影响铣刀强度和刚度失效的铣刀直径、铣刀齿数、刀齿分布和主偏角等参数，F_{121} 为刀体强度失效转速，F_{122} 为螺钉强度失效转速，F_{131} 为刀体刚度失效转速，F_{132} 为螺钉刚度失效转速。

采用式（2-1）的功能分解方法，获得高速铣刀安全性设计矩阵，如表 2-1 所示。

表 2-1　高速铣刀安全性设计矩阵

F_{RS}	D_{PS}						
	P_{11}	P_{121}	P_{122}	P_{131}	P_{132}	P_{133}	P_{134}
F_{11}	1	0	0	0	0	0	0
F_{121}	1	1	1	1	1	1	1
F_{122}	1	1	1	1	1	1	1
F_{131}	1	0	1	1	1	1	1
F_{132}	1	0	1	1	1	1	1

由表 2-1 可知，高速铣刀组件数量及其连接方式会影响其各项安全性功能，因此，在进行高速铣刀的安全性设计时，首先需要解决的关键问题是如何选择合适的组件数量及其连接方式，其次应考虑主偏角对高速铣刀安全性的影响。铣刀材料屈服强度与密度之间交互作用直接导致铣刀相对强度对其安全性影响较大。铣刀直径、齿数等设计参数的交互作用对其安全性功能均存在不同程度影响。

刀齿分布对铣刀安全性功能影响较为明显，主要原因在于当刀齿分布不均超过一定范围后，可能导致刀齿整体强度下降，发生失效。

3. 高速铣刀铣削稳定性功能分解

依据高速铣刀减振机理研究结果，在离心力与动态铣削力作用下的高速铣刀铣削稳定性功能域和减振结构域之间进行"之"字形映射变换[5]，并进行高速铣刀铣削稳定性功能分解，如图 2-3 所示。

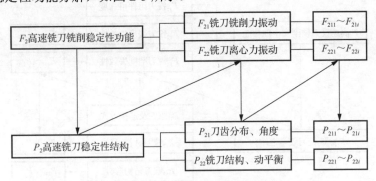

图 2-3　高速铣刀铣削稳定性功能分解

图 2-3 中，P_{211}、P_{212}、P_{213}、P_{214} 和 P_{215} 分别为影响铣刀铣削振动和稳定性的铣刀前角、主偏角、刀齿间角、铣刀齿数、铣刀直径，P_{221}、P_{222} 和 P_{223} 分别为影响铣刀铣削振动和稳定性的刚度矩阵、质量矩阵和动平衡精度，F_{211}、F_{212}、F_{213}、F_{214} 和 F_{215} 分别为铣刀单位铣削力、铣刀铣削力，以及进给方向、径向方向和轴向方向的铣刀铣削力振动幅值，F_{221}、F_{222} 和 F_{223} 分别为进给方向、径向方向和轴

向方向的铣刀离心力振动幅值。

利用式（2-1）的功能分解方法，获得高速铣刀铣削稳定性设计矩阵，如表 2-2 所示。

表 2-2　高速铣刀铣削稳定性设计矩阵

F_{RS}	D_{PS}							
	P_{211}	P_{212}	P_{213}	P_{214}	P_{215}	P_{221}	P_{222}	P_{223}
F_{211}	1	1	0	0	0	0	0	0
F_{212}	1	1	0	0	0	0	0	0
F_{213}	1	1	1	1	1	1	1	0
F_{214}	1	1	1	1	1	1	1	0
F_{215}	1	1	1	1	1	1	1	0
F_{221}	0	0	0	0	0	1	1	1
F_{222}	0	0	0	0	0	1	1	1
F_{223}	0	0	0	0	0	1	1	1

由表 2-2 可知：高速铣刀前角和主偏角通过单位铣削力对铣削力及其振动幅值产生影响；刀齿间角、铣刀齿数和铣刀直径之间的交互作用决定了刀齿分布、接触比和铣削能量的分布，从而对高速铣刀铣削振动产生重要影响；高速铣刀刚度矩阵和质量矩阵的交互作用决定了铣刀固有频率，并直接影响铣刀振动幅值；动平衡精度则是导致高速铣刀离心力振动幅值存在较大差异的重要参数。

4. 高速铣刀铣削高效性功能分解

在高速铣刀铣削高效性功能域和结构域之间进行"之"字形映射变换，并进行高速铣刀铣削高效性功能分解，如图 2-4 所示。

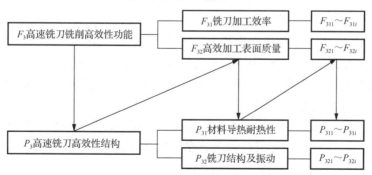

图 2-4　高速铣刀铣削高效性功能分解

图 2-4 中，P_{311}、P_{312} 和 P_{313} 分别为影响高速铣刀加工效率和加工表面质量的涂层硬质合金导热性、耐热性、摩擦系数，P_{321}、P_{322}、P_{323}、P_{324}、P_{325}、P_{326}、

P_{327} 和 P_{328} 分别为影响高速铣刀加工效率和加工表面质量的涂铣刀轴向长度（包括工具系统）、铣刀直径、铣刀振动幅值、刀齿轴向误差、刀齿间角、前角、主偏角和副偏角等参数，F_{311}、F_{312} 和 F_{313} 分别为铣削速度、进给量和铣削深度，F_{321}、F_{322} 和 F_{323} 分别为铣刀振动产生的加工表面残留高度、刀齿轴向误差产生的加工表面残留高度和铣刀副偏角产生的加工表面残留高度。

利用式（2-1）的功能分解方法，获得高速铣刀铣削高效性能设计矩阵，如表 2-3 所示。

表 2-3　高速铣刀铣削高效性能设计矩阵

F_{RS}	D_{PS}										
	P_{311}	P_{312}	P_{313}	P_{321}	P_{322}	P_{323}	P_{324}	P_{325}	P_{326}	P_{327}	P_{328}
F_{311}	1	1	1	0	0	0	0	0	1	0	0
F_{312}	1	1	1	0	0	0	0	0	1	0	0
F_{313}	1	1	1	0	0	0	0	0	1	0	0
F_{321}	0	0	0	1	1	0	1	0	0	0	0
F_{322}	0	0	0	1	1	0	1	0	0	0	0
F_{323}	0	0	0	0	0	1	1	0	0	0	0

由表 2-3 可知，高速铣刀加工表面质量受刀齿轴向误差、刀齿间角、刀具主偏角和刀具副偏角交互作用影响较为强烈。

2.1.2　高速铣刀服役行为设计矩阵及其结构化设计方法

设计矩阵直观地表达了高速可转位铣刀公理设计理论中存在交互作用的设计参数，对其进行初步的分析、合并，获得高速可转位铣刀设计参数的集合为

$$X = \left\{ x_1, x_2, x_3, x_4, x_5, x_6, x_7, x_8, x_9, x_{10}, x_{11}, x_{12}, x_{13}, x_{14}, x_{15} \right\} \tag{2-2}$$

式中，x_1 为铣刀材料屈服强度；x_2 为铣刀材料密度；x_3 为铣刀刚度矩阵；x_4 为铣刀质量矩阵；x_5 为涂层硬质合金热力学物理特性；x_6 为涂层硬质合金与铝合金摩擦系数；x_7 为铣刀直径；x_8 为铣刀轴向长度（包括工具系统）；x_9 为铣刀齿数；x_{10} 为刀齿间角；x_{11} 为刀齿轴向误差；x_{12} 为铣刀前角；x_{13} 为铣刀主偏角；x_{14} 为铣刀副偏角；x_{15} 为铣刀动平衡精度。

为确定式（2-2）中设计参数交互作用影响程度，根据设计参数灰色绝对关联度计算结果，对其进行灰色聚类评估[6]，获得设计参数关联矩阵，如表 2-4 所示。

表 2-4　设计参数关联矩阵

	x_1	x_2	x_3	x_4	x_5	x_6	x_7	x_8	x_9	x_{10}	x_{11}	x_{12}	x_{13}	x_{14}	x_{15}
x_1	1	0.78	0.69	0.69	0.71	0.72	0.63	0.77	0.62	0.61	0.77	0.68	0.91	0.77	0.91
x_2	0	1	0.87	0.87	0.90	0.92	0.75	0.64	0.74	0.71	0.64	0.85	0.82	0.64	0.82
x_3	0	0	1	1	0.96	0.93	0.85	0.60	0.83	0.79	0.60	0.98	0.73	0.60	0.73
x_4	0	0	0	1	0.96	0.93	0.85	0.60	0.83	0.77	0.60	0.98	0.73	0.60	0.73
x_5	0	0	0	0	1	0.98	0.82	0.61	0.80	0.77	0.61	0.94	0.76	0.61	0.76
x_6	0	0	0	0	0	1	0.81	0.62	0.78	0.75	0.62	0.92	0.77	0.62	0.77
x_7	0	0	0	0	0	0	1	0.57	0.97	0.92	0.67	0.86	0.66	0.57	0.66
x_8	0	0	0	0	0	0	0	1	0.57	0.56	1	0.60	0.71	1	0.71
x_9	0	0	0	0	0	0	0	0	1	0.95	0.57	0.84	0.65	0.80	0.65
x_{10}	0	0	0	0	0	0	0	0	0	1	0.56	0.81	0.64	0.56	0.64
x_{11}	0	0	0	0	0	0	0	0	0	0	1	0.60	0.71	1	0.71
x_{12}	0	0	0	0	0	0	0	0	0	0	0	1	0.72	0.60	0.72
x_{13}	0	0	0	0	0	0	0	0	0	0	0	0	1	0.71	0.1
x_{14}	0	0	0	0	0	0	0	0	0	0	0	0	0	1	0.71
x_{15}	0	0	0	0	0	0	0	0	0	0	0	0	0	0	1

由表 2-4 和式（2-2）可知，特征变量之间的灰色绝对关联度均大于 0.5，高速可转位铣刀设计参数之间存在较强的交互作用。这种交互作用导致设计方案之间存在较强的不相容性，设计参数之间发生相互干涉，使得高速可转位铣刀的设计发生了功能耦合。

高速铣刀设计参数需要同时满足多个功能要求，设计参数之间不可避免地存在不同程度的交互作用，这种交互作用产生的高速铣刀耦合设计问题，无法用建立在独立公理基础上的公理设计理论加以解决。同时，也正是由于高速可转位铣刀耦合设计问题的存在，导致对其进行的研究和开发往往得不到最优解。

依据表 2-4 中数值，按灰色绝对关联度大于 0.9，对设计参数进行聚类分析，获得式（2-2）中 15 个设计参数的一个聚类为

$$\{x_1, x_{13}, x_{15}\}, \{x_2, x_3, x_4, x_5, x_6, x_{12}\}, \{x_7, x_9, x_{10}\}, \{x_8, x_{11}, x_{14}\} \tag{2-3}$$

分析该聚类结果发现，$\{x_8, x_{11}, x_{14}\}$ 中的设计参数均在加工表面质量功能方面产生影响，且与其他设计参数交互作用程度较小，$\{x_1, x_{13}, x_{15}\}$ 中的设计参数影响高速铣刀功能指标数量较少，而 $\{x_7, x_9, x_{10}\}$ 中的设计参数影响的高速铣刀功能指标数量最多，与大多数设计参数产生交互影响，这一结果为进行高速可转位铣刀设计参数和功能转换与合并提供了依据。

2.1.3　高速铣刀模型结构安全性分析

1. 材料属性对铣刀安全性影响

刀体作为承受离心力的主要组件，其抵抗离心力作用的能力直接决定铣刀安全性和加工效率。

在主轴转速为 5000～25000r/min 空转载荷条件下，对直径 80mm、主偏角 45°、刀片安装前角 0°、五齿均匀分布的高速铣刀刀体进行应力场分析，获得具有不同材料属性的刀体应力场分析结果，如图 2-5 所示。

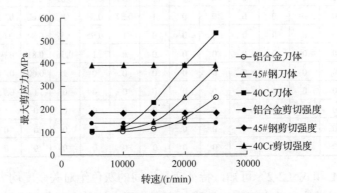

图 2-5　不同材料属性刀体应力场分析结果

根据图 2-5，材料为铝合金、45#钢、40Cr 的刀体强度失效转速分别为 18000r/min、17000r/min 和 20000r/min。这一结果的主要原因在于 40Cr 剪切强度远高于铝合金和 45#钢，其抵抗离心力的能力较强，安全性较高。尽管铝合金剪切强度低于 45#钢，但由于其密度较小，相对强度较高，刀体高速旋转产生的离心力明显小于 45#钢刀体的离心力，其安全性高于 45#钢刀体。因此，在刀体结构相同的条件下，40Cr 刀体具有较高的安全性，可以满足铣刀以较高的铣削速度进行高速铣削加工的需求。

2. 主偏角对铣刀安全性影响

根据图 2-6，在离心力和铣削力作用下，刀体螺钉孔处的等效应力和剪应力最大，使得刀体成为首先发生强度失效的铣刀组件。

按 40Cr 指定刀体和螺钉材料属性，在主轴转速为 5000～25000r/min 的载荷条件下，进行涂层硬质合金高速铣刀（直径 80mm、五齿均匀分布）失效分析，获得主偏角分别为 45°、60°、75°、90°时对高速铣刀固有频率的影响，如图 2-7 所示。

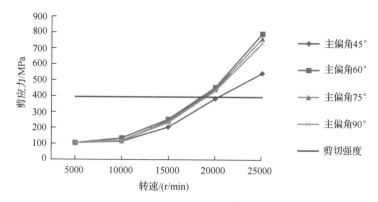

图 2-6　主偏角对高速铣刀最大剪应力影响

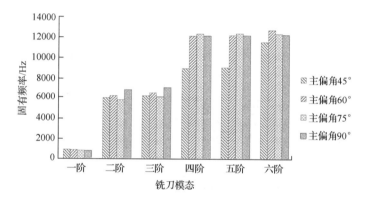

图 2-7　主偏角对高速铣刀固有频率的影响

由图 2-6 和图 2-7 可知，随着主偏角增大，铣刀强度失效转速下降，一阶模态固有频率减小，铣刀整体结构的刚度下降，其安全稳定铣削速度下降。

通过对铣刀失效进行分析发现，当主偏角为 45°时，位于刀体外侧的刀片槽结合面抵消了一部分刀片离心力的作用，提高了刀体螺纹孔和紧固螺钉抗剪切能力，其强度失效转速明显高于主偏角较大的铣刀。

3. 直径和齿数对铣刀安全性影响

根据 2.1.1 节和图 2-1 所示铣刀基本结构，建立直径为 50mm、63mm 和 80mm 的涂层硬质合金高速铣刀模型。在主轴转速为 5000～35000r/min 的载荷条件下，进行铣刀安全性预报，应力场和模态分析结果如图 2-8、图 2-9 所示。图 2-8、图 2-9 中，直径 50mm 高速铣刀为四齿均匀分布，直径 63mm 和 80mm 的高速可转位铣刀为五齿均匀分布，刀片安装前角 0°、主偏角 45°。

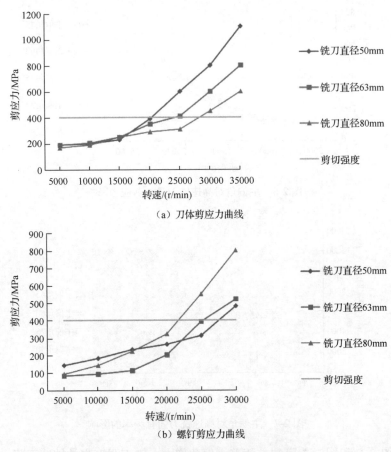

（a）刀体剪应力曲线

（b）螺钉剪应力曲线

图 2-8　直径和齿数对高速铣刀应力场影响

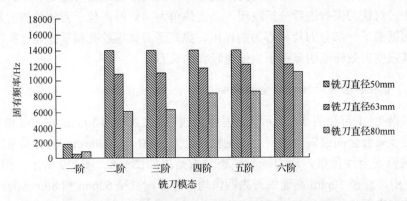

图 2-9　直径和齿数对高速铣刀固有频率影响

由图 2-8 可知：直径 50mm 高速铣刀强度失效时转速达到 27500r/min；铣刀直径增加至 63mm，齿数增加至五个刀齿时，铣刀强度失效转速下降至 25000r/min；铣刀直径增加至 80mm 时，其强度失效转速降至 22000r/min，较直径 50mm 的铣刀下降了 20%。对比分析直径 63mm 和 80mm 铣刀发现，齿数不变，铣刀直径增加 27.0%，铣刀强度失效转速降低 12%。

由图 2-9 可知：直径 50mm 高速铣刀一阶模态固有频率达到 1565Hz；铣刀直径增加至 63mm，齿数增加至 5 个刀齿时，一阶模态固有频率降至 492Hz；齿数不变，铣刀直径增加至 80mm 时，其一阶模态固有频率提高至 643Hz。

由上述分析结果知，铣刀强度失效转速随直径增大而下降，但在直径和齿数交互作用下，一阶模态固有频率存在较大差异，将严重影响铣刀安全稳定铣削。

4. 刀齿分布对铣刀安全性影响

根据前文分析结果，选择直径 50mm 和 63mm 高速铣刀模型（刀片安装前角 0°、主偏角 45°、四齿），将上述铣刀模型均匀分布的 4 个刀齿调整为相邻齿距差为 5° 的不均匀分布，以改变其高速铣削加工中的激振频率，则高速铣刀模型参数如表 2-5 所示。

表 2-5　高速铣刀模型参数

序号	直径/mm	质量/g	不平衡量/(g·mm)	齿距差/(°)
1	50	442.1	0.1088	0
2	50	441.5	27.8145	5
3	63	730.4	1.5850	0
4	63	730.2	116.832	5

对上述四种铣刀进行应力场分析，结果如图 2-10～图 2-12 所示。

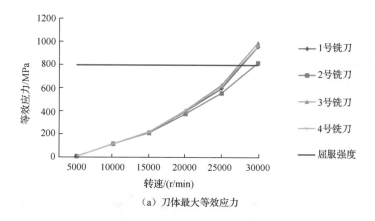

（a）刀体最大等效应力

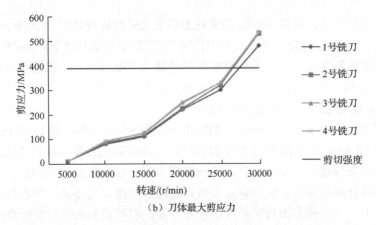

（b）刀体最大剪应力

图 2-10　刀齿分布和不平衡量对高速铣刀应力场影响

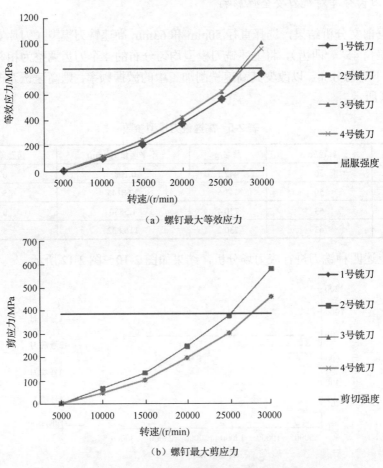

（a）螺钉最大等效应力

（b）螺钉最大剪应力

图 2-11　刀齿分布和不平衡量对螺钉应力场影响

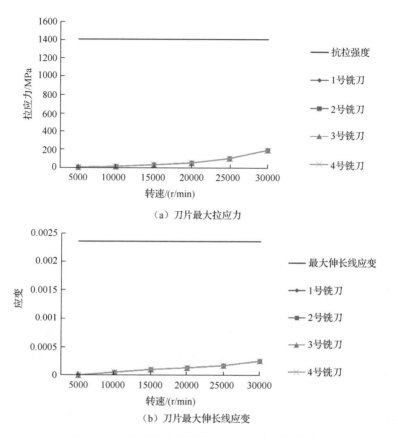

（a）刀片最大拉应力

（b）刀片最大伸长线应变

图 2-12　刀齿分布和不平衡量对刀片应力场影响

　　铣刀应力场分析结果表明，当刀齿分布不均，且刀具不平衡量存在较大差异时，铣刀组件强度失效形式和产生最大等效应力、最大剪应力的部位均未发生明显改变。在齿距差为 5°范围内，刀齿不均匀分布和由此产生的较大不平衡量对铣刀强度失效转速影响较小。

　　采用表 2-5 中的直径 63mm 的四齿高速可转位铣刀模型，调整其刀齿分布，相邻齿距差分别为 2°、3°、4°、5°。对上述四种刀齿分布的铣刀进行模态分析，结果如图 2-13 所示。

　　齿距差增加 3°，铣刀一阶模态固有频率仅增加了 25Hz。在相邻齿距差为 5°的范围内，刀齿不均匀分布对绕铣刀轴线扭转一阶模态影响不大。

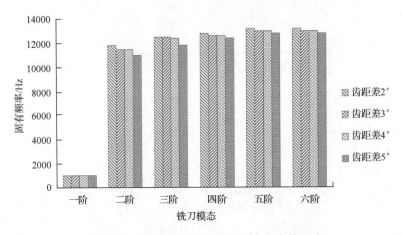

图 2-13　刀齿分布对高速铣刀固有频率的影响

5. 高速铣刀安全裕度研究

高速铣刀可靠性分析是以应力-强度干涉理论为基础的，应力-强度干涉理论是将应力和强度作为服从一定分布的随机变量处理。

在应力-强度干涉理论中，应力不单是物理学上狭义的单位面积上所受的附加内力，而是指导致产品失效的任何可能因素，强度也不单指材料抵抗永久变形断裂的能力，而是指能有效阻止失效发生的所有因素。高速铣刀应力分布及强度分布与铣刀安全可靠性相关。其中，高速铣刀强度曲线与应力曲线之间的距离称为安全裕度。安全裕度越大，铣刀可靠性越高。安全裕度作为表示铣刀可靠性的物理量，其计算公式为

$$\begin{cases} \Delta S_i = S_{\delta i} - S_i \\ S_{\delta i} = g_i(p,t) \\ S_i = f_i(F, G_e, p, t, e) \end{cases} \tag{2-4}$$

式中，ΔS_i 为铣刀强度、刚度、变形及温度安全裕度；$S_{\delta i}$ 为铣刀强度、刚度、变形及热稳定性失效曲线；S_i 为铣刀应力、频率、变形及温度曲线；F 为铣刀所受载荷；G_e 为铣刀结构参数；p 为铣刀材料物理参数；t 为时间；e 为其他参数。

由 2.1.2 节可知，铣刀失效形式主要为强度、刚度、变形及热稳定性失效，与此相对的铣刀可靠性可通过强度、刚度、变形及温度安全裕度表示。通过设计铣刀结构特征及材料特征，依据物理场分布分析，将铣刀应力、频率、变形、温度与临界失效点之间的安全裕度控制在合理范围内，可提高铣刀可靠性及性能。

由式（2-4）可知，影响高速铣刀安全裕度的主要为载荷参数、铣刀结构及铣刀材料物理参数等。其中载荷参数为：离心力载荷、螺钉预紧力、铣削力载荷及

铣削热载荷。影响安全裕度的铣刀结构特征有很多，对于高速铣刀，主要有直径、齿数、齿距等，对于高速球头铣刀，主要有直径、悬伸量等。材料物理参数主要为材料的泊松比、弹性模量、导热率等。

6. 高速铣刀刀体可靠度概率分布

在高速旋转条件下，高速铣刀刀体主要承受对称循环的离心力载荷，根据可靠性理论，在对称等幅应力作用下，零件疲劳寿命通常符合对数正态分布，即 $\ln N$ 服从正态分布，N 为疲劳寿命循环次数。刀体可靠度概率密度函数为

$$f(N) = \frac{1}{N\sigma\sqrt{2\pi}}\exp\left[-\frac{1}{2}\left(\frac{\ln N - \mu}{\sigma}\right)^2\right] \tag{2-5}$$

式中，μ、σ 分别为 $\ln N$ 的均值及标准差，可通过实验获得。

刀体在工作循环次数达到 N_0 时，其可靠度概率分布为

$$
\begin{aligned}
R_1(N_0) &= P(N > N_0)\\
&= 1 - P(\ln N \leqslant \ln N_0)\\
&= 1 - \int_{-\infty}^{\ln N_0}\frac{1}{\sigma\sqrt{2\pi}}\exp\left[-\frac{1}{2}\left(\frac{\ln N - \mu}{\sigma}\right)^2\right]\mathrm{d}\ln N\\
&= 1 - \Phi\left(\frac{\ln N_0 - \mu}{\sigma}\right)
\end{aligned}
\tag{2-6}
$$

式中，μ、σ 与工作应力分布相关。根据式（2-6）可知，N 越大，μ 越大，σ 越小，可靠度升高。μ 与 σ 的具体值可通过实验获得，从而计算出不同疲劳寿命下的刀体可靠度。若要提高刀体可靠度，增加刀具铣削性能，可通过改变影响刀体应力分布的设计参数来获得。

7. 螺钉可靠度概率分布

高速铣刀中的螺钉连接部位受预紧力的作用，为紧螺钉连接。螺钉应力及强度分布均符合正态分布，应用应力-强度干涉理论可求得螺钉可靠度。

应力分布及强度分布概率密度函数分别为

$$f(S) = \frac{1}{\sigma_S\sqrt{2\pi}}\mathrm{e}^{\left[-\frac{1}{2}\left(\frac{S-\mu_S}{\sigma_S}\right)^2\right]} \tag{2-7}$$

$$h(\delta) = \frac{1}{\sigma_\delta\sqrt{2\pi}}\mathrm{e}^{\left[-\frac{1}{2}\left(\frac{\delta-\mu_\delta}{\sigma_\delta}\right)^2\right]} \tag{2-8}$$

式中，μ_S、σ_S 分别为应力 S 的均值及标准差，可通过螺钉受力计算获得；μ_δ、σ_δ 分别为强度 δ 的均值及标准差，可根据螺钉材料查表获得。

随机变量 $\zeta = \delta - S$ 也服从正态分布，由式（2-7）、式（2-8）可得随机变量 ζ 的概率密度函数为

$$g(\zeta) = \frac{1}{\sigma_\zeta \sqrt{2\pi}} \mathrm{e}^{\left[-\frac{1}{2}\left(\frac{\zeta - \mu_\zeta}{\sigma_\zeta}\right)^2\right]} \tag{2-9}$$

式中，

$$\mu_\zeta = \mu_\delta - \mu_S \tag{2-10}$$

$$\sigma_\zeta = \sigma_\delta - \sigma_S \tag{2-11}$$

由式（2-9）～式（2-11）可得螺钉可靠度为

$$
\begin{aligned}
R_2^i(t) &= P(\zeta > 0) \\
&= 1 - P(\zeta \leqslant 0) \\
&= 1 - \int_{-\infty}^0 \frac{1}{\sigma_\zeta \sqrt{2\pi}} \mathrm{e}^{\left[-\frac{1}{2}\left(\frac{\zeta - \mu_\zeta}{\sigma_\zeta}\right)^2\right]} \mathrm{d}\zeta \\
&= 1 - \frac{1}{\sqrt{2\pi}} \int_{-\infty}^{\frac{\mu_\delta - \mu_S}{\sqrt{\sigma_\delta^2 + \sigma_S^2}}} \mathrm{e}^{\frac{z^2}{2}} \mathrm{d}z \\
&= 1 - \Phi\left(-\frac{\mu_\delta - \mu_S}{\sqrt{\sigma_\delta^2 + \sigma_S^2}}\right) = \Phi\left(\frac{\mu_\delta - \mu_S}{\sqrt{\sigma_\delta^2 + \sigma_S^2}}\right)
\end{aligned}
\tag{2-12}
$$

μ_δ、σ_δ 与材料属性相关，当材料一定时，μ_δ、σ_δ 均不变。μ_S、σ_S 与刀具工作应力分布情况相关，当应力越小和应力分布越均匀，μ_S 越小，σ_S 越小，根据式（2-12）可知，此时可靠度增加。由于高速铣刀预紧力螺钉的应力及强度分布的情况受设计参数的影响，不同的设计参数具有不同的可靠度值，为提高螺钉连接的可靠性，需合理设计影响螺钉可靠度的参数。

8. 铣刀片可靠度概率分布

硬质合金刀片材料失效形式主要为磨损及破损，一般铣刀刀片正常磨损耐用度分布函数符合正态分布，密度函数为

$$f(t) = \frac{\lambda}{h\sqrt{2\pi}} \mathrm{e}^{\left[-\frac{\left(t - \frac{h}{\lambda}\right)^2}{2h\lambda^{-2}}\right]} \tag{2-13}$$

式中，λ 为刀具失效率，为常数；h 为刀片磨损掉的微粒个数；t 为刀片磨损时间。

硬质合金刀具破损时，刀具寿命服从三参数威布尔分布。威布尔分布密度函数为

$$f(t) = \left[\frac{b}{\theta - t_0} \left(\frac{t - t_0}{\theta - t_0} \right)^{b-1} \right] e^{\left[-\left(\frac{t - t_0}{\theta} \right)^b \right]} \tag{2-14}$$

式中，t_0 为预期最小值，即位置参数；b 为威布尔斜率，即形状参数；θ 为特征值，即尺度参数。

铣刀片可靠度概率分布函数为

$$R_3^i(t) = \int_t^\infty f(t)\mathrm{d}t = 1 - \int_{-\infty}^t f(t)\mathrm{d}t \tag{2-15}$$

将符合条件的寿命分布密度函数代入式（2-15）中，可得到铣刀片的可靠度概率分布值。铣刀可靠度与应力分布有密切的关系，影响铣刀铣削性能。由式（2-13）可知，铣刀的应力分布与载荷、结构、材料等相关。由于铣刀结构及铣削参数等的复杂性，应力分布作为响应函数往往是隐式表达，通过一般的计算较难得到满意的结果。

铣刀失效模式主要为：变形失效、强度失效、刚度失效及热稳定性失效。对于铣刀不同的失效模式，在设计阶段，可应用有限元分析方法，通过铣刀物理场分布特性，合理设计铣刀特征，使得铣刀可能失效的因素值与失效点之间具有合理的安全裕度，可增加安全失效速度，提高铣刀铣削性能。基于可靠性理论，结合有限元分析方法，对铣刀进行性能分析。

2.1.4　高速铣刀物理原型构建及其模态特性分析

1. 高速铣刀结构分析

以铝合金工件为加工对象，对高速铣刀的结构进行分析。铝合金有着较好的物理性能和力学性能：质轻、易加工、成本低、耐久性高、适用范围广、散热好、加工工艺多样、通用性较强、各行各业应用广泛。根据铣刀的安全性要求，高速可转位铣刀通常不允许采用摩擦力夹紧的方式，而必须采用带中心孔的刀片，用螺钉夹紧的形式。夹紧刀片时应施加规定的扭矩，并使用合格的夹紧螺钉。

高速可转位铣刀是由刀体、紧固螺钉、刀片等刀具组件构成的一个串联系统，是一种系列化程度较高的产品，其中任何一个组件失效都可能导致整个刀具失效。为提高高速可转位铣刀可靠性，应尽量减少刀具组件数量。我们所建立的高速可转位铣刀铣削模型的刀具组件只包括可转位刀片、螺钉、刀体三种组件，最大限度地提高了刀具的安全性和可靠性。

铣刀主要用于铣削平面和肩台。为了增加刀具刀体的结构强度，使刀具安装方便快捷，并具有较高的铣削精度，采用整体式的铣刀。

采用对称铣削方式，可根据 1.1～1.6 倍的铣削宽度（a_e）来确定刀具的直径。根据公比为 1.25 的标准化系列，从 50mm、63mm、80mm、100mm、125mm、160mm、200mm、250mm、315mm、400mm、500mm 中来选取铣刀直径。因为铣刀在高速旋转中会产生较大的离心力，容易导致刀体破碎，因此在直径系列中尽量选用小直径铣刀。根据工件宽度，选取直径为 63mm 的铣刀作为分析模型。

高速铣削过程中，由于转速很高，对高速刀具提出了严格的动平衡要求。等齿距铣刀由于其刀齿分布均匀，刀具质量对称，在设计和制造阶段容易满足动平衡要求，在高速铣削条件下可以大大提高铣削效率和加工表面质量，因此选用等齿距铣刀。高速铣削铝合金和铸铁时，铣削负载比较小，大约是铣削钢的 70%，切屑比较短，而且不卷曲，因此在选取刀具齿数时，可以参考经验公式 $z = (0.08～0.10)d_0$ 来选取，并尽可能取偶数。通过计算，取齿数为 6。

2. 高速铣刀有限元模型

高速铣刀的主要几何参数有前角、后角、主偏角、刃倾角等。根据不同的工件材料、铣削条件、铣削负载、机床性能、刀片参数、加工质量以及对断屑、排屑的要求等因素合理地选择刀具几何参数。

选择合理的几何参数可以在保证加工品质和刀具寿命的前提下，提高生产率、降低成本。根据高速铣削刀具的损坏机理，刀具的主、副铣削刃应该在刀尖处逐渐过渡，边界处的铣削厚度应当逐渐减薄，以减缓边界处的应力梯度和温度梯度，铣削部分应短一些以提高刀具的刚度，并减少刀刃磨损。图 2-14 为直径 63mm、安装前角 0°、前角 20°、主偏角 45°、齿数为 6 的高速可转位铣刀实体几何模型。

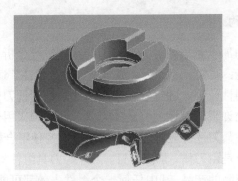

图 2-14　高速可转位铣刀实体几何模型

实体几何建模的过程中，铣刀刀体是由轮廓拉伸、旋转生成的实体和几种基本的体素经过旋转、移动后再进行相交和切割等布尔运算形成的。刀体应关于铣刀轴线对称，重心在轴线上，还应尽量减少刀具上的尖角，防止应力集中。

模型的单元类型决定了单元的自由度数，在划分网格之前应当生成单元属性表，一般是选择单元类型、实常数、材料属性、单元坐标系等。高速铣刀属于实体模型，选用三维实体单元即可。高速可转位铣刀的实体模型由关键点、线、面和体组成，用来直接描述高速可转位铣刀的几何特性。有限元模型则是铣刀的实际结构和物质的数学表示方法，可以用单元来对实体模型进行划分以产生有限元模型，也可以直接利用单元和节点生成有限元模型。

为了减少数据处理的工作量，对于高速可转位铣刀这种复杂模型，应该先建立实体模型，然后网格化以得到有限元模型。实体模型建立以后，由边界来决定网格，即每一线段要分成几个元素或元素尺寸是多大，决定了每边元素数目或尺寸之后，可以生成网格。

在利用有限元法进行设计和分析的过程中，模型有限单元网格的划分作为其前处理的必要过程，是一项非常重要而烦琐的工作，其网格质量的好坏将直接影响到求解是否可以顺利进行和运行结果的正确与否。由于高速铣刀的结构设计复杂，几何形状变化比较多，给网格划分带来了很大的难处。在计算机模拟中，网格单元通常要占用整个项目完成时间和费用的80%左右。因此我们在网格划分时一定要选用较强大的网格生成前处理软件以快速生成优化的、高质量的、多块结构的六面体网格模型。图 2-15 为高速铣刀的有限元模型网格划分图。

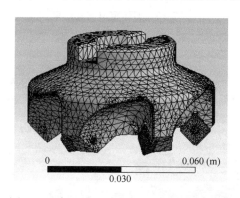

图 2-15　高速铣刀的有限元模型网格划分图

3. 高速铣刀的边界条件

在有限元分析中，约束条件是对刀具各组件自由度的限制。通过高速铣削过程中刀具组件的定位及其工作状态的分析，在指定坐标系内分别对铣刀组件自由度施加约束条件。

　　刀体连接到机床主轴上，对刀体的定位内孔施加约束条件［圆柱面约束（cylindrical support）］，X 轴和 Y 轴方向为固定约束，Z 轴方向为自由约束，如图 2-16 所示。刀体的上定位端面自由度设置为 Y=0mm，如图 2-17 所示。刀体侧定位端面自由度设置为 X=0mm，如图 2-18 所示。刀体底部定位端面自由度设置为 Y=0mm，如图 2-19 所示。

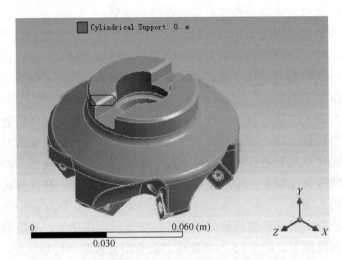

图 2-16　刀体定位内孔约束

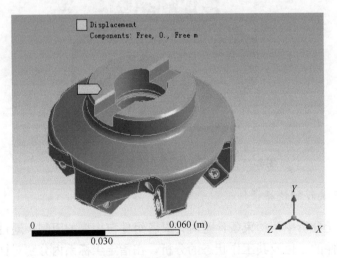

图 2-17　刀体上定位端面约束

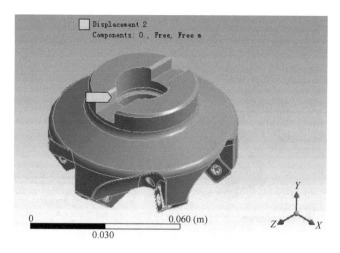

图 2-18　刀体侧定位端面约束

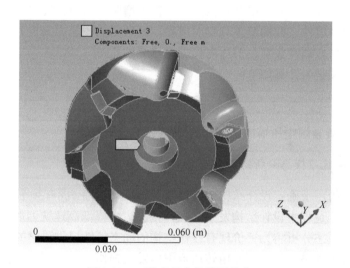

图 2-19　刀体底部定位端面约束

高速铣刀各个组件的载荷主要是刀具高速旋转所形成的离心力、刀具紧固螺钉的预紧力和作用于铣刀片上的铣削力。在有限元分析的过程中，离心力是以转速的形式施加到铣刀上，刀具主轴作为旋转轴，如图 2-20 所示。在此基础上施加紧固螺钉的预紧力和铣削力。在铣刀高速旋转时刀具各部分所承受的离心力大大超过铣削力本身的作用而成为主要载荷。

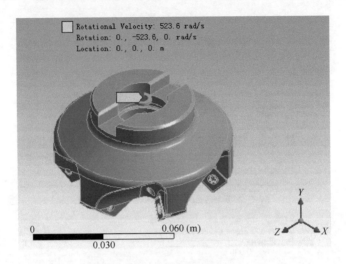

图 2-20　高速铣刀主轴转速的施加

高速可转位铣刀的各组件预紧的目的在于增强刀具组件连接的可靠性和紧密性，防止刀具组件之间的缝隙和相对滑移。其所受的预紧力来自刀具紧固螺钉，其受力部位来自螺钉头部、刀片内孔、刀体螺纹孔。

螺栓的预紧力计算如下：

$$Q_p \approx \frac{T_{nj}}{0.2d_{ld}} \tag{2-16}$$

式中，T_{nj} 为旋紧螺帽所需的扭矩；d_{ld} 为螺钉的公称直径。

4. 高速铣刀模态分析结果

模态分析用于确定设计结构或机器部件的振动特性（固有频率和振型）。如果高速铣削加工过程中设计结构发生共振，则会大大降低高速铣刀的安全性，对设计结构进行模态分析将为评价现有设计结构的动态特性提供科学的依据。

高速铣刀如果在其安全使用转速范围内发生损伤，会导致其固有特性的变化，其中振型对局部损伤的敏感性大于其他参数的敏感性，这时就可以通过有效的振型迅速找出刀具的损伤部位。在铣削加工过程中，铣削力分解为切向分力、径向分力和轴向分力。在模态振型结果中，特别是低阶模态振型中，选取绕刀具旋转轴扰动模态、沿径向弯曲模态和沿轴向弯曲模态，从分析结果可以得出刀具在每一个方向的振动频率及刀具变形程度。经过对结果的比较也可以得出刀具振动最剧烈的方向以及最大的振动频率，有效地阻止共振的产生。高速铣刀一阶模态振型图如图 2-21 所示。

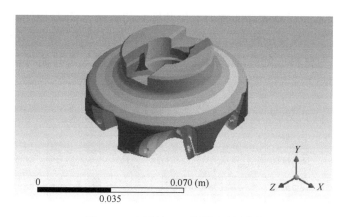

图 2-21　高速铣刀一阶模态振型图

　　除了一阶模态是扭曲模态之外，其余五阶模态都是弯曲模态。由于一阶模态的固有频率最低，与激振频率相近的可能性最大，因此刀具的模态分析以一阶模态为主。

　　对不同材料的高速铣刀进行模态分析，得到刀具前六阶的固有频率，各阶次频率的柱状图如图 2-22 所示。

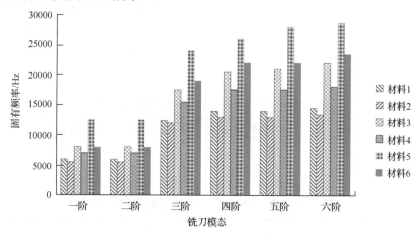

图 2-22　高速铣刀的六阶模态

由转速计算公式可知：

$$n = \frac{60\omega}{2\pi} \tag{2-17}$$

式中，ω 为铣刀的一阶固有频率；n 为铣刀的转速。由式（2-17）可计算出铣刀的共振转速。

　　图 2-23 为不同材料的高速铣刀发生共振时的转速。不同材料的高速铣刀的共振转速都远大于刀具使用转速，因此，这种结构的铣刀在一般使用转速下不会发生共振。刀体为材料 5 的高速铣刀发生共振时的转速大于其他材料的共振转速。

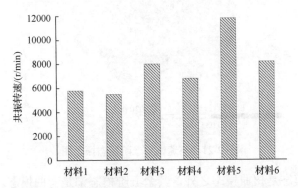

图 2-23　不同材料的高速铣刀发生共振时的转速

5. 高速铣刀固有特性回归模型

　　对高速铣刀的模态分析结果进行数据处理。以铣刀的一阶固有频率为观测值，假设一阶固有频率的大小与刀体的各个材料属性呈线性关系，刀体的材料属性（弹性模量、密度、泊松比和屈服强度）作为影响观测值的自变量，四个自变量分别为 X_1、X_2、X_3、X_4，因变量即高速铣刀的一阶固有频率 Y_w，其多元线性回归模型为

$$Y_w = \beta_0 + \beta_1 X_1 + \beta_2 X_2 + \beta_3 X_3 + \beta_4 X_4 + \varepsilon \tag{2-18}$$

式中，β_0、β_1、β_2、β_3、β_4 为回归系数；ε 为随机误差。取高速铣刀的一阶固有频率作为样本观测值，利用 LINEST 函数可以求出上述回归模型，具体值如表 2-6 所示。

表 2-6　一阶固有频率回归系数及其标准误差表

回归系数	取值	标准误差	取值
β_0	8854.645	SE_0	6206.327
β_1	3.02×10^{-8}	SE_1	7.34×10^{-9}
β_2	-0.755885	SE_2	0.2040912
β_3	-3256.74	SE_3	19677.48
β_4	0	SE_4	0

函数返回的回归统计中，可以得到各个回归系数 β_0、β_1、β_2、β_3、β_4 及其标准误差 SE_0、SE_1、SE_2、SE_3、SE_4，复相关系数为 0.9752，判定系数为 0.9510，方差分析表如表 2-7 所示。

表 2-7　一阶固有频率方差分析表

分析	自由度	平方和	均方值	F
回归分析	4	27555614	6888904	12.92598
残差	2	1421200	710600.2	
总计	6	28976814		

用 F 检验法进行显著性检验，原假设 H_0:β_1=β_2=β_3=β_4=0，对立假设 H_1:$\beta_i\neq0$，至少有一个 i，对给出的 α=0.05，由 F 分布表查出：

$$F_\alpha(k,n-k-1) = F_{0.05}(4,1) = 224.6 \tag{2-19}$$

由表 2-7 可知，F=12.92598，$F<F_\alpha(k,n-k-1)$，则接受 H_0，回归效果不显著。用后退法筛选变量，通过计算 t 观察值得

$$\begin{cases} t_1 = 4.1084 \\ t_2 = 3.7037 \\ t_3 = 0.1655 \end{cases} \tag{2-20}$$

因为 β_4=SE_4=0，所以 t_4 不存在。

查 t 分布表可知，$t(0.05,2)$=2.9200，由此可得

$$\begin{cases} |t_1| > |t_2| > t(0.05,2) \\ |t_3| < t(0.05,2) \end{cases} \tag{2-21}$$

由 $|t|$ 是回归系数的显著性检验标准可知，弹性模量比密度对铣刀的固有频率更具有显著性影响，两者都可以作为影响因变量的主要因素，而泊松比和屈服强度对回归模型没有贡献，可以从自变量中去掉。因此回归模型可以更新为

$$Y_\omega = \beta_0 + \beta_1 X_1 + \beta_2 X_2 + \varepsilon \tag{2-22}$$

以各种材料为刀体的高速铣刀一阶固有频率为观测值，利用 LINEST 函数可以求出回归模型，返回值如表 2-8 所示。

表 2-8　修正后的一阶固有频率回归系数及其标准误差返回表

回归系数	取值	标准误差	取值
β_0	7865.0144	SE_0	1366.9457
β_1	2.9971×10^{-8}	SE_1	5.9532×10^{-9}
β_2	−0.7503	SE_2	0.1654

将表 2-8 中的回归系数代入式（2-22），得到铣刀一阶固有频率的回归模型：

$$Y_\omega = 7865.0144 + 2.9971\times10^{-8} X_1 - 0.7503 X_2 \tag{2-23}$$

从函数返回的回归统计中，可以得到各个回归系数 β_0、β_1、β_2 及其标准误差 SE_0、SE_1、SE_2，复相关系数为 0.9748，判定系数为 0.9503，方差分析表如表 2-9 所示。

表 2-9　修正后的一阶固有频率方差分析表

分析	自由度	平方和	均方值	F
回归分析	2	27536149.3	13768075	28.67024
残差	3	1440665.27	480221.8	
总计	5	28976814.57		

利用 t 观察值检验每个自变量的统计显著性水平，通过回归统计中得出的各个回归系数及其标准误差可以得到材料各个属性的 t 观察值：

$$\begin{cases} t_1 = 5.0345 \\ t_2 = 4.5352 \end{cases} \tag{2-24}$$

查 t 分布表可得，$t(0.05,3)=2.3534$。因为：

$$|t_1| > |t_2| > t(0.05,3) \tag{2-25}$$

两个 t 观察值的绝对值都大于 2.3534，因此，两个自变量对铣刀的固有频率均有显著性影响，可以用来预测高速铣刀的一阶固有频率。

用 F 检验法检验回归模型的显著性，原假设 H_0:$\beta_1=\beta_2=0$，对立假设 H_1:$\beta_i\neq0$，至少有一个 i 存在。对给出的 $\alpha=0.05$，由 F 分布表查出：

$$F_{\alpha}(k,n-k-1) = F_{0.05}(2,3) = 5.46 \tag{2-26}$$

由表 2-9 可知，$F=28.67024$，$F>F_{\alpha}(k,n-k-1)$，则拒绝 H_0，接受 H_1，回归效果显著。模型式（2-22）回归显著，可以用来预测高速铣刀的一阶固有频率。

通过铣刀的一阶固有频率的回归模型式（2-22）可得，在铣刀结构和边界条件确定的情况下，影响铣刀固有特性的主要因素是铣刀刀体材料的弹性模量和密度。已知这两个自变量，利用多元线性回归模型即可求出铣刀的一阶固有频率，通过比较铣刀的固有频率与激振频率的大小可判断出铣刀是否发生共振，即铣刀是否具有良好的动态铣削性能。

2.2　高速铣刀组件变形特征

2.2.1　高速铣刀组件变形行为表征

高速铣削过程中组件变形伴随着整个安全性衰退过程，铣刀组件变形直接影响刀工接触关系和铣刀安全稳定性，既是反映铣刀安全性衰退过程的重要行为特征，也是诱发铣刀发生完整性破坏的主要因素。依据铣刀组件具有承受上述功能所需的工作载荷的特点，铣刀组件的组合变形行为如图 2-24 所示。

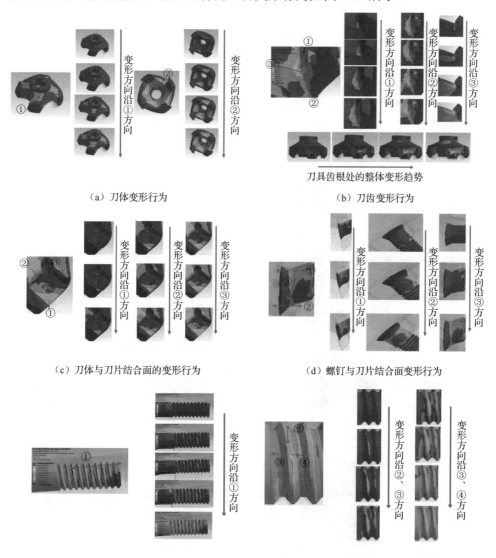

（a）刀体变形行为　　　　　　　　　　　　　　　　（b）刀齿变形行为

（c）刀体与刀片结合面的变形行为　　　　　　　　　（d）螺钉与刀片结合面变形行为

（e）螺钉与刀体连接变形行为

图 2-24　铣刀组件的组合变形行为

由图 2-24 获得铣刀工作载荷作用下的组件变形特征，如表 2-10 所示。

表 2-10　高速铣刀组件变形特征

功能结构	位置方向	变形特征		
		主要变形行为	应变速率	变形程度
A		① 外侧压缩变形 ② 内侧拉伸变形	$v_{\varepsilon 2} > v_{\varepsilon 1}$	$\delta_2 > \delta_1$
B		① 轴向压缩变形 ② 斜向压缩变形	$v_{\varepsilon 1} > v_{\varepsilon 2}$	$\delta_2 > \delta_1$
		① 斜向拉伸变形 ② 轴向拉伸变形 ③ 切向拉伸变形	$v_{\varepsilon 1} > v_{\varepsilon 2}$ $v_{\varepsilon 2} > v_{\varepsilon 3}$	$\delta_1 > \delta_2$ $\delta_2 > \delta_3$
C		① 切向压缩变形 ② 内侧压缩变形 ③ 外侧压缩变形	$v_{\varepsilon 1} > v_{\varepsilon 2}$ $v_{\varepsilon 2} > v_{\varepsilon 3}$	$\delta_1 > \delta_2$ $\delta_2 > \delta_3$
D		① 轴向拉伸变形 ② 轴向压缩变形 ③ 径向剪切变形	$v_{\varepsilon 1} > v_{\varepsilon 2}$ $v_{\varepsilon 2} > v_{\varepsilon 3}$	$\delta_1 > \delta_2$ $\delta_2 > \delta_3$
E		① 齿面压缩变形 ② 齿根拉伸变形 ③ 轴向拉伸变形	$v_{\varepsilon 1} > v_{\varepsilon 2}$ $v_{\varepsilon 2} > v_{\varepsilon 3}$	$\delta_1 > \delta_2$ $\delta_2 > \delta_3$

注：v_ε 为应变速率；δ 为变形程度。

　　分析结果表明：受高速铣刀组件结构和多种载荷作用的影响，铣刀组件上存在着由多种应力状态所引起的具有不同性质的变形行为，这些变形行为的应变速率和变形程度存在较大差异；随着载荷增大，性质和变化速率各不相同的铣刀组件变形过程相继发生，且这些过程之间存在复杂交互作用，直接影响高速铣刀安全性衰退过程和结果。

　　对高速铣刀安全性过程，特别是衰退过程进一步分析可以发现，衰退过程并不是一种特定的衰退过程，而是存在多种衰退过程，这为高速铣刀安全性衰退分析增加了很大的难度，因此对衰退过程进行分类与特征提取是进一步分析衰退过程的基础。图 2-25 为完善的高速铣刀安全性衰退过程图。

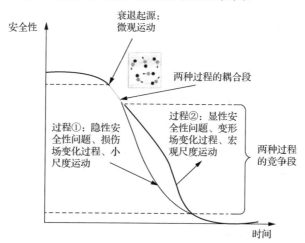

图 2-25　高速铣刀安全性衰退过程图

　　从图 2-25 的过程分析中可以看出，高速铣刀的安全性衰退过程可以概括为两类，即显性安全性衰退过程及隐性安全性衰退过程。

　　如表 2-11 所示，高速铣刀安全性衰退过程概括如下：显性安全性衰退过程具有明显的宏观表现，分析模型的尺度也在宏观尺度，而隐性安全性衰退过程是指小尺度的运动、材料内部的损伤以及不具有宏观变形的安全性衰退过程。

表 2-11　高速铣刀安全性衰退过程的特点

类型	典型衰退特点	问题尺度	关系
显性安全性衰退过程	模型形变、变形场演变等	宏观尺度	初始阶段在微观运动阶段存在耦合，进入自身的典型衰退之后在不同的组件表现上显示出竞争特性
隐性安全性衰退过程	微裂纹、疲劳裂纹、损伤等	较小尺度：微观、介观	

2.2.2　高速铣刀结构对其组件变形行为的影响特性

对直径 63mm、直径 80mm 的高速铣刀分别进行动力学分析，针对模拟高速铣刀的真实工作状态，以及刀具精加工中顺铣的加工工艺及铣削力情况，在有限元中加入动态铣削力、离心力及预紧力等铣削载荷，提取刀具在高速铣削过程中发生的变形及应变速率等数据，结果如表 2-12、表 2-13 所示。

表 2-12　不同直径下各变形位置的应变速率

直径 /mm	刀齿应变速率 /(mm/s)	螺钉应变速率 /(mm/s)	结合面应变速率 /(mm/s)	刀体螺纹应变速率 /(mm/s)
63	0.53×10^{-3}	0.49×10^{-3}	1.54×10^{-3}	1.57×10^{-3}
80	1.13×10^{-3}	1.24×10^{-3}	0.54×10^{-3}	0.87×10^{-3}

表 2-13　不同直径下各变形位置的应变幅值

直径 /mm	刀齿应变幅值 /(mm/mm)	螺钉应变幅值 /(mm/mm)	结合面应变幅值 /(mm/mm)	刀体螺纹应变幅值 /(mm/mm)
63	2.89×10^{-4}	1.70×10^{-4}	1.797×10^{-4}	0.57×10^{-3}
80	5.14×10^{-3}	3.43×10^{-4}	3.55×10^{-4}	0.79×10^{-3}

分别对直径 80mm 的四齿及五齿高速铣刀进行相同条件下的高速铣刀动力学模拟分析，铣削参数为 $N=12000 \text{r/min}$，$f_z=0.04\text{mm}$，$a_p=1.0\text{mm}$，预紧力为 100N，其结果如表 2-14、表 2-15 所示。

表 2-14　不同齿数下刀具各危险点的应变速率

齿数	刀齿应变速率 /(mm/s)	螺钉应变速率 /(mm/s)	结合面应变速率 /(mm/s)	刀体螺纹应变速率 /(mm/s)
4	1.13×10^{-3}	1.24×10^{-3}	0.54×10^{-3}	0.87×10^{-3}
5	8.20×10^{-3}	1.08×10^{-3}	1.07×10^{-2}	2.60×10^{-3}

表 2-15　不同齿数下刀具各危险点的应变幅值

齿数	刀齿应变幅值 /(mm/mm)	螺钉应变幅值 /(mm/mm)	结合面应变幅值 /(mm/mm)	刀体螺纹应变幅值 /(mm/mm)
4	1.23×10^{-3}	1.90×10^{-4}	0.27×10^{-4}	4.73×10^{-4}
5	5.14×10^{-3}	3.43×10^{-4}	3.55×10^{-4}	0.79×10^{-4}

对直径 80mm 的高速铣刀在 12000r/min、$f_z=0.04\text{mm}$、$a_p=1.0\text{mm}$ 的条件下进行不同铣削宽度的对比分析，其螺钉应力应变的变化原因为螺钉受离心力影响较小，其变形主要是由动态铣削力载荷的叠加引起的，大铣削宽度下的铣削参数使

单齿铣削力增大，进而引起螺钉变形程度增加。单齿铣削不稳定，引起了较大的振动，故螺钉的应力及应变会发生波动，但从整体程度上影响较小。铣削宽度改变的实质是对动态铣削力的改变，铣削宽度在改变刀具动态铣削周期的同时还改变了在同一周期内参与铣削的刀具齿数。在相同时间内，大铣削宽度下的铣削参数使单齿动态铣削力增大，进而引起刀具结合面的变形增大。通过有限元分析，螺纹口应力应变的变化原因为刀体螺纹口受离心力影响较小，其变形主要是由于动态铣削力载荷的叠加引起的，大铣削宽度下的铣削参数使单齿铣削力增大，进而引起刀体螺纹口处的塑性变形程度增加。单齿铣削不稳定，引起了较大的振动，故螺纹口的应力及应变会发生波动，但从整体程度上影响较小。

　　根据有限元仿真结果可得出高速铣刀各危险点处变形情况，如表 2-16、表 2-17 所示。

表 2-16　不同切宽下刀具各危险点的应变速率

切宽 /mm	刀齿应变速率 /(mm/s)	螺钉应变速率 /(mm/s)	结合面应变速率 /(mm/s)	刀体螺纹应变速率 /(mm/s)
36	1.13×10^{-3}	1.24×10^{-3}	0.54×10^{-3}	0.87×10^{-3}
72	1.20×10^{-3}	1.32×10^{-3}	0.55×10^{-3}	0.91×10^{-3}

表 2-17　不同切宽下刀具各危险点的应变幅值

切宽 /mm	刀齿应变幅值 /(mm/mm)	螺钉应变幅值 /(mm/mm)	结合面应变幅值 /(mm/mm)	刀体螺纹应变幅值 /(mm/mm)
36	5.14×10^{-3}	3.43×10^{-4}	3.55×10^{-4}	0.79×10^{-3}
72	5.20×10^{-3}	3.57×10^{-4}	3.57×10^{-4}	0.87×10^{-3}

2.2.3　高速铣刀组件材料对其变形行为的影响特性

1. 高速铣刀材料均匀实验设计方法

　　均匀实验设计方法是将实验点在实验范围内均匀分散，能够极大地减少实验次数的一种实验设计方法。在实验因素变化范围大且需要取较多因素水平时，相对于其他实验设计方法，均匀实验设计可以极大地减少实验次数，因此适用于多水平、多因素实验。螺钉作为标准件，可通过铣削条件选用螺钉的几何参数及材料。在刀具材料对性能的影响分析中，主要对刀体及刀片材料的物理参数进行设计。高速铣刀刀体的主要失效形式是离心力作用造成刀体膨胀及振动，刀片的主要失效形式为刀片材料的热性能不足。因此，选用物理参数为：刀体材料的弹性模量、密度、屈服强度；刀片材料的导热率及比热容。将刀体及刀片材料的物理参数（共 5 个）作为实验因素，根据常用的刀具材料，将各因素均匀分布成多个水平，然后进行有限元分析，通过回归分析建立实验指标与实验因素间的关系，求得最佳材料组合合理匹配刀具结构，增加刀具铣削性能。已知实验因素为 5，选用等水平均匀实验设计表 $U_9(9^5)$，如表 2-18 所示。

表 2-18　材料均匀实验设计表

实验号	刀体材料			刀片材料	
	弹性模量/Pa	屈服强度/Pa	密度 /(kg/m³)	导热系数 /[W/(m·℃)]	比热容 /[J/(kg·℃)]
1	7.20×10^{10}	3.61×10^8	4683	95.75	448.25
2	8.94×10^{10}	5.24×10^8	7233	86.80	416.50
3	1.07×10^{11}	6.86×10^8	4045	77.85	384.75
4	1.24×10^{11}	8.49×10^8	6595	68.90	353.00
5	1.42×10^{11}	2.80×10^8	3408	100.23	321.25
6	1.59×10^{11}	4.43×10^8	5958	91.28	289.5
7	1.76×10^{11}	6.05×10^8	2770	82.33	257.75
8	1.94×10^{11}	7.68×10^8	5320	73.38	226.00
9	2.11×10^{11}	9.30×10^8	7870	104.70	480.00

2. 高速铣刀材料对其温度场的影响

按照表 2-18 所示的均匀实验设计方法，对高速铣刀进行铝合金铣削温度场分析，所得高速铣刀最高温度如表 2-19 所示。

表 2-19　高速铣刀最高温度　　　　　　　　　　　（单位：℃）

	不同主轴转速对应的最高温度					
	5000r/min	10000r/min	15000r/min	20000r/min	25000r/min	30000r/min
材料 1	321.71	350.39	364.79	373.89	380.31	385.14
材料 2	352.57	384.16	400	410	417.04	422.34
材料 3	390.51	425.67	443.27	454.37	462.17	468.03
材料 4	438.28	477.92	497.74	510.2	518.94	525.5
材料 5	308.34	335.75	349.52	358.22	364.37	369
材料 6	336.37	366.43	381.51	391.04	397.76	402.81
材料 7	370.49	403.76	420.44	430.96	438.36	443.93
材料 8	412.91	450.18	468.82	480.56	488.81	494.99
材料 9	296.13	322.38	335.58	343.93	349.82	354.27

在结构及铣削条件相同的情况下，刀具材料的不同，铣刀温度升高值也有所不同。温度随着速度的增大而上升，当速度达到一定程度后，温度随着速度增大而上升的趋势变缓。铣削过程中，温度变化主要发生在铣刀片上，刀体及螺钉温

度几乎无变化。

3. 高速铣刀材料对其热-力耦合场的影响

1）高速铣刀整体最大变形

按照表 2-19 给出的刀体及刀片材料对直径为 63mm、齿数为 5 的等齿距高速铣刀热-力耦合场进行分析。表 2-20 为高速铣刀热-力耦合场整体最大变形量。分析此表可知，各种材料的变形量都随着主轴转速的增大而增大，在相同速度条件下，不同材料的刀具变形量有所不同，说明材料对铣刀变形大小有影响。

表 2-20　高速铣刀热-力耦合场整体最大变形量　　　　　（单位：m）

| | 不同主轴转速对应的最大变形量 | | | | | |
	5000r/min	10000r/min	15000r/min	20000r/min	25000r/min	30000r/min
材料 1	$8.57×10^{-6}$	$1.62×10^{-5}$	$3.06×10^{-5}$	$5.12×10^{-5}$	$7.79×10^{-5}$	$1.11×10^{-4}$
材料 2	$7.95×10^{-6}$	$1.59×10^{-5}$	$3.08×10^{-5}$	$5.21×10^{-5}$	$7.95×10^{-5}$	$1.13×10^{-4}$
材料 3	$6.89×10^{-6}$	$1.12×10^{-5}$	$2.01×10^{-5}$	$3.31×10^{-5}$	$4.98×10^{-5}$	$7.04×10^{-5}$
材料 4	$6.89×10^{-6}$	$1.19×10^{-5}$	$2.19×10^{-5}$	$3.64×10^{-5}$	$5.51×10^{-5}$	$7.81×10^{-5}$
材料 5	$5.69×10^{-6}$	$8.53×10^{-6}$	$1.47×10^{-5}$	$2.37×10^{-5}$	$3.55×10^{-5}$	$4.99×10^{-5}$
材料 6	$5.72×10^{-6}$	$9.24×10^{-6}$	$1.66×10^{-5}$	$2.72×10^{-5}$	$4.11×10^{-5}$	$5.81×10^{-5}$
材料 7	$5.53×10^{-6}$	$7.30×10^{-6}$	$1.17×10^{-5}$	$1.84×10^{-5}$	$2.71×10^{-5}$	$3.79×10^{-5}$
材料 8	$5.73×10^{-6}$	$8.04×10^{-6}$	$1.35×10^{-5}$	$2.17×10^{-5}$	$3.23×10^{-5}$	$4.55×10^{-5}$
材料 9	$5.07×10^{-6}$	$8.20×10^{-6}$	$1.47×10^{-5}$	$2.42×10^{-5}$	$3.66×10^{-5}$	$5.18×10^{-5}$

2）高速铣刀最大等效应力

等效应力是基于第四强度理论的 Mises 屈服条件的判别指标。在材料承受多个方向的应力时，需通过等效应力的大小来判定材料是否处于失效状态。高速可转位铣刀在工作过程中，刀具处于复杂应力状态，通过对等效应力的分析来判定刀具强度是否处于失效状态。在热-力耦合场有限元分析中，通过描述等效应力分布情况，可确定刀具危险区域。表 2-21 为高速铣刀热-力耦合场整体最大等效应力。从表中可知，不同材料的等效应力随着速度的增大有所增加，但变化不明显。

表 2-21　高速铣刀热-力耦合场整体最大等效应力　　　　　（单位：Pa）

| | 不同主轴转速对应的最大等效应力 | | | | | |
	5000r/min	10000r/min	15000r/min	20000r/min	25000r/min	30000r/min
材料 1	$1.48×10^{9}$	$1.55×10^{9}$	$1.59×10^{9}$	$1.61×10^{9}$	$1.63×10^{9}$	$1.65×10^{9}$
材料 2	$1.55×10^{9}$	$1.64×10^{9}$	$1.68×10^{9}$	$1.71×10^{9}$	$1.73×10^{9}$	$1.75×10^{9}$
材料 3	$1.65×10^{9}$	$1.75×10^{9}$	$1.80×10^{9}$	$1.83×10^{9}$	$1.86×10^{9}$	$1.88×10^{9}$

续表

| | 不同主轴转速对应的最大等效应力 | | | | | |
	5000r/min	10000r/min	15000r/min	20000r/min	25000r/min	30000r/min
材料 4	$1.78×10^9$	$1.90×10^9$	$1.96×10^9$	$2.00×10^9$	$2.03×10^9$	$2.05×10^9$
材料 5	$1.45×10^9$	$1.52×10^9$	$1.55×10^9$	$1.57×10^9$	$1.59×10^9$	$1.61×10^9$
材料 6	$1.51×10^9$	$1.59×10^9$	$1.63×10^9$	$1.66×10^9$	$1.68×10^9$	$1.70×10^9$
材料 7	$1.60×10^9$	$1.69×10^9$	$1.74×10^9$	$1.77×10^9$	$1.79×10^9$	$1.81×10^9$
材料 8	$1.71×10^9$	$1.82×10^9$	$1.87×10^9$	$1.91×10^9$	$1.94×10^9$	$1.96×10^9$
材料 9	$1.42×10^9$	$1.48×10^9$	$1.52×10^9$	$1.54×10^9$	$1.56×10^9$	$1.57×10^9$

4. 高速铣刀动态铣削力

为进一步揭示铣刀变形行为对材料合金成分的响应特性，选取 40Cr 和 42CrMo 两种刀体材料，进行铣刀组件动力学行为分析，结果如图 2-26 所示。

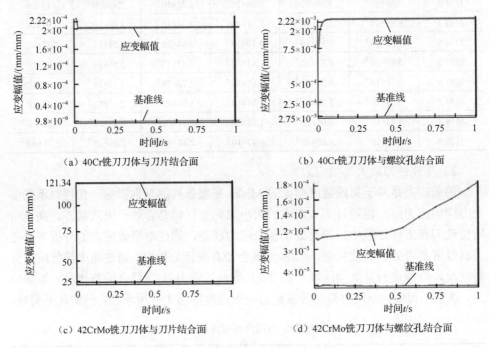

（a）40Cr铣刀刀体与刀片结合面　　　　　　（b）40Cr铣刀刀体与螺纹孔结合面

（c）42CrMo铣刀刀体与刀片结合面　　　　　（d）42CrMo铣刀刀体与螺纹孔结合面

图 2-26　铣刀组件动力学行为分析

根据图 2-26 可知，两种铣刀刀体及刀片与刀体结合面变形的动力学行为特征相近，应变幅值有所差别，但 42CrMo 铣刀刀片与刀体结合面变形及铣刀刀体与螺纹孔结合面变形的动力学行为明显优于 40Cr 铣刀。因此，考虑铣刀组件变形特性，选用 42CrMo 高强度合金钢为刀体材料，延后铣刀损伤的发生及演变。

2.2.4　高速铣刀组件变形对离心力的响应特性

1. 离心力对刀体变形的影响

针对直径为 80mm 的高速铣刀，在 f_z=0.15mm，a_p=1.0mm，预紧力为 100N 的相同条件下进行了四种主轴转速的铣削分析，刀体变形应力场和不同离心力下刀体应力场分析结果如图 2-27、图 2-28 所示。

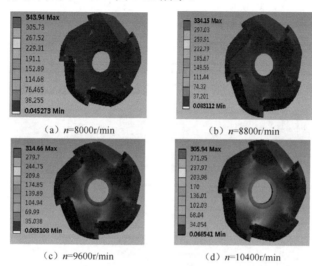

（a）n=8000r/min　　　　　（b）n=8800r/min

（c）n=9600r/min　　　　　（d）n=10400r/min

图 2-27　刀体变形应力场

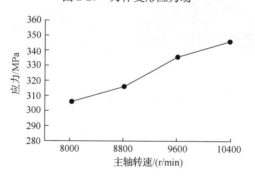

图 2-28　不同离心力下刀体应力场

由图 2-27 和图 2-28 可知，刀体受到离心力、铣削力、预紧力的共同作用，随着主轴转速的提高，刀体变形位置由螺纹孔发生变形逐渐转移到刀齿齿根处，当主轴转速小于 8800r/min 时，铣削力是主要影响刀体变形的铣削载荷，其变形处在刀体与螺钉结合面处；当主轴转速在 8800r/min 左右时，刀体齿根处变形与刀体与螺钉结合面变形程度基本一致；当主轴转速大于 8800r/min 时，离心力成为影响刀体变形的主要载荷，且变形最大的位置变为刀体齿根拐点处。由图 2-28 可知，刀体发生变形处随主轴转速的提高，其应力有变大的趋势。当主轴转速超过 8000r/min 以后，刀体变形处变形发生激变，这说明离心力对刀体变形程度有较大的影响。

综上所述，从变形位置上看，刀具离心力的变化对齿根变形处的变形位置几乎没有影响；从物理场的性质来看，随着刀具离心力的增加，应力应变场的分布没有发生明显的改变，这说明离心力影响不大；从变形程度分析，随着刀具离心力的增加，应变值增大的同时应变量也有较大的变化。

针对直径为 80mm 的高速铣刀，在 f_z=0.15mm，a_p=1.0mm，预紧力为 100N 的相同条件下进行了四种主轴转速的铣削分析，不同离心力下螺钉螺纹处应力场和不同主轴转速下螺纹变形处应力分析结果如图 2-29、图 2-30 所示。

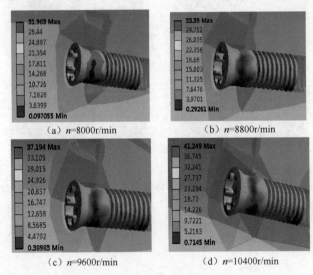

（a）n=8000r/min （b）n=8800r/min

（c）n=9600r/min （d）n=10400r/min

图 2-29 不同离心力下螺钉螺纹处应力场

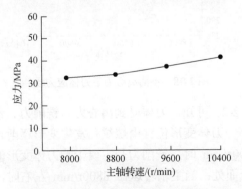

图 2-30 不同主轴转速下螺纹变形处应力

通过有限元分析可知，随着主轴转速的增大，螺纹变形处变形程度变化明显，当主轴转速达到 8800r/min 以后，螺钉应力值发生激变，斜率增大。通过对螺纹处变形方向进行分解，得出其变形形式并没有因主轴转速的提高发生明显的变化，所以可推断，主轴转速只是改变了螺钉螺纹处变形的程度，对螺纹变形的性质并没有明显的影响。

2. 离心力对刀体与螺钉结合面变形的影响

针对直径为 80mm 的高速铣刀，在 f_z=0.15mm，a_p=1.0mm，预紧力为 100N 的相同条件下进行了四种主轴转速的铣削分析，刀体与螺钉结合面变形应力场和不同主轴转速时刀体与螺钉结合面变形处压力分析如图 2-31、图 2-32 所示。

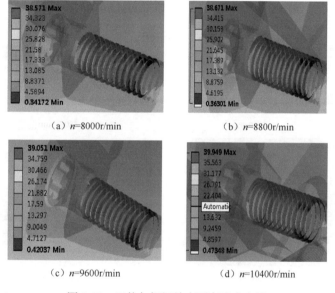

图 2-31　刀体与螺钉结合面变形应力场

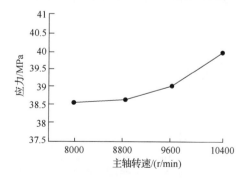

图 2-32　不同主轴转速时刀体与螺钉结合面变形处应力

通过有限元分析可知，随着主轴转速的增大，刀体与螺钉结合面变形处变形程度变化不大，这是由于螺钉主要受到预紧力及铣削力载荷的作用，受离心力影响较小，其变形形式及变形位置也未随主轴转速的提高而变化。因此，主轴转速仅仅改变了高速铣刀刀体与螺钉结合面处的变形程度，对刀体与螺钉结合面变形的性质并未产生明显影响。

3. 离心力对刀片与刀体结合面变形的影响

针对直径为 80mm 的高速铣刀，在 f_z=0.15mm，a_p=1.0mm，预紧力为 100N 的相同条件下进行了四种主轴转速的铣削分析，其刀片与刀体结合面部分有限元分析结果如图 2-33、图 2-34 所示。

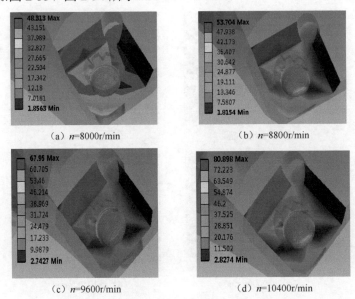

图 2-33　不同主轴转速下刀片与刀体结合面应力场

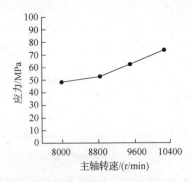

图 2-34　不同主轴转速下刀片与刀体结合面应力值

　　通过有限元分析可知，随着主轴转速的增大，刀片与刀体结合面变形程度有上升趋势，但程度不明显，这是由于结合面压溃主要由铣削力载荷及预紧力引起，受离心力影响较小，其变形形式及变形位置也未随主轴转速的提高而变化，因此，主轴转速仅仅改变了高速铣刀刀片与刀体结合面的变形程度，对其变形的性质并未产生明显影响。

　　4. 离心力对刀片位移的影响

　　针对直径为 80mm 的高速铣刀，在 f_z=0.15mm，a_p=1.0mm，预紧力为 100N 的相同条件下进行四种主轴转速的铣削分析，其刀片部分主要发生径向位移，如图 2-35 所示。

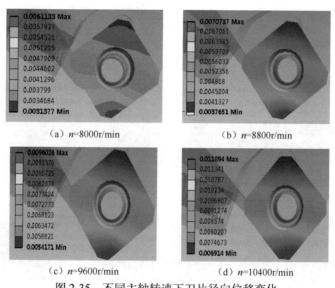

（a）n=8000r/min　　　　　　（b）n=8800r/min

（c）n=9600r/min　　　　　　（d）n=10400r/min

图 2-35　不同主轴转速下刀片径向位移变化

　　从图 2-35 可以看出，离心力对铣刀刀片位移影响很小，随主轴转速的提高，刀片承受的离心力增大，假定铣刀所受的铣削力不变，则刀片所受应力略微减小，主轴转速在 8000r/min、8800r/min、9600r/min、10400r/min 的条件下，刀片径向的应变有所增大，主轴转速达到 9600r/min 以后，径向位移明显增大。分析其原因，铣刀所受的离心力沿刀具径向方向，与径向铣削力分力方向相反，刀片最大应力值和应力分布情况仍然是以主铣削力为主。铣刀所受离心力载荷增大，故铣刀刀片沿径向方向变形突变，其结果如图 2-36 所示。

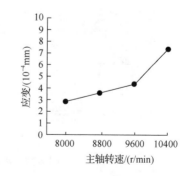

图 2-36　不同主轴转速下刀片应变

5. 离心力对高速铣刀安全性衰退影响特性

为揭示离心力对高速铣刀安全性衰退过程影响，采用提高主轴转速增大离心力的方法，进行铣刀组件变形行为对离心力响应特性的研究，获得高速铣刀组件变形行为特征，其结果如图 2-37 所示。主轴转速 6000r/min 时组件变形响应曲线如图 2-38 所示。

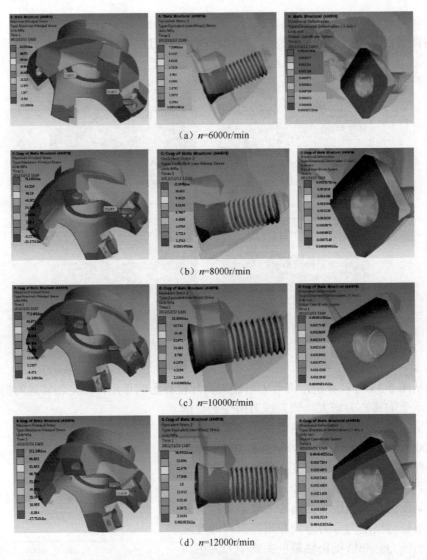

（a）n=6000r/min

（b）n=8000r/min

（c）n=10000r/min

（d）n=12000r/min

图 2-37　离心力对高速铣刀力学行为影响

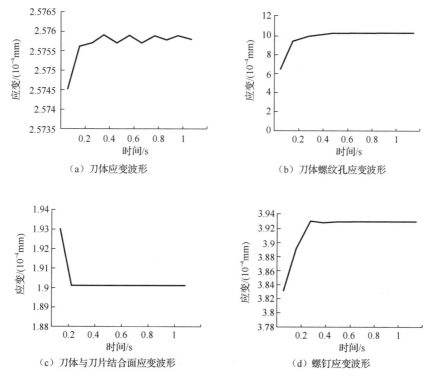

（a）刀体应变波形　　　　　　　　（b）刀体螺纹孔应变波形

（c）刀体与刀片结合面应变波形　　　　　（d）螺钉应变波形

图 2-38　主轴转速 6000r/min 时组件变形响应曲线

由图 2-38 可知，随离心力增大，刀体最大变形由螺纹孔处转移至齿根处，变形性质由螺纹结合面拉伸和压缩组合变形转变为拉伸变形；螺钉变形性质和完整性破坏位置无明显改变，其最大变形发生在螺纹结合面中部；刀片位移随转速增大而增大，且径向位移增长幅度大于轴向位移增长幅度。

由图 2-39 可知，在较高离心力水平上，刀齿与螺钉在应变幅值上表现出增大的响应特性，刀体螺纹孔和刀片结合面则在应变率和应变幅值上表现出减小的响应特性；刀片与刀体结合面在应变率上表现出明显减小的响应特性，螺钉与刀体螺纹孔则在应变率上表现出增大的响应特性，但其响应程度明显小于刀齿。

该结果表明，刀片与刀体结合面在高速率过程后由较大变形转变至较小变形，并趋于稳定；离心力的增大加快了刀齿和螺钉的变形行为演变速率，同时使刀体螺纹孔和刀片结合面变形行为演变速率过程减慢，其结果导致刀体最大变形由螺纹孔转移至刀齿，加速了铣刀由安全性衰退向完整性破坏转变的过程。

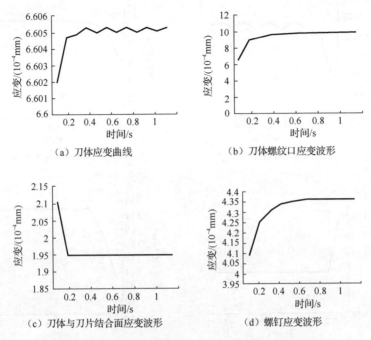

（a）刀体应变曲线　　　　　　　（b）刀体螺纹口应变波形

（c）刀体与刀片结合面应变波形　　（d）螺钉应变波形

图 2-39　主轴转速 12000r/min 时组件变形响应曲线

2.2.5　高速铣刀组件变形对铣削力的响应特性

1. 铣削力对刀体应力场的影响

针对直径为 80mm 的高速铣刀，在 n=10400r/min，预紧力为 100N 的相同条件下进行不同铣削力的铣削分析，不同铣削参数下刀体的应力场分析结果如图 2-40 所示。

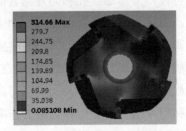

（a）f_z=0.08mm，a_p=0.5mm　　　　（b）f_z=0.15mm，a_p=0.5mm

（c）f_z=0.08mm，a_p=1.0mm　　　　　　（d）f_z=0.15mm，a_p=1.0mm

图 2-40　不同铣削参数下刀体应力场

结合已有分析可知，刀体的安全性衰退主要集中在刀齿齿根及刀体螺纹孔两个位置，同时，引起其安全性衰退的主要外载荷为离心力。因此，铣削力的改变对刀体的变形没有显著的改变。不同铣削力下刀体应力如图 2-41 所示。

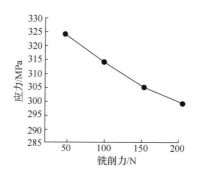

图 2-41　不同铣削力下刀体应力

通过分析有限元结果可知，在同一转速范围内，随着铣削力在真实范围内增加，刀体变形的最大区域均处在刀体齿根处，该危险点的组合变形形式为沿刀齿齿根两个转折结构的拉伸变形，即轴向拉伸与径向拉伸。其变形的程度随着铣削力的增加整体上虽没有明显变化，但呈现了齿根应力下降的趋势，这是由于随着径向铣削力的增加，抑制的离心力作用就越明显，起到了抑制部分离心力的作用。综上所述，铣削力的改变并未引起刀体安全性衰退的改变。

2. 铣削力对螺钉应力场的影响

针对直径为 80mm 的高速铣刀，在 n=10000r/min，预紧力为 100N 的相同条件下进行不同铣削力的铣削分析，其螺钉螺纹变形及螺钉应力的有限元分析结果如图 2-42、图 2-43 所示。

（a）f_z=0.08mm，a_p=0.5mm

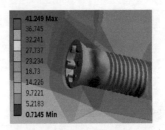
（b）f_z=0.08mm，a_p=1.0mm

（c）f_z=0.15mm，a_p=0.5mm

（d）f_z=0.15mm，a_p=1.0mm

图 2-42   不同铣削参数下螺钉变形危险点应力场

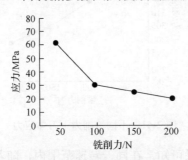

图 2-43   不同铣削力下螺钉应力

根据已有的对螺钉组合变形的分析可知，螺钉螺纹处主要受到拉伸、压缩与剪切的综合作用，当铣削铝合金时由于刀具系统所受的离心力水平高于铣削力水平，因此螺钉的剪切作用力较小，主要的变形危险点是螺纹中部螺纹齿的上端面压缩和螺纹齿根部的拉伸。根据有限元分析结果，铣削力的改变并未在性质上改变这种变形组合方式，同时危险点位置也基本处在同一区域，但随着铣削力的增大，螺钉轴向位移量增加，相应的压应力程度有所增加。而螺钉的拉应力主要是受离心力与预紧力的控制，因此拉应力的变化不大。

3. 铣削力对刀片位移的影响

针对直径为 80mm 的高速铣刀，在 n=10400r/min，预紧力为 100N 的相同条件下进行不同铣削力分析，其刀片位移变化及铣削力结果如图 2-44、图 2-45 所示。

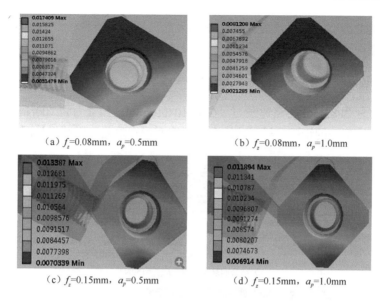

（a）f_z=0.08mm，a_p=0.5mm　　　　　　　（b）f_z=0.08mm，a_p=1.0mm

（c）f_z=0.15mm，a_p=0.5mm　　　　　　　（d）f_z=0.15mm，a_p=1.0mm

图 2-44　不同铣削力下刀片径向位移应力场

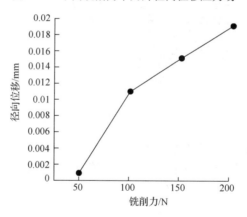

图 2-45　不同铣削力下刀片径向位移

　　由于铣削力直接作用在刀片上，"力"通过传递，被分散到刀具组件上。沿铣刀切向的铣削分力主要对刀尖影响明显；径向铣削分力方向与刀具受到的离心力方向在同一直线上，而铣刀通常是高速铣削，其高速铣削时产生的离心力抵消掉一大部分径向铣削分力，因此，径向铣削分力对刀具螺钉、刀体影响较小。

　　不同铣削参数下刀片铣削刃应力值和应力分布状态存在明显差异，铣削参数越小，刀片应力分布越集中，可能出现崩刃状况，而大铣削深度、大进给量铣削时刀片承受的应力更大，同时应力分布面积越广，可能造成破损的现象。刀片位移的三个方向主要受到三个方向的铣削分力及一定的离心力作用影响，而切向的位移是刀片位移的主要方向且主要受主铣削力影响，随着铣削力大小的改变，刀片位移主要的改变方向也就发生在了切向方向。铣削参数越大，刀工接触面积越大，刀片径向位移越明显。

4. 铣削力对刀体与刀片结合面应力场的影响

针对直径为 80mm 的高速铣刀，在 n=10400r/min，预紧力为 100N 的相同条件下进行不同铣削力的铣削分析，其结合面压溃变形有限元分析结果如图 2-46 所示。

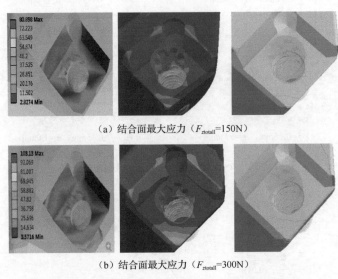

（a）结合面最大应力（$F_{ztotall}$=150N）

（b）结合面最大应力（$F_{ztotall}$=300N）

图 2-46　不同铣削力下刀体与刀片结合面应力场

根据有限元分析结果和高速铣削实验得出，铣削力较小时，刀体与刀片的结合面、刀片与螺钉的结合面处应力较小；而随着铣削力的逐渐增大，刀体与刀片的结合面、刀片与螺钉的结合面处应力迅速增加，当铣削力为 300N 时，刀体与刀片的结合面处应力值约为 103.13MPa。

铣削力对刀体与刀片结合面应力的影响规律如图 2-47 所示。

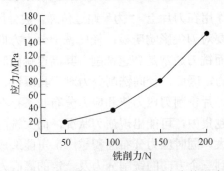

图 2-47　铣削力对刀体与刀片结合面应力的影响规律

铣刀切向的铣削分力主要对刀尖影响明显，径向铣削分力对刀具组件应力和变形影响较小，轴向铣削分力通过影响 F_{d1} 和 F_{d2} 使得刀片与刀体结合面发生变形，是刀体结合面的应力和变形的主要因素。在轴向铣削分力 $F_{ztotall} \leqslant 500N$ 范围内，刀体与刀片结合面直接发生压溃的可能性很小，往往是在高速、循环冲击载荷作用下经过长时程切削的累积而发生的压溃。

从变形位置上看，刀具铣削力的变化对刀体与刀片结合面结合位置几乎没有影响；从物理场的性质来看，随着刀具铣削力的增加，应力应变场的分布没有发生明显的改变，这说明刀具铣削力对物理场的性质影响不大；从变形程度分析，随着刀具铣削力的增加，应力值增大的同时应变量也有较大的变化。由此可知，刀具铣削力并没有改变刀体与刀片结合面发生变形的性质，只与变形程度有关。

5. 铣削力对刀体与螺钉结合面应力场的影响

针对直径为 80mm 的高速铣刀，在 $f_z=0.15mm$，$a_p=1.0mm$，预紧力为 100N 的相同条件下进行四种主轴转速的铣削分析，其刀体与螺钉结合面部分有限元分析及应力结果如图 2-48、图 2-49 所示。

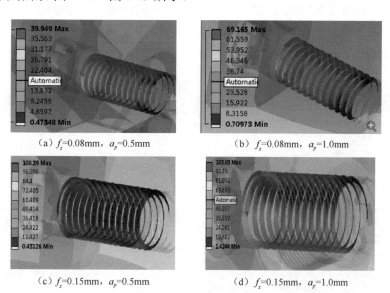

（a）$f_z=0.08mm$，$a_p=0.5mm$　　　　　（b）$f_z=0.08mm$，$a_p=1.0mm$

（c）$f_z=0.15mm$，$a_p=0.5mm$　　　　　（d）$f_z=0.15mm$，$a_p=1.0mm$

图 2-48　不同铣削参数下刀体与螺钉结合面变形应力场

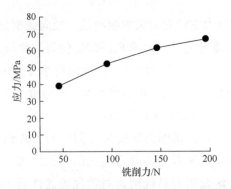

图 2-49　不同铣削力下刀体与螺钉结合面应力

　　通过有限元分析可知，随着铣削力的增大，刀体与螺钉结合面变形处变形程度变化不大，这是由于螺钉主要受到预紧力及铣削力载荷的作用，受离心力影响较小，其变形形式及变形位置也未随转速的提高而变化。因此，主轴转速仅仅改变了高速铣刀刀体与螺钉结合面处的变形程度。

　　6. 铣削力对高速铣刀安全性衰退影响特性

　　为揭示铣削力对高速铣刀安全性衰退过程影响，结合高速铣刀铣削特点，采用改变每齿进给量和铣削宽度的方法，研究铣刀组件变形行为对铣削力的响应特性，获得高速铣刀组件变形行为特征，结果如图 2-50 所示。

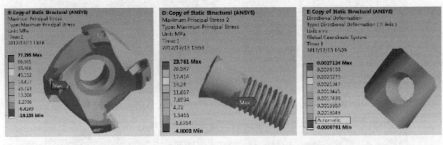

（a）f_z=0.04mm，a_p=0.5mm

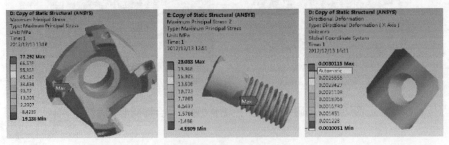

（b）f_z=0.08mm，a_p=1.0mm

图 2-50　铣削力对高速铣刀变形行为的影响

　　由图 2-51 可知，铣削时间的改变没有引起铣刀组件变形性质和完整性破坏位置的变化，刀体变形主要集中在齿根和螺纹孔上，螺钉最大变形发生在螺纹结合面中部，刀片沿铣刀切向位移变化明显。

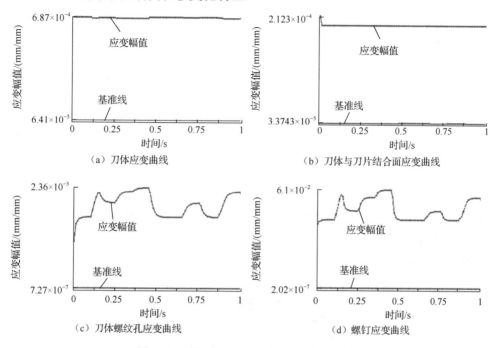

图 2-51　铣削宽度 36mm 组件变形响应曲线

　　由图 2-52 可知，铣削宽度的改变并没有改变各刀齿上的最大应变幅值，未引起刀片与刀体结合面变形行为的明显变化。铣削宽度的增加延长了刀齿铣削时间，并改变了铣刀多齿铣削状态，引起刀体螺纹孔和螺钉的变形程度发生明显变化，其主要原因在于铣削宽度的改变会导致铣刀动态铣削力发生变化，进而引起铣刀刀体与刀齿连接的结合面处产生显著变形。

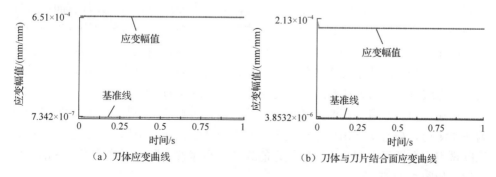

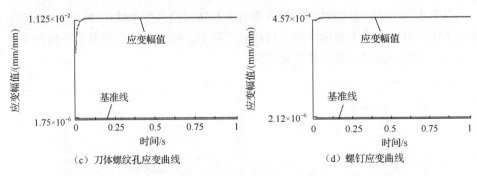

（c）刀体螺纹孔应变曲线　　　　　　　（d）螺钉应变曲线

图 2-52　铣削宽度 72mm 组件变形响应曲线

2.2.6　预紧力对高速铣刀组件变形的影响

1. 预紧力对压溃性损伤的影响

高速铣刀通过刀片与刀体间的结合面以及螺钉的连接来保证铣刀的高速铣削工作，螺钉与刀体螺纹连接处是连接螺钉与刀体的直接接触部位，主要起到连接作用，如图 2-53 所示。

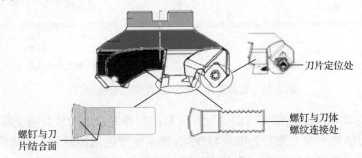

图 2-53　高速铣刀组件压溃性损伤区域

螺钉与刀片定位处是连接刀片与刀体的重要位置，由图 2-53 可知，铣刀刀体与刀片结合面发生压溃的结合面共有三处，分别为刀片两侧面及刀片背面，刀片与刀体通过紧固螺钉连接到一起，通过仿真分析可知，三个结合面均发生不同程度的压缩变形。螺钉端部发生压溃主要是由预紧力和切向铣削分力的合力引起的。螺钉是高速铣刀部件中的连接部件之一，起到连接刀体与刀片的作用，压缩变形发生在螺纹背侧面与刀体螺纹连接处发生沿两螺纹齿的中间。

高速铣刀及其组件压溃失效仿真，从有限元仿真结果来看，当施加的载荷约为 600N 时，螺钉头部出现塑性变形，发生压溃性损伤，施加载荷大小超过高速铣削铣刀安全性要求安全标准所规定的载荷，高速铣刀发生压溃性损伤各部位仿真结果如图 2-54 所示。

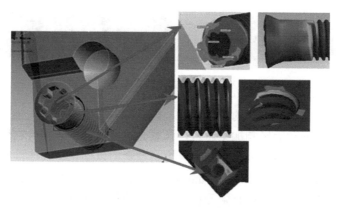

图 2-54　螺钉头部、螺纹及刀体与刀片结合面压溃性损伤仿真结果

在高速铣刀服役过程中，刀体与刀片的装配靠螺钉预紧力实现，三个组件之间的主要结合面是螺钉帽与刀片、螺纹与刀体、刀片底面与刀槽、刀片侧壁与刀槽侧壁。初始预紧力的大小会影响上述结合面的初始配合状态。在螺钉初始预紧力作用下高速铣刀相互配合的零件结合面呈现不稳定的状态，在铣削力和离心力载荷作用下会使刀体、刀片和螺钉之间的结合面产生微小变形或是相对滑动，进而刀齿径向和轴向长度发生变化。因此，高速铣刀在首次使用时，在铣削前期刀具组件各结合面有一个二次结合过程，铣削开始后刀具各组件之间的结合面首先发生弹性变形，向趋于稳定的结合状态发展，当弹性变形发展到结合面不能恢复为原本状态时，开始发生塑性变形。当各组件之间的结合面已有一定的磨合后，有些部位已产生塑性变形，且结合状态达到较稳定状态。从产生塑性变形开始，组件之间的结合面内部微结构发生变化，引起铣刀构件材料性能改变，刀具材料力学规律也随之改变，高速铣刀压溃性损伤不可逆劣化过程，铣刀组件压溃性损伤的演化过程如图 2-55 所示。

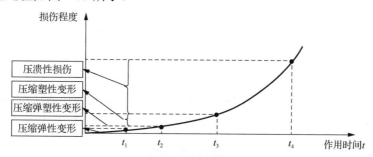

图 2-55　铣刀组件压溃性损伤的演化过程

与刀片结合紧密的螺钉头部，其损伤状态直接关系着铣刀铣削性能，通过有限元仿真分析螺钉头部损伤变化过程，结果如图 2-56 所示。

图 2-56　螺钉蠕变损伤演变过程

螺钉是连接刀体与刀片的重要部件，因此预紧力大小尤为关键，预紧力过小将导致刀片连接松动而影响加工质量，预紧力过大又会使连接件在装配时产生变形或偶然过载时被拉断，因此，有必要控制预紧力以确保螺纹连接质量。

在 f_z=0.6mm、a_p=1.5mm、a_e=2mm 铣削条件下，分别对预紧力为 50N、100N、150N、200N 四个水平进行有限元仿真分析，获得高速铣刀预紧力对刀片的影响规律，如图 2-57 所示。

从图 2-57 可以看出，预紧力主要对刀片与螺钉的结合面有影响，预紧力越大，刀片与刀体间的挤压应力越大，产生的压缩变形越明显。螺钉预紧力对刀片起影响作用的部位主要有两处，一处是刀片与刀体的结合面，另一处是刀片与螺钉的结合面。从应力值来看，预紧力对刀具组件的影响不如铣削力明显，从云图上来看，导致刀片与螺钉的结合面应力变化被掩盖。刀片与刀体的结合面一方面是受到铣削力的影响而产生压溃，另一方面由于预紧力作用方向与主铣削力方向一致，因此将使得结合面压溃现象加剧。

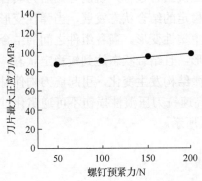

图 2-57　不同螺钉预紧力下刀片的正应力值

通过上述分析可知，铣刀组件螺钉预紧力对刀片结合面压溃损伤影响不大，螺钉主要功能是控制结合面的间隙，仅受初始装配工艺影响。

2. 预紧力对高速铣刀安全性衰退影响特性

高速铣刀预紧力直接决定铣刀组件结合状态，并对铣刀组件初始变形产生影响。在主轴转速 10000r/min 条件下，对比分析不同预紧力水平下铣刀组件变形行为，如图 2-58 所示。

（a）预紧力100N铣刀组件变形行为

（b）预紧力200N铣刀组件变形行为

图 2-58　不同预紧力对高速铣刀组件变形影响

结果表明，尽管刀体变形主要受离心力影响，但较高水平的预紧力引起刀体螺纹孔局部变形加剧，使刀体最大变形由齿根转移至螺纹孔处，并使螺钉最大变形由螺纹结合面中部转移至螺纹根部，螺钉变形由拉伸变形转变为拉伸、剪切组合变形，铣刀由安全性衰退向完整性破坏演变进程加快。

因此，尽管预紧力没有引起刀片位移发生明显变化，但其改变了铣刀组件连接结合面初始变形的力学行为，会引起铣刀安全性衰退过程中组件变形行为特征曲线斜率的变化。

2.3　高速铣刀宏观安全性衰退行为特征

2.3.1　高速铣刀宏观安全性失稳行为及其响应特性

高速铣刀铣削过程中，随离心力载荷和铣削冲击的增大，铣刀组件变形、位移和质量重新分布，引起动平衡精度下降和振动加剧，使高速铣刀安全稳定铣削状态开始劣化[7-8]，在发生安全性衰退之前，高速铣刀存在一个安全性失稳的过程，其安全性失稳的最终结果直接决定了高速铣刀安全性衰退的初始状态。

依据高速铣刀安全稳定性模型和分析结果，采用四种典型结构高速铣刀进行高速铣削实验，获得铣刀振动、不平衡增量、组件位移及刀齿不均匀磨损的实验数据，建立高速铣刀安全稳定铣削劣化行为关联矩阵，获得高速铣刀安全性失稳特征行为序列，阐明高速铣刀安全性失稳过程。

在 MIKRON UCP-710 五轴联动镗铣加工中心上，采用直径 63～80mm 具有不同齿数和齿距分布的四种铣刀，在铣削速度 2000～2600r/min、每齿进给量 0.08～0.15mm、铣削深度 0.5～1.0mm、铣削接触角 144°，进行高速铣刀铣削稳定性实验，如图 2-59 所示。

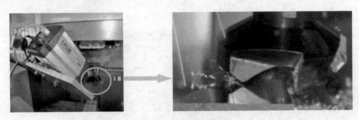

图 2-59　高速铣刀铣削稳定性实验

依据实验获得的铣刀振动、位移和刀齿不均匀磨损量数据，建立高速铣刀安全稳定铣削劣化行为关联矩阵，如表 2-22 所示。

表 2-22　高速铣刀安全稳定铣削劣化行为关联矩阵

序列	x_1	x_2	x_3	x_4	x_5	x_6	x_7	x_8	x_9	x_{10}
C_1	16	7.743	5996.094	8.993	7011	3.993	4882	0.009	0.006	680
C_2	2	12.841	5605.469	8.135	5507	12.865	390	0.018	0.009	31
C_3	4.6	5.098	4921.875	8.072	7363	5.209	4921	0.022	0.01	1051
C_4	0.2	7.063	7382.813	14.137	7363	9.32	351	0.015	0.011	435
C_5	0.12	12.6	5664.063	12.641	4726	8.666	4882	0.017	0.031	1
C_6	0.08	10.688	7382	11.667	7363	7.084	4921	0.023	0.051	504
C_7	1.62	8.562	7382.813	15.019	7363	8.608	4921	0.01	0.026	30

续表

序列	x_1	x_2	x_3	x_4	x_5	x_6	x_7	x_8	x_9	x_{10}
C_8	0.14	7.331	7383.813	14.967	7363	7.323	4921	0.043	0.006	1035
C_9	1.6	6.881	5800.781	11.538	5605	9.68	117	0.029	0.055	24
C_{10}	0.13	15.006	3320.313	38.055	4980	14.056	4980	0.206	0.016	1
C_{11}	0.6	6.063	4921.875	11.869	5878	3.34	5078	0.022	0.103	794
C_{12}	0.2	8.929	3925.781	11.989	5878	14.999	156	0.034	0.051	327
C_{13}	1.5	5.305	7539.063	8.85	5605	5.172	7549	0.03	0.074	590
C_{14}	1	7.409	5800.781	13.024	5605	8.068	410	0.045	0.022	60
C_{15}	0.3	5.195	5898.483	8.9	5879	5.616	527	0.028	0.052	922
C_{16}	1.4	15.328	5439.668	6.962	4961	13.76	4961	0.061	0.021	70

表 2-22 中，x_1 为刀齿后刀面磨损不均匀量；x_2 为铣刀进给方向振动幅值；x_3 为铣刀进给方向频率；x_4 为铣刀沿机床径向方向振动幅值；x_5 为铣刀沿机床径向方向频率；x_6 为铣刀沿机床轴向方向振动幅值；x_7 为沿机床轴向方向频率；x_8 为刀尖轴向位移增量；x_9 为刀尖径向位移增量；x_{10} 为不平衡增量。

由此获得高速铣刀安全稳定铣削劣化行为响应序列为

$$S_W = \left\{ x_{10}, x_4, x_7, x_1, x_2, x_5, x_6, x_3, x_8, x_9 \right\} \tag{2-27}$$

该实验结果表明，受铣刀结构和铣削载荷影响，高速铣刀安全性失稳首先表现为铣削力冲击导致结合面发生初始变形，引起刀尖径向和轴向位移；其次表现为三个方向振动幅值和径向振动频率发生明显改变；随铣刀安全性失稳状态的继续恶化，铣刀振动和组件变形引起的刀齿后刀面磨损不均匀程度显著增加；继续发展则表现为铣刀和工件沿机床轴向振动振型和频率明显改变，进而导致刀工接触关系恶化，引起铣刀切向振动幅值显著增大；最后表现为铣刀组件永久性变形和位移引起铣刀质量重新分布，导致铣刀不平衡量显著增大。

由此获得高速铣刀安全性失稳特征行为序列为

$$S_F = \left\{ f_z, a_p, a_e, n, T \right\} \tag{2-28}$$

通过上述对高速铣刀安全稳定性及其实验结果的分析可知，铣刀在铣削过程中，其进给速度、铣削深度大小对铣刀安全稳定性影响最大。由此可知，铣刀动态铣削力是影响铣刀初始衰退的主要铣削载荷，动态铣削力的大小严重影响了铣刀铣削过程中产生的稳定性问题。

2.3.2　高速铣刀宏观模型形变的响应特性

1. 铣刀安全性衰退过程的损伤

在高速铣刀安全性衰退的过程中，刀具结构变化将是衰退特征的直接表现，同时也是材料与铣削载荷的载体，铣刀结构设计参数多，且对安全性功能影响复杂，因此铣刀结构的合理化设计是进一步研究刀具安全性问题的基础。在高的离心力与动态铣削力交互作用下，高速铣刀组件将会出现各种变形、组件结合面压溃、螺钉脆性断裂等，这将导致高速铣刀安全性下降甚至失效。可见，高速铣刀安全性衰退的程度是由刀具结构、材料和铣削参数共同影响的，根据刀具组件的破坏顺序，即铣刀安全性衰退的顺序，可将铣刀安全性功能分为三个阶段，分别为高速铣刀安全稳定性、高速铣刀安全动态特性及高速铣刀安全完整性，具体衰退动态过程如图 2-60 所示。

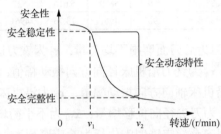

图 2-60　　高速铣刀安全性衰退动态过程

在高速铣刀安全性衰退过程中，安全稳定性为高速铣刀处于稳定铣削状态的铣削阶段，可以认为此阶段没有发生塑性变形，刀具与工件处于相对稳定平衡的状态，为铣削效率最佳阶段。高速铣刀安全动态特性阶段为高速铣刀组件发生弹塑性变形但还未发生完整性塑性及脆性变形阶段，此阶段为传统意义上的铣刀安全阶段，即铣刀安全性衰退阶段，提高此阶段时间是保持铣刀安全性铣削的重要指标。高速铣刀安全完整性阶段是铣刀发生塑性及脆性变形的阶段，这个阶段刀具组件发生断裂或崩刃等完整性破坏，是安全性衰退的最后阶段，此时为保证高加工表面质量需要更换铣刀[9]。

对于高速铣刀损伤具体特征参数集合，包括铣刀刀体结构参数集 $Y_{结构}$、刀具材料参数集 $Y_{材料}$、铣刀加工工艺集 $Y_{铣削参数}$、组件附加载荷集 $Y_{附加载荷}$，由此建立高速铣刀参数总集合 Ω 为

$$\Omega = \left\{ Y_{结构}, Y_{材料}, Y_{铣削参数}, Y_{附加载荷} \right\} \tag{2-29}$$

随着铣削的不断进行，铣刀载荷的累积及刀具磨损的加剧，导致产生微塑性变形，直至发生塑性变形。高速铣刀组件的损伤是发生在铣刀模型形变中后期的一种失效行为，结合面压溃引起的刀工接触关系劣化，对铣刀安全性衰退中后期行为具有较大影响。由于铣刀组件结合面变形速率过程存在较大差别，并不是在所有铣刀安全性衰退过程中均产生明显的结合面压溃现象。因此，依据铣刀组件

结合面变形特征分析结果，建立高速铣刀组件结合面变形速率过程行为特征关联分析模型，获得高速铣刀结合面压溃对其安全性影响因素的响应特性。

为分析铣刀组件结合面压溃响应特性，以零变化率行为序列为标准，构建高速铣刀结合面压溃特征行为序列如表 2-23 所示。

表 2-23　高速铣刀结合面压溃特征行为序列

变化率	代号	铣刀变形行为数据								
		直径	齿数	齿距	转速	铣削力	工件材料	齿根结构	预紧力	合金成分
		C_1	C_2	C_3	C_4	C_5	C_6	C_7	C_8	C_9
应力变化率	Z_1	0.093	0.42	0.5	0.025	0.43	0.72	0	0.6	0.05
应变变化率	Z_2	0.092	0.42	0.51	0.02	0.47	0.72	0	0.16	0.12
应变速率变化率	Z_3	0.65	0.92	0.13	0.55	0.65	0.62	0	5.02	0.5
变形量变化率	Z_4	1.7	1.4	3.0	2.0	0.1	0.4	0	3.2	0.04
应变率变化率	Z_5	0.9	10.2	0.15	5.47	0	0	0	0.16	0.1
应变幅值变化率	Z_6	0.99	10.1	0.09	0.48	0.63	0.61	0	2.8	0

由此获得铣刀安全性衰退过程中的变形速率行为特征关联度矩阵为

$$A_1 = \begin{bmatrix} 0.63 & 0.22 & 0.22 & 0.44 & 0.94 & 0.89 & 1 & 0.59 & 0.98 \\ 0.73 & 0.81 & 0.81 & 0.29 & 0.91 & 0.83 & 1 & 0.46 & 0,98 \\ 0.58 & 0.94 & 0.93 & 0.39 & 0.99 & 0.88 & 1 & 0.81 & 0.53 \\ 0.98 & 0.17 & 0.97 & 0.89 & 0.87 & 0.69 & 1 & 0.88 & 0.81 \\ 0.68 & 0.73 & 0.97 & 0.38 & 0.94 & 0.89 & 1 & 0.29 & 0.75 \end{bmatrix} \qquad (2\text{-}30)$$

铣刀损伤对其安全性影响因素的响应序列为

$$C_Z = \{C_2, C_8, C_4, C_1, C_3, C_6, C_5, C_9, C_7\} \qquad (2\text{-}31)$$

铣刀损伤对各因素响应顺序为：齿数、预紧力、转速、直径、齿距、工件材料、铣削力、合金成分、齿根结构。

该分析结果表明，铣刀齿数和预紧力直接决定了铣刀结合面由变形转化为压溃行为的速率过程，并对由此引发的铣刀安全性衰退行为产生重要影响；由齿距分布改变和工作载荷增大导致的压溃行为速率过程相对滞后，其与齿数和预紧力导致的压溃行为速率过程之间的交互作用较弱。

2. 铣刀完整性破坏的损伤

高速铣刀组件的延性断裂是铣刀模型形变的最终结果，是铣刀由安全性衰退转变为完整性破坏的重要行为特征。因此，以零变化率行为序列为标准，采用铣刀组件最大变形行为特征分析数据，构建高速铣刀组件延性断裂特征行为序列如表 2-24。

表 2-24　铣刀组件延性断裂特征行为序列

变化率	代号	铣刀变形行为数据								
		直径	齿数	齿距	转速	铣削力	工件材料	齿根结构	预紧力	合金成分
		C_1	C_2	C_3	C_4	C_5	C_6	C_7	C_8	C_9
应力变化率	V_1	1.28	7.52	7.52	2.7	0.13	0.24	0	1.5	0.05
应变变化率	V_2	0.81	0.51	0.51	5.18	0.22	0.445	0	2.46	0.04
应变速率变化率	V_3	1.53	0.13	0.10	3.27	0.07	0.21	0	0.5	1.2
应变率变化率	V_4	0.04	10.68	0.06	0.27	0.21	0.98	0	0.3	0.5
应变幅值变化率	V_5	1.01	0.81	0.04	3.4	0.12	0.19	0	5.1	0.7

获得铣刀组件延性断裂的变形速率过程行为特征关联度矩阵为

$$A_2 = \begin{bmatrix} 0.63 & 0.22 & 0.22 & 0.44 & 0.94 & 0.89 & 1 & 0.59 & 0.98 \\ 0.73 & 0.81 & 0.81 & 0.29 & 0.91 & 0.83 & 1 & 0.46 & 0.98 \\ 0.58 & 0.94 & 0.93 & 0.39 & 0.99 & 0.88 & 1 & 0.81 & 0.53 \\ 0.98 & 0.17 & 0.97 & 0.89 & 0.87 & 0.69 & 1 & 0.88 & 0.81 \\ 0.68 & 0.73 & 0.97 & 0.38 & 0.94 & 0.89 & 1 & 0.29 & 0.75 \end{bmatrix} \tag{2-32}$$

由此获得铣刀组件延性断裂对其安全性影响因素的响应序列。其中，刀齿宏观模型形变的响应序列为

$$V = \{C_4, C_2, C_8, C_1, C_3, C_9, C_6, C_5, C_7\} \tag{2-33}$$

铣刀组件延性断裂对各因素响应顺序为：转速、齿数、预紧力、直径、齿距、合金成分、工件材料、铣削力、齿根结构。

该分析结果表明，铣刀离心力和齿数直接决定了铣刀组件由变形转化为断裂行为的速率过程，这两个演变速率过程之间存在较强的交互作用，对铣刀由安全性衰退向完整性破坏转变具有重要影响；预紧力、直径、齿距和合金成分等因素诱发的断裂行为则相对滞后，与离心力和齿数导致的断裂行为速率过程之间的交互作用较弱。

2.3.3　高速铣刀结合面压溃的响应特性

结合面压溃是发生在模型形变中后期的一种失效形式，其对刀工接触关系的

改变程度大，同时对高速铣刀的整体安全性动态过程影响大，且并不是所用的参数组合下都会出现结合面压溃现象。因此，针对结合面压溃进行响应分析，可以提取出导致这种失效形式出现的最主要因素，进而减少其出现的次数或提高其出现的难度，不同铣削参数对刀具组件压溃的影响如图 2-61 所示。

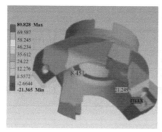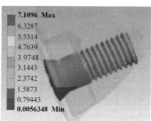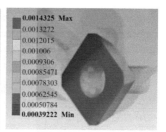

（a）n=18000r/min，f_z=0.04mm

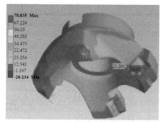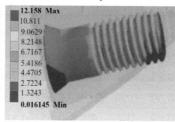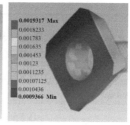

（b）n=22000r/min，f_z=0.08mm

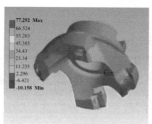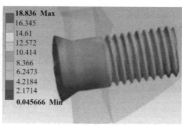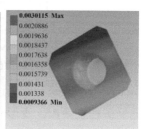

（c）n=26000r/min，f_z=0.04mm

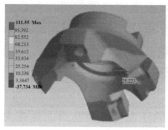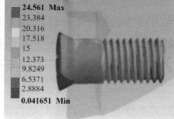

（d）n=30000r/min，f_z=0.08mm

图 2-61 不同铣削参数对刀具组件压溃的影响

　　分析不同铣削条件、结构参数及合金成分对高速铣刀结合面压溃的影响，提取与刀体结合面相关联的参数，在比较数列中的参数加入刀片三向位移量变化率，且针对结合面处提取相关应力、应变值等。通过分析得到刀体结合面关联参数如表 2-25 所示。

表 2-25　刀体结合面关联参数表

变化率	直径	齿数	齿距	转速	铣削力	工件材料	预紧力	合金成分
应力变化率	0.093	0.42	0.5	0.025	0.43	0.72	0.6	0.05
应变变化率	0.092	0.42	0.51	0.02	0.47	0.72	0.16	0.12
应变速率变化率	0.65	0.92	0.13	0.55	0.65	0.62	5.02	0.5
刀片三向位移量变化率	1.7	1.4	3	2	0.1	0.4	3.2	0.04
应变率变化率	0.9	10.2	0.15	5.47	0	0	0.16	0.1
应变幅值变化率	0.99	10.1	0.09	0.48	0.63	0.61	2.8	0

　　对上述数据进行关联度计算，得到关联系数矩阵如式（2-34）所示：

$$A_3 = \begin{bmatrix} 0.96 & 0.83 & 0.8 & 0.97 & 0.83 & 0.74 & 1 & 0.77 & 0.98 \\ 0.96 & 0.83 & 0.8 & 0.97 & 0.82 & 0.74 & 1 & 0.93 & 0.94 \\ 0.76 & 0.69 & 0.94 & 0.79 & 0.76 & 0.76 & 1 & 0.29 & 0.80 \\ 0.55 & 0.59 & 0.4 & 0.5 & 0.95 & 0.84 & 1 & 0.39 & 0.99 \\ 0.69 & 0.17 & 0.93 & 0.27 & 1 & 1 & 1 & 0.93 & 0.95 \\ 0.68 & 0.17 & 0.98 & 0.8 & 0.76 & 0.77 & 1 & 0.42 & 1 \end{bmatrix} \quad (2-34)$$

　　根据关联系数矩阵计算其关联度，如式（2-35）所示：

$$r_{结合面} = \{0.776, 0.647, 0.808, 0.717, 0.453, 0.808, 1, 0.523, 0.943\} \quad (2-35)$$

　　应力、应变、应变速率及刀片三向位移量变化率分别为描述铣刀结合面压溃的受载程度参数、变形程度参数及响应参数。通过对不同载荷不同参数进行响应分析，可得出高速铣刀结合面压溃的载荷作用机制。

　　预紧力与铣削力是引起铣刀结合面压溃部位受载程度的主要载荷，离心力可忽略不计。铣削力主要引起铣刀结合面部位的变形程度，其他载荷可忽略不计。三种载荷均是影响铣刀发生结合面压溃速率的载荷。预紧力与离心力引起铣刀刀片产生三个方向的位移，位移越大，说明安全性越差，即安全性破坏程度越明显。

　　综上所述，铣削力的大小严重影响了铣刀结合面的压溃程度及结合面受载大小；预紧力作为直接作用于结合面上的预应力，其大小直接影响结合面压溃的应力水平，预紧力改变大时易对结合面初期的变形性质产生影响，如果预紧力过大，在结合面处容易发生微小塑性变形，因此预紧力是影响结合面压溃的重要因素；

离心力主要引起刀尖处产生的三向位移，离心力越大，刀工接触面积改变越大，间接地影响了结合面压溃的破坏行为。

2.3.4　高速铣刀延性断裂的响应特性

延性断裂是模型形变的最终结果，根据对刀具整体受力的分析，其多出现在螺钉处。因此，在响应特性分析时，提取螺钉处的应力、应变、应变速率变化率等参数，可以分别描述铣刀延性断裂的受载程度、变形程度及响应程度。通过对不同载荷不同参数的响应分析，可得出高速铣刀延性断裂的载荷作用机制。螺钉关联参数如表 2-26 所示。

表 2-26　螺钉关联参数表

变化率	直径	齿数	齿距	转速	铣削力	工件材料	圆弧过渡	预紧力	合金成分
应力变化率	1.28	7.52	7.52	2.7	0.13	0.24	0	1.5	0.05
应变变化率	0.81	0.51	0.51	5.18	0.22	0.445	0	2.46	0.04
应变速率变化率	1.53	0.13	0.10	3.27	0.07	0.21	0	0.5	1.2
应变率变化率	0.04	10.68	0.06	0.27	0.21	0.98	0	0.3	0.5
应变幅值变化率	1.01	0.81	0.04	3.4	0.12	0.19	0	5.1	0.7

对上述数据进行关联度计算，得到关联系数矩阵如式（2-36）所示：

$$A_4 = \begin{bmatrix} 0.63 & 0.22 & 0.22 & 0.44 & 0.94 & 0.89 & 1 & 0.59 & 0.98 \\ 0.73 & 0.81 & 0.81 & 0.29 & 0.91 & 0.83 & 1 & 0.46 & 0,98 \\ 0.58 & 0.94 & 0.93 & 0.39 & 0.99 & 0.88 & 1 & 0.81 & 0.53 \\ 0.98 & 0.17 & 0.97 & 0.89 & 0.87 & 0.69 & 1 & 0.88 & 0.81 \\ 0.68 & 0.73 & 0.97 & 0.38 & 0.94 & 0.89 & 1 & 0.29 & 0.75 \end{bmatrix} \quad (2\text{-}36)$$

根据关联系数矩阵计算其关联度，如式（2-37）所示：

$$r_{延性断裂} = \{0.720, 0.574, 0.780, 0.478, 0.930, 0.836, 1, 0.606, 0.810\} \quad (2\text{-}37)$$

离心力是影响延性断裂的应力水平及离心力分布的主要因素，预紧力影响程度仅次于离心力。离心力对延性断裂的变形程度影响巨大，同时也是影响铣刀由安全性衰退转为延性断裂的重要载荷指标。预紧力作为连接部件的预应力载荷，影响了螺钉延性断裂应力水平，螺钉内部材料的拉应力与剪应力水平均与预紧力大小有关。当离心力较大时，剪应力成为螺钉组件所受主要载荷，引起螺钉的剪切变形；当离心力较小时，拉应力作用明显，故会产生延性断裂的破坏问题。

结合已有分析，螺钉头部剪切应为离心力相对较小时发生，分析其原因，在铣削过程中，螺钉受到离心力与径向铣削力的共同作用，会使螺钉螺纹沿径向发生拉伸；在切向铣削力与离心力的共同作用下，螺钉螺纹会沿切向方向拉伸；沿切向方向与径向方向发展的不同取决于螺纹所受载荷的大小，其变形速率与程度有所不同，上述问题均使铣刀安全性破坏沿延性断裂方向发展。

综上所述，离心力与预紧力的共同作用是影响铣刀螺钉螺纹处应力水平及变形程度的主要载荷，离心力的大小不仅影响了螺纹变形的最大应力，也改变了组件的载荷分布情况，引起不同形式的安全性破坏问题。而铣削力对延性断裂的影响较小，相对于离心力与预紧力可忽略不计。

2.3.5　高速铣刀宏观安全性衰退过程及模型

高速铣刀安全性衰退具有随时间和载荷变化的动态特性，为进一步揭示出高速铣刀安全性衰退过程，采用高速铣刀模型形变、结合面压溃和延性断裂对载荷的响应特性关联分析矩阵，进行铣刀变形速率过程行为特征关联分析，建立高速铣刀安全性衰退行为特征序列：

$$S_X = \left\{ S_4, S_5, S_6, S_2, S_3, S_1 \right\}, S_Y = \left\{ S_6, S_4, S_1, S_2, S_5, S_3 \right\} \tag{2-38}$$

$$S_Z = \left\{ S_3, S_6, S_4, S_5, S_1, S_2 \right\}, S_V = \left\{ S_1, S_6, S_2, S_4, S_5, S_3 \right\} \tag{2-39}$$

式中，S_X 为铣刀安全性衰退中的组件变形特征序列；S_Y 为铣刀安全性衰退中的结合面变形特征序列；S_Z 为铣刀结合面压溃特征序列；S_V 为铣刀组件延性断裂特征序列；S_1 为应力行为特征；S_2 为应变行为特征；S_3 为变形的几何行为特征；S_4 为变形行为演变的速率过程特征；S_5 为变形行为的时间特征；S_6 为变形行为的最大值特征。

获得离心力、铣削力、预紧力对高速铣刀安全性衰退过程影响规律，如图 2-62～图 2-64 所示。

据此，建立高速铣刀宏观安全性衰退本征/非本征模型，如图 2-65 所示。依据该模型，铣刀结构和材料设计变量所激发的组件应变速率变化过程直接反映了铣刀安全性失稳行为和安全性衰退初始轨迹，组件应变幅值及其变化速率则反映了铣刀由安全性失稳向结合面和延性断裂转变的衰退中期轨迹；铣刀铣削参数和预紧力及工件材料单位铣削力等工艺设计变量所激发的组件变形量和应力变化速率过程，则分别反映出铣刀安全性衰退的后期轨迹性质。

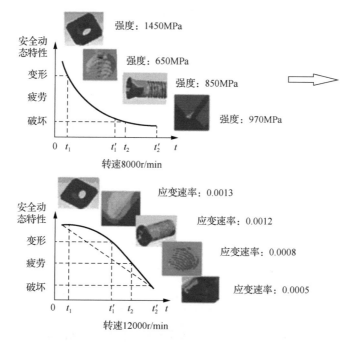

图 2-62　离心力对高速铣刀安全性衰退过程影响规律

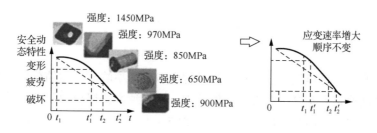

图 2-63　铣削力对高速铣刀安全性衰退过程影响规律

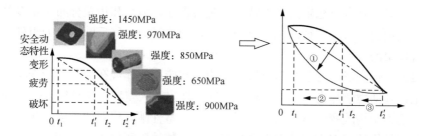

图 2-64　预紧力对高速铣刀安全性衰退过程影响规律

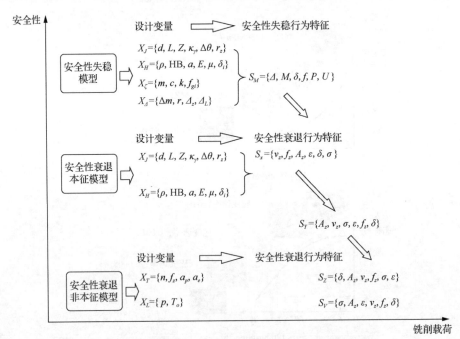

图 2-65　高速铣刀宏观安全性衰退本征/非本征模型

2.4　本　章　小　结

（1）通过对高速铣刀安全性衰退过程中应变速率响应特性的分析，指出了应变速率是高速铣刀安全性衰退的显性表现，应变速率快慢反映了高速铣刀安全性衰退进程的速度，同时给出高速铣刀安全性衰退的应变速率过程。高速铣刀模态分析结果表明，预紧力、离心力和铣削力载荷作用下，铣刀一阶、二阶、三阶、四阶、五阶、六阶模态振型均未发生明显的改变，铣刀工作载荷对其模态影响较小，铣刀模型具有较稳定的模态特性。铣刀直径、齿数和齿距分布等主要结构参数的改变均引起刀片在径向位移上的响应，刀片径向位移反映了铣刀组件变形行为综合作用的效果。

（2）刀体变形的力学行为对铣刀结构的响应主要体现在应力、应变特征值的改变上，其动力学行为对铣刀结构的响应表现出较大差异，在直径 63～80mm 范围内，铣刀结构改变未引起刀体变形性质和完整性破坏位置的响应。螺钉变形行为对铣刀结构的响应主要体现在变形性质和完整性破坏位置的改变，引起其力学行为特征和动力学行为特征显著性变化。铣刀组件动力学行为对不等齿距分布无显著响应的特性，刀片与刀体结合面经历一个较快的速率过程后由初期较大变形转变至较小变形，并趋于稳定。离心力的增长加快了刀齿和螺钉的变形行为演变的速率过程，同时使刀体螺纹孔和刀片结合面变形行为演变的速率过程减慢，其结果导致刀体最大变形由螺纹孔转移至刀齿，加速了铣刀由安全性衰退向完整性破坏转变的过程。

（3）较高水平的预紧力会引起刀体螺纹孔局部变形加剧，使刀体最大变形由齿根转移至螺纹孔处，并使螺钉最大变形由螺纹结合面中部转移至螺纹根部，螺钉变形由拉伸变形转变为拉伸、剪切组合变形，铣刀由安全性衰退向完整性破坏演变进程加快。尽管预紧力的改变并没有直接导致刀片位移发生明显变化，但是改变了铣刀组件之间的连接面在受力时的初始变形行为，会引起铣刀安全性衰退过程中组件变形行为特征曲线斜率的变化。高速铣刀铣削稳定性分析与实验结果表明，铣刀初始误差对其安全稳定性影响较小，高速铣刀安全性失稳特征行为主要受铣刀结构和模态特性影响。

第 3 章　高速铣刀介观安全性衰退行为特征与动态特性

铣削加工过程中刀具选用不规范、加工参数与刀具不匹配、振动冲击过程明显等问题，会导致高速铣刀在铣削铝合金时存在以下问题。在高速铣刀服役过程中，铣刀组件粒子群处于无间隙式振动状态，在断续铣削冲击载荷作用下，粒子偏离原稳定位置，发生不规则运动，导致粒子群乱序运动的发生。粒子群乱序程度越高，铣刀组件粒子群之间结合力愈加脆弱，越容易引起高速铣刀组件安全性下降，导致高速铣刀组件结合面压溃、延性断裂、剪切断裂等损伤。

本章通过分析和建立高速铣刀安全性衰退熵值特征模型，在高速铣刀服役的衰退过程中，获取其安全性衰退的临界熵值特征曲线及熵值特征曲线，从而评判出铣刀相关组件发生何种破坏，进一步提出熵值的控制方法；提出高速铣刀组件介观结构初始缺陷模型，表明高速铣刀组件拉伸、压缩、剪切微区结构行为特征，进而揭示出高速铣刀组件的本征运动演变成非本征运动的机理；研究高速铣刀安全性衰退的控制方法，最终提出高速铣刀介观安全性衰退本征/非本征模型。

3.1　高速铣刀组件安全性衰退问题分析

3.1.1　高速铣刀组件延性断裂

高速铣刀铣削过程中，过大的离心力与动态铣削力载荷导致结构性超载，铣刀组件在拉伸载荷作用下发生延性断裂，如图 3-1 所示。

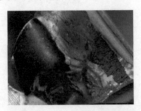

图 3-1　刀体形变与延性断裂

在断裂过程中，晶格发生吞噬现象，晶界迁移运动特征明显，晶体变化方向与受力方向一致，铣刀组件微裂纹扩展以穿晶断裂为主；韧窝断口底部存在第二相粒子，拉伸变形初期，第二相粒子与基体面开裂形成韧窝源，随应力增大和变形量的增大，韧窝周边形成塑性变形程度较大的突起撕裂棱，如图 3-2 所示。

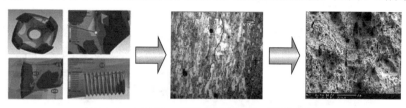

图 3-2　高速铣刀组件延性断裂介观结构特性

铣刀组件微区结构的上述响应特性，与其在拉伸变形过程中发生的位错滑移、位错攀移、位错塞积、晶界迁移等介观运动特性密切相关。

3.1.2　高速铣刀组件结合面压溃

刀具组件压溃主要出现在刀片结合面处、刀体齿根处、螺钉螺纹处等位置，主要是由于受力不均或载荷过大导致，刀具组件压溃的现象如图 3-3 所示。

图 3-3　刀片与刀体结合面压溃

高速铣刀组件压缩变形是其发生结合面压溃的主要原因，受铣刀组件结合面结构及冲击载荷作用方向影响，铣刀组件在压缩变形中存在的失稳状态导致其具有显著的位错塞积特征；与低应变速率压缩变形产生的微裂纹和晶格细化特征明显不同，高应变速率条件下铣刀组件晶界扩张显著，且具有较为明显的呈波形扩展的凹陷，如图 3-4 所示。

图 3-4　高速铣刀组件结合面压溃介观结构特性

　　铣刀组件微区结构的上述响应特性,与其在压缩变形过程中发生的位错滑移、位错攀移、位错塞积、微裂纹扩展等介观运动特性联系紧密。

3.1.3　高速铣刀组件剪切断裂

　　螺钉是高速铣刀重要组成部分,由于铣削工件的硬度高、强度大、服役载荷较大,螺钉容易出现剪切断裂。螺钉剪切断裂与压溃性损伤如图 3-5 所示。

图 3-5　螺钉剪切断裂与压溃性损伤

　　高速铣刀组件在剪切载荷下时铣刀易发生剪切断裂,剪切变形初期阶段铣刀组件微区结构的晶格间产生微裂纹且晶粒细化,伴有少量韧窝;剪切塑性变形阶段晶体沿受力方向扩张,出现大量被拉长的韧窝;剪切变形后期则出现大量位错塞积,发生部分晶界迁移,并产生穿晶断裂和微孔聚集性断裂,如图 3-6 所示。

图 3-6　高速铣刀组件剪切断裂介观结构特性

　　铣刀组件微区结构的上述响应特性,与其在剪切变形过程中发生的位错滑移、位错攀移、位错塞积、微裂纹扩展、晶界迁移、晶面解理等介观运动特性有关。

3.2　高速铣刀组件粒子群乱序的熵值判定

3.2.1　高速铣刀组件安全性衰退过程中的乱序运动

　　直径 80mm 铣刀在高速铣削铝合金时,其组件发生位错滑移、位错攀移、位错塞积、晶界迁移、微裂纹扩展、晶面解理等安全性衰退过程,如图 3-7 所示。依据该铣刀发生破坏的铣削工艺及载荷条件,对铣刀发生的上述安全性问题进行分子动力学仿真,获取与铣刀安全性衰退相关联的铣刀组件粒子群乱序运动特征,如图 3-8 所示。

　　依据图 3-7、图 3-8 得出,高速铣刀组件安全性衰退过程均是由位错滑移、位错攀移、位错塞积开始,逐渐发展为微裂纹扩展与晶界迁移,最终演变为晶面解

理，因此铣刀宏介观结构间存在关联特性。因此，建立高速铣刀组件安全性衰退
与粒子群乱序关联特性模型，如图 3-9 所示。

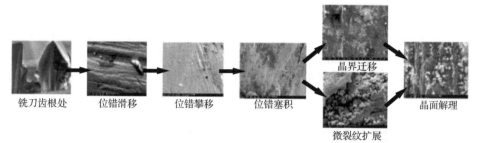

图 3-7　高速铣刀组件安全性衰退过程

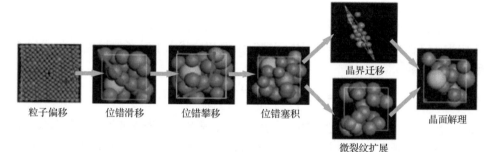

图 3-8　高速铣刀安全性衰退中的粒子群乱序运动

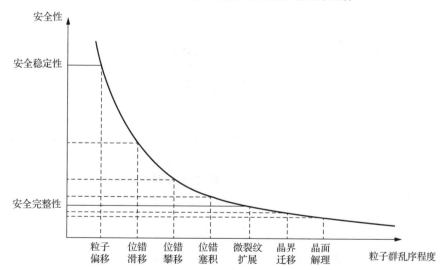

图 3-9　高速铣刀组件安全性衰退与粒子群乱序关联特性模型

图 3-9 表明，抑制高速铣刀组件粒子群乱序程度能够控制高速铣刀安全性衰
退。但由于缺乏对高速铣刀组件粒子群的定量化描述，粒子群乱序判别存在模糊
性与不确定性。

3.2.2　高速铣刀组件粒子群运动乱序评判模型

熵值标志着系统在某一状态下所包含的微观粒子的乱序程度，熵值的增加就意味着系统无序性的增加，系统的熵值小则粒子群乱序程度低；系统的熵值大则粒子群乱序程度高。在铣削载荷作用下，高速铣刀由熵值为 S_0 的初始状态转变为熵值为 S_t 的状态时，其熵值的差值为

$$S_t - S_0 = \frac{1}{T} \int_0^t \mathrm{d}Q \tag{3-1}$$

式中，S_0 为高速铣刀组件在初始状态下的熵值；S_t 为高速铣刀组件在 t 时间平衡态下的熵值；T 为高速铣刀刀体及螺钉组件粒子群温度；Q 为引起铣刀系统状态变化的热量或能量。

高速铣刀组件粒子群在安全稳定状态时粒子为量子谐振子，对于粒子数目为 N，温度为 T 的体系，高速铣刀刀体和螺钉组件初始状态下粒子群熵值 S_0 如式（3-2）所示：

$$S_0 = 3Nk\left[1 - \ln\left(\frac{\xi\omega}{kT}\right)\right]\int_0^{\omega_L} \mathrm{d}\omega g(\omega) \tag{3-2}$$

式中，$\xi = h/2\pi$，h 为朗克常数；k 为玻尔兹曼常数；ω 为高速铣刀刀体和螺钉组件粒子的振动频率；ω_L 为粒子在空间 L 处的振动频率；$g(\omega)$ 为振动频率 ω 的分布函数，并满足量子力学的归一化条件。由此得出：

$$\int_0^{\omega_L} \mathrm{d}\omega g(\omega) = 1 \tag{3-3}$$

高速铣刀组件在安全性稳定状态下铣刀刀体和螺钉组件的单个粒子熵值为

$$S_0^1 = 3 \times 1.38 \times 10^{-23}\left(1 - \ln\frac{6.62 \times 10^{-34} \times 0.334 \times 10^{10}}{2 \times \pi \times 1.38 \times 10^{-23} \times 297}\right)\int_0^{\omega_L} \mathrm{d}\omega g(\omega) = 4.29 \times 10^{-22} \tag{3-4}$$

在高速铣刀刀体和螺钉组件分子动力学模拟过程中，铣刀组件在安全稳定状态下的初始熵值由单个粒子的初始熵值与发生乱序运动的粒子数目确定。由式（3-2）与式（3-4）得出，高速铣刀组件在安全稳定状态下，熵值较低。

由式（3-2）～式（3-4）可以得到，高速铣刀刀体和螺钉组件粒子群由熵值为 S_0 的平衡状态转变为另一种平衡状态时，其熵值为

$$S = S_0 + \frac{E_0 - E_t}{T} \tag{3-5}$$

式中，E_0、E_t 分别代表系统在两个平衡状态下的总能量。

依据式（3-4）的运算结果，采用式（3-5）可以连续求解出高速铣刀从安全稳定状态出发，其组件粒子群依次发生位错滑移、位错攀移、位错塞积、微裂纹扩展、晶界迁移、晶面解理时的熵值，实现对高速铣刀组件安全性衰退过程中粒子群乱序程度的定量化描述。

3.2.3　高速铣刀组件安全性衰退的特征熵值

高速铣刀组件安全性衰退主要表现为铣刀组件发生延性断裂、剪切断裂、结合面压溃等失效过程，且均存在弹性-弹塑性-塑性变形三个变形阶段，即代表高速铣刀由安全稳定性至安全完整性衰退过程。以高速铣刀组件变形节点处的熵值为临界熵值，明确高速铣刀安全性衰退过程的界限，描述铣刀组件粒子群由安全稳定期的原子间距变化到位错滑移、位错攀移、位错塞积等乱序运动，直至最终发生晶界迁移、晶面解理、微裂纹扩展等乱序运动的转折过程。依据式（3-5）及高速铣刀组件材料性能测试结果，计算弹性-弹塑性-塑性变形转变节点处的粒子群临界熵值，结合铣刀组件金相显微测试结果，揭示出高速铣刀组件安全性衰退特征。

高速铣削中，铣刀组件在延性断裂过程中发生的金相组织变化如图 3-10 所示。依据高速铣刀 35CrMo、40Cr、42CrMo 等组件材料延性断裂实验结果，提取其发生弹塑性-塑性变形时的应力、应变，采用力连接的跨尺度关联方法，加载至铣刀组件粒子群中，通过分子动力学仿真，获得高速铣刀组件材料在变形转变节点处的粒子群能量变化曲线，如图 3-11～图 3-13 所示。

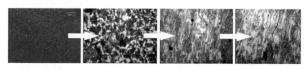

图 3-10　高速铣刀组件发生延性断裂时的金相组织变化

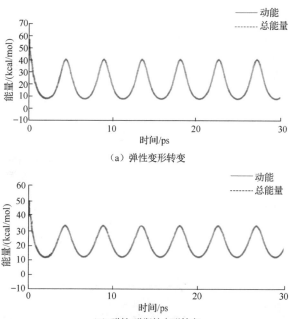

（a）弹性变形转变

（b）弹性-弹塑性变形转变

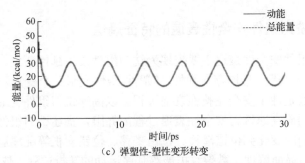

（c）弹塑性-塑性变形转变

图 3-11　铣刀 35CrMo 组件材料在延性断裂实验中变形转变节点处的粒子群能量变化曲线

1kcal=4.184kJ

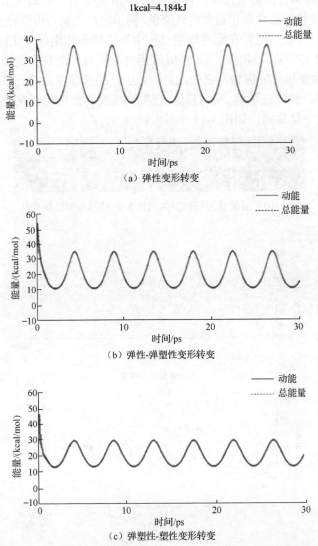

（a）弹性变形转变

（b）弹性-弹塑性变形转变

（c）弹塑性-塑性变形转变

图 3-12　铣刀 40Cr 组件材料在延性断裂实验中变形转变节点处的粒子群能量变化曲线

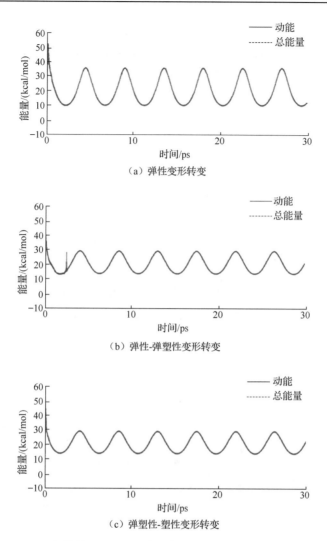

（a）弹性变形转变

（b）弹性-弹塑性变形转变

（c）弹塑性-塑性变形转变

图 3-13　铣刀 42CrMo 组件材料在延性断裂实验中变形转变节点处的粒子群能量变化曲线

依据图 3-11～图 3-13 粒子群乱序判定结果得出：铣刀组件材料 35CrMo、40Cr、42CrMo 粒子群由弹性至弹塑性变换的临界熵值分别为 166.17kJ/(mol·K)、197.98kJ/(mol·K) 和 182.38kJ/(mol·K)；通过熵值分析求出 35CrMo、40Cr、42CrMo 粒子群的弹塑性至塑性变形的临界熵值为 304.45kJ/(mol·K)、319.75kJ/(mol·K)、323.86kJ/(mol·K)。通过金相显微镜测试结果得到的金相组织表明，在弹性与弹塑性变形临界熵值前后，高速铣刀粒子群由原子间距变化及位错滑移运动为主逐渐发展至位错攀移与位错塞积运动；在弹塑性与塑性变形临界熵值前后粒子群由本征位错运动发展至晶界迁移、晶面解理等非本征介观运动。

高速铣削中，铣刀组件发生结合面压溃时的金相组织变化如图 3-14 所示。依据高速铣刀 35CrMo、40Cr、42CrMo 等组件材料压溃式变形实验结果，提取其发生弹塑性-塑性变形时的应力、应变，采用力连接的跨尺度关联方法，加载至铣刀组件粒子群中，通过分子动力学仿真，获得高速铣刀组件材料在变形转变节点处的粒子群能量变化曲线，如图 3-15～图 3-17 所示。

图 3-14　高速铣刀组件发生结合面压溃时的金相组织变化

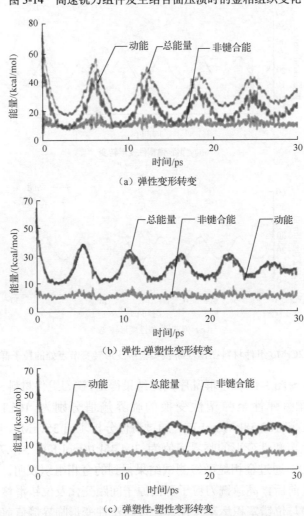

（a）弹性变形转变

（b）弹性-弹塑性变形转变

（c）弹塑性-塑性变形转变

图 3-15　铣刀 35CrMo 组件材料在结合面压溃实验中变形转变节点处的粒子群能量变化曲线

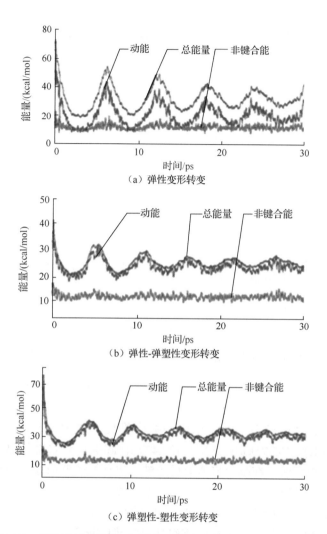

（a）弹性变形转变

（b）弹性-弹塑性变形转变

（c）弹塑性-塑性变形转变

图 3-16　铣刀 40Cr 组件材料在结合面压溃实验中变形转变节点处的粒子群能量变化曲线

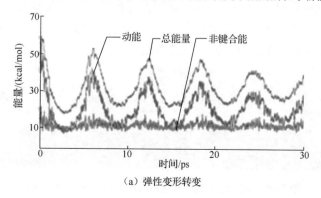

（a）弹性变形转变

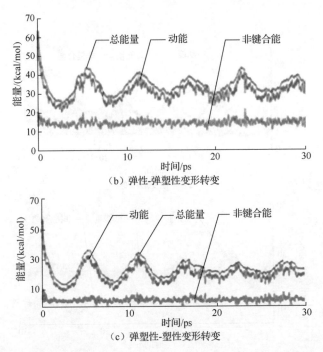

（b）弹性-弹塑性变形转变

（c）弹塑性-塑性变形转变

图 3-17　铣刀 42CrMo 组件材料在结合面压溃实验中变形转变节点处的粒子群能量变化曲线

　　通过式（3-5）计算铣刀组件材料 35CrMo、40Cr、42CrMo 在压缩过程中的临界熵值，铣刀组件粒子群由弹性至弹塑性的临界熵值分别为 138.63kJ/(mol·K)、132.58kJ/(mol·K) 和 83.39kJ/(mol·K)；由弹塑性至塑性变形的临界熵值为 276.58kJ/(mol·K)、363.75kJ/(mol·K)、322.42kJ/(mol·K)。通过金相显微镜测试结果得到的金相组织表明，在临界熵值前后，铣刀组件粒子群由原子间距变化逐渐发生位错滑移、位错塞积，并最终逐渐发生微裂纹扩展等安全性衰退运动。

　　高速铣削中，铣刀组件发生剪切断裂时的金相组织变化如图 3-18 所示。依据高速铣刀 35CrMo、40Cr、42CrMo 等组件材料剪切断裂变形实验结果，提取其发生弹塑性-塑性变形时的应力、应变，采用力连接的跨尺度关联方法，加载至铣刀组件粒子群中，通过分子动力学仿真，获得高速铣刀组件材料在变形转变节点处的粒子群能量变化曲线，如图 3-19～图 3-21 所示。

图 3-18　高速铣刀组件发生剪切断裂时的金相组织变化

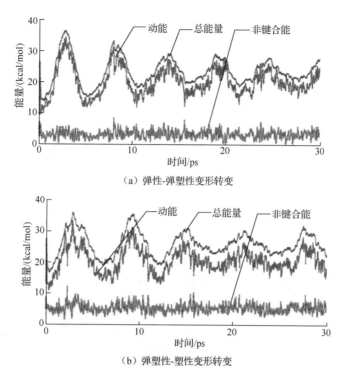

（a）弹性-弹塑性变形转变

（b）弹塑性-塑性变形转变

图 3-19　铣刀 35CrMo 组件材料在剪切断裂实验中变形转变节点处的粒子群能量变化曲线

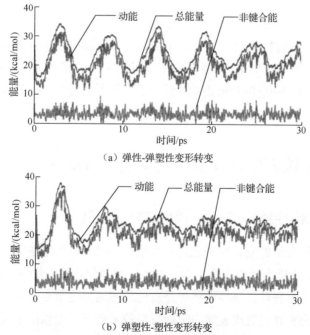

（a）弹性-弹塑性变形转变

（b）弹塑性-塑性变形转变

图 3-20　铣刀 40Cr 组件材料在剪切断裂实验中变形转变节点处的粒子群能量变化曲线

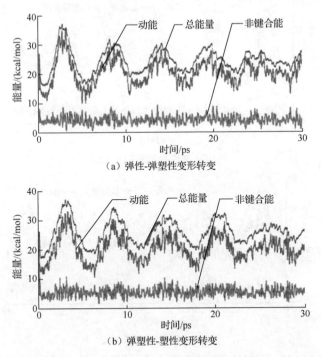

（a）弹性-弹塑性变形转变

（b）弹塑性-塑性变形转变

图 3-21　铣刀 42CrMo 组件材料在剪切断裂实验中变形转变节点处的粒子群能量变化曲线

依据上述实验与分析结果，采用式（3-5）可计算剪切断裂过程中变形转变节点处的粒子群运动特征熵值。其中，在发生剪切断裂临界载荷条件下，铣刀组件材料 35CrMo 和 40Cr 粒子群发生位错滑移、位错塞积时的熵值分别为 135.18kJ/(mol·K)、140.80kJ/(mol·K)，粒子群发生晶界迁移、微裂纹扩展、晶面解理等塑性变形的熵值为 239.37kJ/(mol·K)、295.70kJ/(mol·K)。

3.3　高速铣刀组件安全性衰退熵值特征模型及控制方法

3.3.1　高速铣刀组件安全性衰退熵值特征模型

依据高速铣刀组件安全性衰退过程中弹性-弹塑性-塑性临界熵值及金相显微镜测试结果，定义铣刀组件安全稳定性与安全性位错滑移、位错攀移、位错塞积、微裂纹扩展、晶面解理、晶界迁移等介观运动间的界定节点。铣刀组件材料弹性与弹塑性变形的临界熵值代表铣刀组件材料粒子群变形由以原子间距变化为主过渡到位错滑移、位错攀移、位错塞积等运动，在弹塑性变形后半段伴随发生少量晶界迁移、微裂纹扩展、晶面解理等运动。铣刀材料弹塑性与塑性变形的临界熵值则标志着铣刀安全性大幅度衰退的发生，粒子群发生大量晶界迁移、微裂纹扩展、晶面解理运动，最终将会导致铣刀组件材料的完整性破坏[10]。建立高速铣刀组件安全性衰退的熵值特征曲线，如图 3-22 所示，依据该模型可以探明其安全性衰退过程，实现铣刀组件介观运动状态的评判。

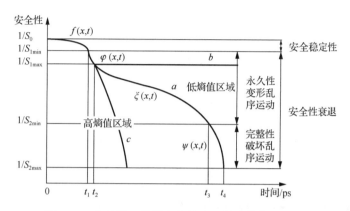

图 3-22 高速铣刀组件安全性衰退的熵值特征曲线

图 3-22 中，a 为铣刀发生完整性破坏临界载荷条件下的熵值特征曲线；b 为非完整破坏的高速铣刀熵值特征曲线；c 为完整性破坏的高速铣刀熵值特征曲线；S_{1min} 为铣刀组件粒子群发生位错滑移、位错攀移时的特征熵值；S_{1max} 为铣刀组件材料发生位错塞积时的特征熵值；S_{2min} 为铣刀组件材料发生微裂纹扩展、晶界迁移时的特征熵值；S_{2max} 为铣刀组件材料发生晶面解理时的临界熵值；t_1 为铣刀粒子群发生位错运动的时间；t_2 为铣刀粒子群发生位错塞积的时间；t_3 为铣刀粒子群发生微裂纹扩展、晶界迁移的时间；t_4 为铣刀粒子群发生晶面解理的时间。

其中，S_{1min}、S_{1max}、S_{2min}、S_{2max} 取决于高速铣刀组件的材料属性以及高速铣刀的宏观结构；t_1、t_2、t_3、t_4 取决于高速铣刀组件的材料属性、宏介观结构参数及工艺载荷条件。在 $f(x,t)$ 阶段铣刀粒子群发生粒子偏移运动，$\varphi(x,t)$ 阶段铣刀粒子群发生位错滑移、位错攀移运动，$\xi(x,t)$ 阶段铣刀粒子群发生位错塞积运动，$\psi(x,t)$ 阶段铣刀粒子群发生微裂纹扩展、晶界迁移运动。其中，当 $f'(x,t)$、$\varphi'(x,t)$、$\xi'(x,t)$、$\psi'(x,t)$ 均小于 0 时，高速铣刀组件发生完整性破坏；当 $f'(x,t)$、$\varphi'(x,t)$、$\xi'(x,t)$、$\psi'(x,t)$ 等于 0 时，则标志着铣刀组件不会发生安全性衰退。

由图 3-22 可知，高速铣刀安全性衰退的熵值特征曲线为铣刀组件粒子群在临界完整性破坏载荷下的熵值特征曲线，曲线内侧为高熵值区域，标志铣刀组件发生完整性破坏；曲线外侧为低熵值区域，标志着高速铣刀组件没有发生延性断裂、结合面压溃、剪切断裂等完整性破坏。

构建熵值特征曲线的数学模型，如式（3-6）：

$$S_{熵} = \begin{cases} f(x,t), & 0 \leqslant t < t_1 \\ \varphi(x,t), & t_1 \leqslant t < t_2 \\ \xi(x,t), & t_2 \leqslant t < t_3 \\ \psi(x,t), & t_3 \leqslant t \leqslant t_4 \end{cases}$$

$$x = \{Z, \ D, \ \gamma_0, \ Y, \ \phi, \ \rho, \ \text{ato}, \ \text{Len}\} \tag{3-6}$$

式中，$f(x,t)$ 代表高速铣刀组件安全稳定性阶段；$\varphi(x,t)$ 代表高速铣刀组件发生安全性失稳阶段；$\xi(x,t)$ 代表高速铣刀组件发生弹塑性变形阶段；$\psi(x,t)$ 代表高速铣刀组件发生塑性变形阶段；Z 为齿数；D 为直径；γ_0 为前角；Y 为齿根结构；ϕ 为齿间夹角；ρ 为粒子群密度；ato 为元素种类；Len 为晶格尺寸。

3.3.2 高速铣刀组件安全性衰退熵值控制方法

实验结果表明，高速铣刀组件安全性衰退的熵值特征曲线能够揭示铣刀永久性变形与完整性破坏的衰退过程。其中，铣刀螺纹孔处、齿根处、连接处的熵值特征曲线在 $f(x,t)$、$\varphi(x,t)$ 阶段存在较大差异，铣刀介观结构主要控制高速铣刀组件安全性衰退的熵值特征曲线的安全稳定性与安全性失稳阶段。通过对高速铣刀组件熵值特征曲线的有效控制，能够抑制铣刀的安全性衰退过程，提高铣刀的安全性服役能力，高速铣刀安全性衰退熵值控制方法如图 3-23 所示。

图 3-23 中，F 为铣刀的铣削力载荷；F_c 为铣刀的离心力载荷；P 为铣刀铣削工艺；σ 为应力；$f(\sigma)$ 为应力分布函数；ε 为应变；$A_{高}$ 为高熵值区域面积；V_S 为铣刀熵值变化速率；t 为高速铣刀组件发生完整性破坏的响应时间。

该方法在铣刀组件粒子群模型验证的基础上，建立铣刀熵值特征曲线，判断铣刀发生完整性与非完整性破坏的宏介观结构及临界载荷条件，获取铣刀临界熵值特征曲线，划分铣刀完整性与非完整性区域，并明确控制目标。当铣刀熵值特征曲线处于完整性破坏区域时，通过宏介观结构设计，增加临界熵值并降低铣刀组件熵值，从而保证熵值特征曲线最终处于低熵值区域；当铣刀熵值特征曲线处于非完整性破坏区域时，通过铣刀局部结构设计，上调铣刀熵值特征曲线，以进一步提高铣刀安全性。

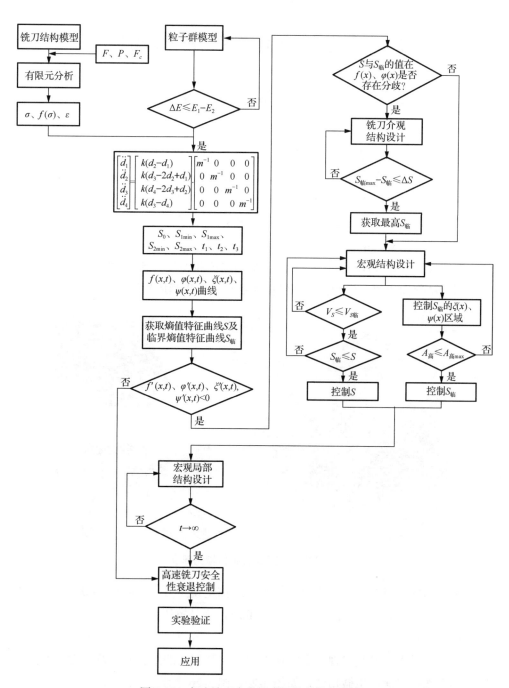

图 3-23　高速铣刀安全性衰退熵值控制方法

3.4　高速铣刀组件微区结构行为特征

3.4.1　高速铣刀组件介观结构初始缺陷模型及其力学行为特征

高速铣削过程中，受高速、断续载荷的冲击作用，铣刀刀片不仅易发生磨损，而且极易发生崩刃、碎裂等结构性损伤。为明确铣刀组件的损伤特征，进行高速铣削实验，并对易产生损伤的铣刀组件结构部分进行探查。采用直径 63mm、主偏角 45°、后角 20°、前角 12.5°、刃倾角 10°、刀体材料 40Cr、螺钉材料 35CrMo 的四齿等齿距铣刀进行高速铣削实验，如图 3-24 所示。实验转速 n 为 8000r/min，每齿进给量 f_z 为 0.15mm，铣削深度 a_p 为 0.5mm，铣削宽度 a_e 为 56mm，工件材料为铝合金 7075，铣削行程为 100m。A 为刀体和刀片的结合面交界处，B 为刀片与刀体结合面边缘，C 为紧固螺钉前端螺纹，D 为紧固螺钉末端。

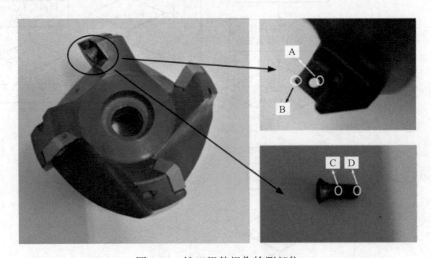

图 3-24　铣刀组件损伤检测部位

利用扫描电镜对铣刀组件进行检测，扫描电镜型号为 Quanta200，应用的主要技术参数为：30kV 高压，加速电压 200V，样品室压力选择常压 110Pa，分辨率 200～1000μm。

通过扫描电镜检测发现，在刀体上用于安装刀片的结合面以及与刀体连接的紧固螺钉螺纹表面产生微损伤，如图 3-25、图 3-26 所示。

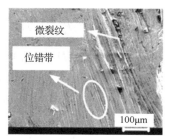

（a）结合面交界　　　　　　　　　（b）结合底面边缘

图 3-25　铣刀刀片与刀体结合面检测

由图 3-25（a）可知，在刀片与刀体的结合面交界处附近出现清晰位错带。由图 3-25（b）可知，刀片与刀体定位结合底面边缘在压应力作用下产生微裂纹，并伴有清晰的位错带。

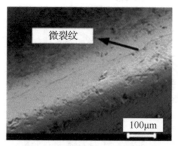

（a）紧固螺钉螺纹表面前端

（b）紧固螺钉螺纹表面末端

图 3-26　铣刀螺钉螺纹表面检测

由图 3-26（a）可知，紧固螺钉螺纹表面前端出现微裂纹。如图 3-26（b）所示，紧固螺钉螺纹末端不但出现微裂纹，而且有部分结构剥落。对损伤区域进行进一步探查发现，微裂纹和剥落周围具有因塑性变形产生的孔洞。

由于铣刀组件损伤是铣削力、离心力以及铣刀组件预紧力的综合作用结果，因此，需要分析不同应力下产生的不同损伤。

高速铣削过程中，铣刀承受的工作载荷主要包括：

$$P_e = \frac{1}{9} \cdot m \cdot r \cdot (\pi \cdot n)^2 \cdot 10^{-8} \tag{3-7}$$

$$F_{ic}(t) = pA_D \sin(\pi - \varphi_0 + 2\pi nt) \tag{3-8}$$

$$P_{i0} = T_{i0} / (k_{i0} \cdot d_{i0}) \tag{3-9}$$

式中，P_e 为离心力（N）；m 为铣刀不平衡质量（kg）；r 为偏心量（μm）；n 为主轴转速（r/min）；$F_{ic}(t)$ 为刀齿所受瞬态铣削力；p 为作用于刀片上的单位铣削力；t 为刀齿铣削时间；A_D 为刀齿铣削层面积；φ_0 为起始接触角；P_{i0} 为刀片预紧力；T_{i0} 为螺钉预紧力矩；k_{i0} 为预紧力矩；d_{i0} 为螺钉公称直径。

根据铣刀上述铣削载荷模型，对铣刀组件进行受力分析，如图 3-27、图 3-28 所示。

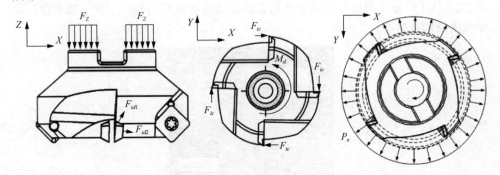

图 3-27　铣刀刀体受力分析

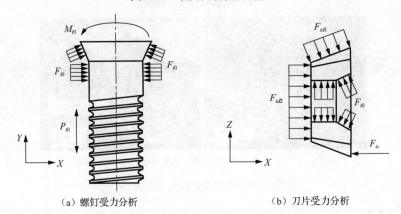

（a）螺钉受力分析　　　　　　（b）刀片受力分析

图 3-28　螺钉与刀片受力分析

图 3-27 和图 3-28 中，主轴方向为 Z 向；进给方向为 X 向；行距方向为 Y 向；F_z 为铣刀安装定位面所受预紧力；M_d 为铣刀旋转力矩；F_{id1} 为刀体与刀片侧结合面所受的力；F_{id2} 为刀体与刀片底部结合面所受的力；M_{i0} 为螺钉所受弯矩；F_{i0} 为螺钉与刀片结合面所受的力。

高速铣削中，铣削力直接作用在刀片上，并被传递和分散到铣刀组件上。铣刀切向力主要对刀尖影响显著，轴向分力会导致刀体和刀片结合面、刀片与螺钉的结合面发生损伤。在离心力、铣削力和预紧力三种载荷共同作用下，刀片易发生崩刃、破碎等脆性损伤。

在实际高速铣刀组件中，由于晶体形成条件、原子热运动及其他条件的影响，铣刀粒子群结构存在偏离理想结构的区域，在高速铣刀组件材料内部存在大量空穴、间隙等初始缺陷，而在介观载荷作用下，初始缺陷往往是介观损伤的发源地。

在高速铣刀组件最优构型的基础上，建立超晶胞掺杂模型，加入点缺陷、线缺陷、面缺陷和体缺陷等初始缺陷，构造符合实际铣刀组件粒子群的物理模型，如图 3-29 所示。

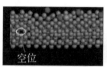

（a）点缺陷模型　　　　（b）线缺陷模型 　　　　（c）面缺陷模型 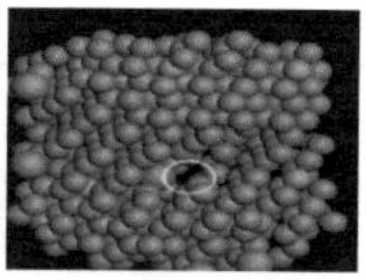　　　（d）体缺陷模型

图 3-29　高速铣刀介观结构初始缺陷模型

采用体系自由能、位错矢量、晶体屈服应力和位错发生应力，分别对铣刀组件中存在的上述四类缺陷的力学行为进行表征：

$$\Delta G = nE_v - T\left(nS_v + S_c\right) , \ |b_w| = \frac{a_{dz}}{2}\sqrt{u^2 + v^2 + w^2} \tag{3-10}$$

$$\sigma_y = \sigma_0 + k_y / \sqrt{d_{jl}} , \ \tau_{xy} = \frac{-Gb}{2\pi(1-v)}\frac{x(x^2 - y^2)}{(x^2 + y^2)^2} \tag{3-11}$$

式中，ΔG 为体系自由能，主要用于点缺陷判别；b_w 为位错矢量，主要用于线缺陷判别；σ_y 为晶体的屈服应力，主要用于面缺陷判别；τ_{xy} 为位错发生应力，主要用于体缺陷判别；n 为空位数目；E_v 为形成一个空位所需的能量；S_c 为 n 个空位的组态熵；nS_v 为振动熵；T 为温度；a_{dz} 为点阵常数；u、v、w 为原子坐标；σ_0 为晶格摩擦阻力；k_y 为霍尔-佩奇（Hall-Petch）常数；d_{jl} 为晶粒尺寸；G 为材料剪切模量；b 为伯格斯矢量；v 为泊松比；x、y 为直角坐标分量。

3.4.2　高速铣刀组件拉伸变形微区结构行为特征

延性断裂主要发生于螺钉螺纹处，在极端条件下，由于载荷突变，铣刀会在齿根处产生延性断裂，严重影响了铣刀安全稳定铣削。对已发生安全性破坏的铣刀延性断裂处进行微观金相组织分析，具体情况如表 3-1、表 3-2 所示。

表 3-1　高速铣刀组件延性断裂不同位置金相显微组织

A 未变形处	B 变形近端	C 变形远端
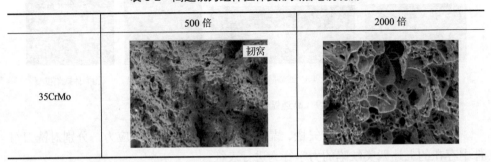		

表 3-2　高速铣刀组件拉伸变形扫描电镜观测

	500 倍	2000 倍
35CrMo		

铣刀组件延性断裂主要是由于材料的拉伸断裂引起的。铣刀在发生延性断裂过程中出现位错滑移、位错攀移、微裂纹扩展等拉伸运动特征。由表 3-1、表 3-2 可知，其金相组织特征为晶界尺寸在断裂附近轴向伸长且径向收缩，远离断裂处晶格变化特征减弱，易知断裂的塑性变形程度远大于远端。其扫描特征为断裂处存在韧窝断口，这是由于韧性断裂引起的，在韧窝底部可以看到第二相粒子；变形初始阶段第二相粒子与基准面萌生韧窝源，随着载荷持续作用，晶界吞噬，韧窝处形成撕裂棱。

综上所述，铣刀组件结构的延性断裂主要由组件拉伸变形引起，组件在变形中存在失稳状态，导致其具有明显的断裂特征。

对于铣刀刀体和刀片结合底面，所受到的应力主要为由铣刀刀片传递来的冲击应力。由于铣削产生的冲击应力极大，更容易产生应力集中；并且具有回转刀具的铣削特性，导致冲击应力具有明显的波动性。因此，对铣刀刀体和刀片结合底面采用霍普金森压杆实验比单纯的压缩应力实验更能反映铣刀材料在铣削应力下的损伤特性。

通过霍普金森压杆实验可以模拟材料在铣削过程中的冲击载荷，试件为 $\Phi 10\text{mm} \times 15\text{mm}$ 的 40Cr 的圆柱体，压杆实验装置如图 3-30 所示，实验条件及结果如表 3-3 所示，冲击速度 40m/s 时的入射波与波后应变如图 3-31 所示。

图 3-30　铣刀组件霍普金森压杆实验装置

表 3-3　霍普金森压杆实验条件及结果

撞击速度/(m/s)	应变速率/(mm/s)	原始厚度/mm	冲击后厚度/mm
40	891.5	4.96	4.72

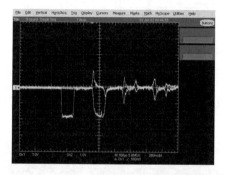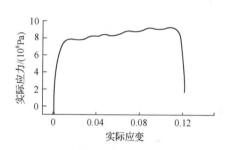

图 3-31　冲击速度 40m/s 时的入射波与波后应变

依据霍普金森压杆实验结果，对铣刀组件材料断口在冲击载荷作用下的损伤进行探查，如图 3-32 所示。

图 3-32　铣刀结合面压溃性损伤

由图 3-32 可知，铣刀组件在压缩变形中具有显著的位错塞积特征，与低速率压缩变形产生的微裂纹和晶格细化特征明显不同，高应变速率条件下铣刀组件晶界扩张显著，且具有较为明显的呈波形扩展的凹陷。

综上所述，铣刀组件结合面所受的压应力是铣刀结合面出现压溃性损伤的主要原因。受冲击载荷作用的影响，导致铣刀组件结合面结构具有显著的位错塞积特征。而上述特征，与其介观尺度下发生的晶面滑移、晶界迁移等介观运动具有紧密的联系。

对于紧固螺钉的螺纹表面，除了压应力，拉应力也是常见的载荷形式。为验证在单纯拉应力作用下螺钉材料的损伤变化，采用微机控制电子万能实验机 WDW-200，在常温下对 35CrMo 进行拉伸实验。35CrMo 材料式样如图 3-33 所示。

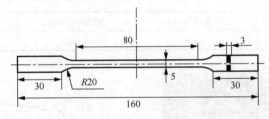

图 3-33　35CrMo 材料式样

经过拉伸实验，铣刀组件材料 35CrMo 拉伸断口处如图 3-34 所示，断口拉伸断裂损伤形貌如图 3-35 所示。

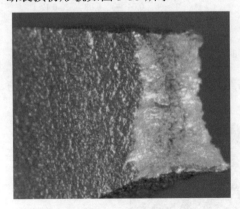

图 3-34　铣刀组件拉伸断口　　　　　图 3-35　拉伸断裂损伤形貌

由图 3-34、图 3-35 可知，组件材料的断口表面充满孔洞，同时存在剥落现象。在断口处周围明显伸长并产生明显的收缩现象，随着向外扩展收缩程度减弱，符合塑性变形特征，且断裂处塑性变形程度大于非断裂处。

3.4.3　高速铣刀组件压缩变形微区结构行为特征

为揭示高速铣刀结合面压溃的微区结构演变过程，依据铣刀组件压缩变形实验和霍普金森压杆实验结果，分析高速铣刀组件结合面微区结构的响应特性，获得铣削力冲击作用下高速铣刀组件压缩变形特征，如图 3-36、图 3-37 所示。

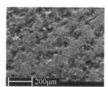

螺钉与刀体结合面　　　　　　　　刀体与刀片结合面

图 3-36　结合面微区结构压缩变形响应

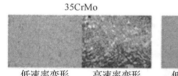
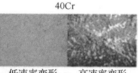
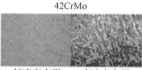

35CrMo　　　　　　　　　40Cr　　　　　　　　　42CrMo

低速率变形　高速率变形　　　低速率变形　高速率变形　　　低速率变形　高速率变形

图 3-37　高速铣刀组件微区结构冲击压缩变形响应

结果表明，受铣刀组件结合面结构及冲击载荷作用方向影响，铣刀组件在压缩变形中存在的失稳状态，导致其具有显著的位错塞积特征；与低应变速率压缩变形产生的微裂纹和晶格细化特征明显不同，高应变速率条件下铣刀组件晶界扩张显著，且具有较为明显的呈波形扩展的凹陷。铣刀组件微区结构的上述响应特性，与其在压缩变形过程中发生的位错滑移、位错攀移、位错塞积、微裂纹扩展等介观运动特性联系紧密。

为了进一步探究铣刀及其组件介观结构与宏观特性的关系，对 35CrMo、42CrMo、40Cr 三种常用刀体材料进行微观组织观察，各材料化学成分如表 3-4 所示。

表 3-4　刀具材料化学成分（质量分数，%）

材料	C	Si	Mn	Cr	Ti	P	S
35CrMo	0.32~0.40	0.17~0.37	0.40~0.80	0.80~1.10	<0.30	≤0.035	≤0.035
42CrMo	0.38~0.45	0.17~0.37	0.50~0.80	0.90~1.20	0.15~0.25	≤0.035	≤0.035
40Cr	0.37~0.44	0.17~0.37	0.50~0.80	0.80~1.10	<0.30	≤0.035	≤0.035

通过金相显微镜观测铣刀组件的各种变形并进行定性和定量的分析，试件压缩后有一对相匹配的表面及其外观形貌，压缩表面记录着压缩过程中的珍贵资料，实验样件压缩变形金相组织物相分析结果如图 3-38 所示。通过压缩形态分析可以解决一些如压溃损伤起因、压溃性质、压溃方式、压溃机制等损伤本质性问题。

图 3-38　压缩变形金相组织物相分析

实验试样原始材料组织为铁素体和珠光体，热处理工艺为调质，调质组织中出现的呈网状分布的铁素体是因为缓冷而析出的，各种变形都是材料介观层次只发生晶格结构变化而不发生原子扩散的相变类型，所以变形后的铣刀组件材料仍为铁素体和珠光体。

为分析铣刀及其组件化学元素构成与宏观特性之间关系，对高速铣刀组件材料压溃性损伤形成过程进行能谱分析，结果如图 3-39 所示。

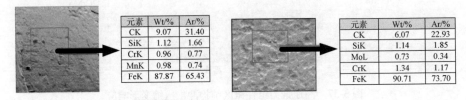

元素	Wt/%	Ar/%
CK	9.07	31.40
SiK	1.12	1.66
CrK	0.96	0.77
MnK	0.98	0.74
FeK	87.87	65.43

元素	Wt/%	Ar/%
CK	6.07	22.93
SiK	1.14	1.85
MoL	0.73	0.34
CrK	1.34	1.17
FeK	90.71	73.70

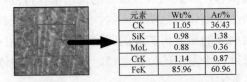

元素	Wt/%	Ar/%
CK	11.05	36.43
SiK	0.98	1.38
MoL	0.88	0.36
CrK	1.14	0.87
FeK	85.96	60.96

图 3-39　刀具及组件压缩表面能谱分析

铁碳合金对晶面解理不敏感，可做工作时间较长的螺钉材料。随着含碳量增加，铁碳合金对晶界迁移变得越发敏感，高速铣削淬硬钢刀具螺钉应选用中碳合金钢。刀片解理断口能谱显示，材料中含有大量的钨，可见钨元素可以使材料对晶面解理变得敏感。

分析试件受轴向力作用产生压缩变形过程，随着压力的不断施加，样件被越压越扁，在径向上会产生一定的横向延伸。微观组织上压缩前原始材料晶粒粗大，挤压变形开始后，沿挤压方向晶粒要比原始的晶粒有明显的细化，材料内部存在内应力场，在变形带区存在较大的畸变能，在这些地方产生微裂纹和位错塞积。随着变形量增大，晶粒受力方向高度降低，垂直于受力方向直径增加，压缩面晶粒致密度明显增大且增大均匀，晶界形变变得杂乱无章，伴随有位错的形核，压溃损伤造成的组织结构变化过程如图 3-40 所示。

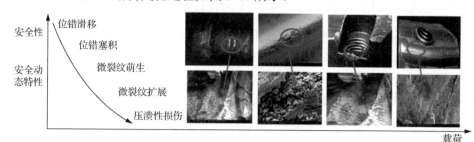

图 3-40　铣刀压溃性损伤组织结构变化过程

　　铣刀在产生压溃性损伤时首先会在微观组织上产生变化，受压应力作用发生位错滑移、位错塞积，之后萌生微裂纹，伴随着位错运动的进行，压溃损伤继续演化使铣刀安全性下降。

　　结合面压溃主要发生于刀片与刀体结合面、螺纹孔结合面及螺钉螺纹处，严重影响了铣刀安全稳定铣削。对已发生安全性破坏的铣刀结合面压溃处进行微观金相组织分析，具体情况如表 3-5 所示。

表 3-5　高速铣刀组件压缩变形金相显微组织

初始状态	压缩面远端	压缩面近端
80μm	80μm	80μm

　　由表 3-5 分析可获得材料压缩表面形貌变形特征：压缩表面有微裂纹扩展现象，且裂纹孔隙增长呈各向异性。材料轴向高度下降，径向长度伸长。受力垂直方向存在大量舌状花样及大面积塞积。

　　综上所述，铣刀组件结构的压缩变形是铣刀结合面压溃的主要原因。受铣刀组件结合面结构及冲击载荷作用方向影响，铣刀组件在压缩变形中存在的失稳状态，导致其具有显著的位错塞积特征；与低速率压缩变形产生的微裂纹和晶格细化特征明显不同，高应变速率条件下铣刀组件晶界扩张显著，且具有较为明显的呈波形扩展的凹陷。铣刀组件微区结构的上述响应特性，与其在压缩变形过程中发生的位错滑移、位错攀移、位错塞积、微裂纹扩展等介观运动特性联系紧密。

3.4.4　高速铣刀组件剪切变形微区结构行为特征

铣刀在高速铣削中受冲击载荷作用，按照断裂位置与应力方向之间的关系可知，铣刀刀齿剪切断裂类型为撕开型断裂。目前，对于材料的剪切断裂韧度确定的方法，主要以断裂理论为基础，针对具体问题采用最大拉应力理论、最大应变能释放率理论或最小应变能密度因子理论。本节运用最大拉应力求解方法解算剪切断裂演变过程，剪切断裂模型如图 3-41 所示。

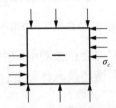

图 3-41　剪切断裂模型

裂纹尖端的应力分别为径向应力 σ_γ、周边应力 σ_θ 和剪应力 $\sigma_{\gamma\theta}$，在极坐标中表达为

$$
\begin{cases}
\sigma_\gamma = \dfrac{K_{\mathrm{II}}}{\sqrt{2\pi\gamma}} \sin\dfrac{\theta}{2}\left(1 - 3\sin^2\dfrac{\theta}{2}\right) \\[3mm]
\sigma_\theta = \dfrac{K_{\mathrm{II}}}{\sqrt{2\pi\gamma}}\left(-3\sin\dfrac{\theta}{2}\cos^2\dfrac{\theta}{2}\right) \\[3mm]
\sigma_{\gamma\theta} = \dfrac{K_{\mathrm{II}}}{\sqrt{2\pi\gamma}} \cos\dfrac{\theta}{2}\left(1 - 3\sin^2\dfrac{\theta}{2}\right)
\end{cases}
\tag{3-12}
$$

式中，$K_{\mathrm{II}} = \tau\sqrt{\pi\alpha}$ 为原裂纹面上的剪应力强度因子；θ 为原裂纹面与任一面之间的夹角，逆时针方向为正，顺时针方向为负；$\sigma_\theta > 0$ 为拉应力，$\sigma_\theta < 0$ 为压应力，$\sigma_\theta = 0$ 为无周边应力。

根据方向分析及剪切实验，可知刀齿齿根断裂由拉应力引起，引入应力强度因子 K_m，它与外载性质、裂纹及裂纹弹性体几何结构有关。

$$
K_m = \alpha\sigma\sqrt{\pi\alpha}
\tag{3-13}
$$

式中，α 为裂纹的集合因子。

对应时刻的最大拉应力断裂可表达为

$$
\cos\frac{\theta}{2}\left(\frac{K_{\mathrm{I}}}{K_m}\cos^2\frac{\theta}{2} - \frac{3}{2}\frac{K_{\mathrm{Ic}}}{K_m}\sin\theta\right) = 1
\tag{3-14}
$$

剪切变形初期阶段铣刀组件微区结构的晶格间产生微裂纹且晶粒细化，伴有少量韧窝；剪切塑性变形阶段晶体沿受力方向扩张，出现大量被拉长的韧窝；剪切变形后期则出现大量位错塞积，发生部分晶界迁移，并产生穿晶断裂和微孔聚集性断裂。

图 3-42 为铣刀组件微区的结构行为，根据实验样件扫描电镜照片可见，铣刀各组件材料剪切断口均呈现为微孔聚集性断裂，因强烈滑移，位错大量塞积，在局部区域存在许多微孔洞，或有夹杂物破碎、杂质和基体金属界面破裂。35CrMo材料剪断处表面相对另两种表面较平整，这是借助塑性变形而获得的分离面，光滑区域位错塞积不明显。

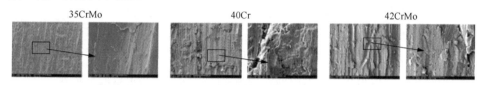

图 3-42　铣刀组件微区的结构行为

铣刀剪切断裂演变介观层次上先被剪切界面在剪切初期产生压缩变形，产生晶界滑移、晶粒细化等介观组织特征，晶界沿切向变化。随着剪切的进行，材料抗压缩表面抗力逐渐减弱，剪切后期沿着晶面断裂大面积扩展。剪切进行到后期，被剪切界面转变为拉伸变形，晶体沿受力方向扩张，后面部分晶面断裂，产生穿晶断裂。

铣刀组件材料晶面解理的结果在宏观上表现为塑性断裂，晶界迁移在宏观上的表现是其晶粒变大导致材料强度下降以及表面剥离；微裂纹扩展宏观的主要危害是刀具及其组件的疲劳与热冲击损坏。针对铣刀组件微区结构的冲击响应特性，与其在剪切变形过程中发生的位错滑移、位错攀移、位错塞积、微裂纹扩展、晶界迁移、晶面解理等介观运动特性有关。晶界迁移与微裂纹扩展的最终演变结果都表现为晶面解理，如图 3-43 所示。

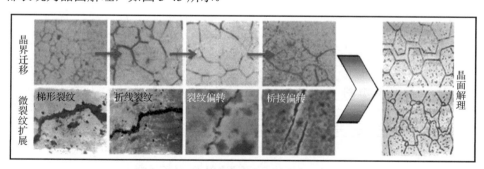

图 3-43　剪切断裂的介观运动发展过程

通过对高速铣刀剪切断裂损伤发生部位、内部结构中剪切断裂形成与演变过程进行分析，依据有限元分析及剪切断裂损伤应力值分析结果，建立铣刀剪切断裂损伤演变特征曲线，如图 3-44 所示。

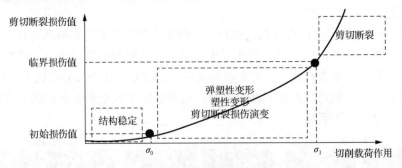

图 3-44　铣刀剪切断裂损伤演变特征曲线

由图 3-44 可以看出，铣刀剪切断裂损伤随铣削载荷增大呈增大趋势，且在变形后期演变加快。铣刀在铣削前期发生弹性变形，随后发生塑性变形，持续铣削过程中刀体齿根部继续受剪，程度越来越大，当达到临界损伤值时，铣刀安全性衰退，刀具使用寿命缩短。

根据铣刀损伤模型及上述取得的剪切断裂损伤演变特征曲线，获得剪切断裂损伤值的演变特征曲线如图 3-45 所示。图中，A 为 35CrMo 的剪切断裂损伤演变特征曲线，B 为 40Cr 的剪切断裂损伤演变特征曲线，C 为 42CrMo 的剪切断裂损伤演变特征曲线。

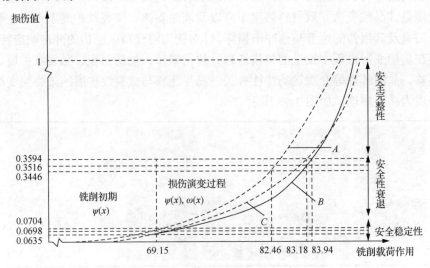

图 3-45　铣刀剪切断裂损伤值演变特征曲线

根据铣刀发生完整性破坏的行为特征分析可知，在铣削过程中，铣刀组件易发生剪切破坏的部位为螺钉头部。根据高速铣刀发生剪切变形的组件结构和材料特点，进行铣刀组件剪切变形实验，分析其完全塑性变形、塑性流动堆积和准解理断裂三个变形阶段铣刀组件微区结构的响应特性，获得高速铣刀螺钉径向剪切行为和刀齿切向剪切行为特征，如图 3-46 所示。

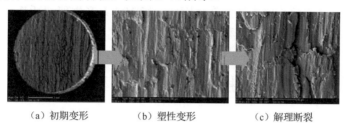

　　（a）初期变形　　　　　　（b）塑性变形　　　　　　（c）解理断裂

图 3-46　铣刀剪切破坏的识别

　　结果表明，剪应力的作用使原子间的结合键发生位错运动，导致材料发生塑性剪切应变。位错运动被某一微缺陷或微应力终止并集中于一个约束区，位错的作用导致微裂纹核的产生。因此，可将其视为压缩破坏与断裂破坏共同作用的复杂运动，可通过压缩判据与断裂判据共同判断。

　　对于紧固螺钉，在螺钉端部还易受到剪应力，产生剪切断裂。为此，在微机控制电子万能实验机 WDW-200 上进行剪切实验，采用单件直剪切方式，材料为35CrMo，尺寸为 $\Phi 9mm \times 100mm$ 的圆柱体试样如图 3-47 所示。

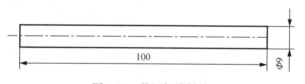

图 3-47　剪切标准样件

　　经过剪切实验，得到的铣刀试件如图 3-48 所示。铣刀剪切断裂损伤形貌实验结果如图 3-49 所示。

图 3-48　剪切实验铣刀试件　　　　　　　图 3-49　铣刀剪切断裂损伤形貌

由图 3-48、图 3-49 可知，剪切变形初期阶段铣刀组件微区结构的晶格间产生微裂纹且晶粒细化，伴有少量韧窝；剪切塑性变形阶段晶体沿受力方向扩张，出现大量被拉长的韧窝；剪切变形后期则出现大量位错塞积，发生部分晶界迁移，并产生穿晶断裂和微孔聚集性断裂。因此，影响铣刀产生剪切断裂损伤的主要原因是原子群的位错滑移、攀移和塞积。

3.5　高速铣刀组件介观运动特性

3.5.1　高速铣刀组件构型及边界条件

高速铣刀组件材料粒子群构型的准确性是分子动力学仿真可靠性的基础[11]。因此，利用扫描电镜，获取高速铣刀组件的质量分数（Wt）及原子百分数（Ar）。通过计算确定元素种类及原子个数比，建立 Fe 超晶胞模型，将杂质元素掺杂到超晶胞中，建立 40Cr、42CrMo、35CrMo 三种材料的介观模型，如图 3-50～图 3-52 所示。

元素	Wt/%	Ar/%
CK	6.95	25.62
SiK	0.70	1.10
CrK	1.44	1.22
MnK	1.02	0.82
FeK	89.90	71.24

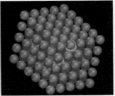

图 3-50　40Cr 刀体材料介观模型

元素	Wt/%	Ar/%
CK	5.57	21.49
SiK	0.62	1.03
MoL	1.27	0.61
CrK	1.57	1.39
FeK	90.97	75.48

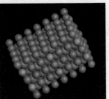

图 3-51　42CrMo 刀体材料介观模型

元素	Wt/%	Ar/%
CK	11.05	36.43
SiK	0.98	1.38
MoL	0.88	0.36
CrK	1.14	0.87
FeK	85.96	60.96

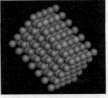

图 3-52　35CrMo 螺钉材料介观模型

粒子间的能量演化是揭示粒子群运动特性的关键，同时粒子间势能函数的准确性决定了粒子的运动轨迹，粒子间能量与其周边粒子间相互作用有关。本节通过建立高速铣刀组件粒子群介观结构模型，揭示粒子群中 C、Si、Cr、Mn、Fe 等原子的结合关系，构建准确的原子间势能场，为铣刀的跨尺度关联提供构型基础。

3.5.2 高速铣刀组件位错滑移特性

高速铣刀宏观结构及微区结构弱点源于其组件介观尺度缺陷，受铣刀组件材料组成物不同取向分布、不同的物性、不同的几何形貌分布、不同的组成物群集特征、不同的界面性质及其交互作用影响，铣刀组件介观尺度固有的缺陷往往率先诱发位错运动，如图 3-53 所示。

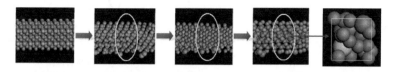

图 3-53　高速铣刀组件介观尺度缺陷及其诱发的位错滑移运动

直径 63mm 四齿等齿距铣刀组件内部随机存在的空穴、气孔等缺陷对介观粒子群滑移运动产生干扰，造成其位错滑移运动行为呈不规律性发散团趋势；铣刀组件粒子群发生位错滑移时的密度曲线特征及能量变化特征如图 3-54 所示。

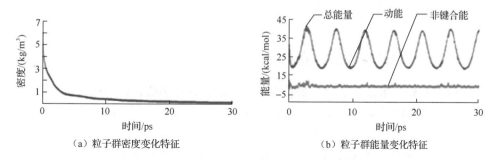

（a）粒子群密度变化特征　　　　（b）粒子群能量变化特征

图 3-54　高速铣刀位错滑移密度及能量变化特征

高速铣刀组件粒子群发生位错滑移时，部分原子移动到晶格外侧，导致晶格内原子数减小，密度降低。由于粒子群并未发生大幅度不可逆运动，因此，粒子群并未消耗大量动能，能量曲线衰减较弱。

3.5.3 高速铣刀组件位错攀移特性

高速铣刀组件发生的位错攀移是其位错运动的基本运动形式之一，主要表现为正攀移和负攀移两种特征，如图 3-55 所示。

直径 63mm 四齿等齿距铣刀组件分子动力学仿真分析获得其粒子群发生位错攀移时的密度及能量曲线特征，如图 3-56 所示。

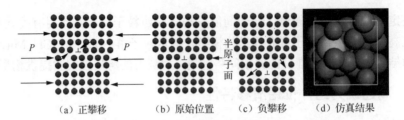

(a) 正攀移　　(b) 原始位置　　(c) 负攀移　　(d) 仿真结果

图 3-55　高速铣刀组件位错攀移运动特征

P 为分子所受压力

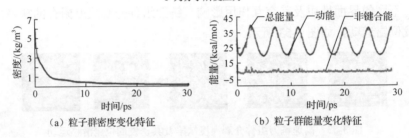

(a) 粒子群密度变化特征　　　　(b) 粒子群能量变化特征

图 3-56　高速铣刀组件位错攀移密度及能量变化特征

高速铣刀组件伴随位错滑移运动而产生位错攀移运动，二者运动方向相垂直，并具有多余半原子面的伸长或增长特征；在分子模拟过程中，表现为原子离开稳定位置移动到空位处，密度降低，能量曲线为类正弦波动，其位错攀移密度及能量变化特征与位错滑移运动基本一致。

3.5.4　高速铣刀组件位错塞积特性

位错塞积是由位错滑移、攀移演变而来的更为复杂的位错运动，当位错运动到晶格边界处因受阻而无法开动时，领头位错对阻碍物作用力的大小取决于位错塞积数目；当持续作用应力大于塞积阻力时，将会导致位错塞积开动，最终将进一步发展为铣刀安全性衰退的介观运动特性，如图 3-57 所示。

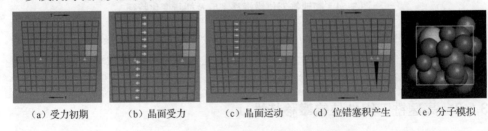

(a) 受力初期　　(b) 晶面受力　　(c) 晶面运动　　(d) 位错塞积产生　　(e) 分子模拟

图 3-57　高速铣刀组件位错塞积运动特征

直径 63mm 四齿等齿距铣刀粒子群发生位错塞积时的密度及能量特征如图 3-58 所示。

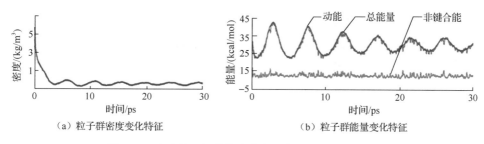

（a）粒子群密度变化特征　　　　　　　（b）粒子群能量变化特征

图 3-58　高速铣刀组件位错塞积密度及能量变化特征

当位错运动遇到障碍（晶界、第二相粒子以及不动位错等）时，如果其向前运动的力不能克服障碍物的力，位错就会停在障碍物面前，由同一个位错源放出的其他位错也会被阻在障碍物前，位错运动在宏观上反映出加工硬化、局部过硬、力学失稳、应力集中、微裂纹萌生等现象。位错带堆积导致原子间相互作用加剧，进而使粒子群密度下降过程中有微弱波动发生，其能量波动形态与位错运动相同，但粒子间相互剧烈运动导致消耗能量，能量曲线振动幅值衰减。

3.6　高速铣刀组件安全性衰退介观行为特征

3.6.1　高速铣刀组件晶界迁移特性

铣刀粒子群介观运动特性发展将导致安全性衰退介观运动特性的发生。由于应力作用及原子运动条件恶化，介观结构内部晶界能下降转换为原子动能，原子开始跨越界面运动，最终发生晶界迁移。通过金相显微镜，观察晶界迁移的形成机制，如图 3-59 所示。

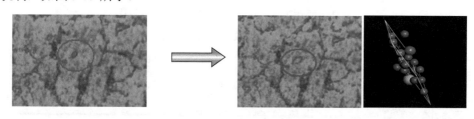

图 3-59　晶界迁移运动特征

通过分子动力学软件分析直径 63mm 四齿等齿距铣刀粒子群发生晶界迁移时的密度曲线特征及能量变化特征，如图 3-60 所示。

晶界迁移过程中，粒子群结构发生大幅度改变，晶格间相互吞噬，原子数目增加伴随晶格相互振动耦合，导致密度呈正弦式变化。原子运动加剧造成能量大幅损失，导致其总能量曲线衰减。粒子群在驱动力作用下原子发生跨越晶界面运动，晶界迁移对晶体材料的形变、再结晶、强度，以及其他各种冷热加工过程都有直接的影响。晶界迁移时晶格密度曲线波动幅值较大且振动加剧，晶格能量曲线振动剧烈呈正弦式衰减。

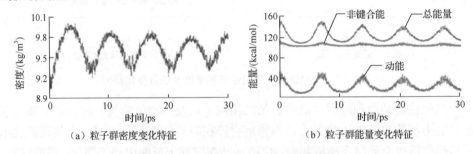

（a）粒子群密度变化特征　　　　　　（b）粒子群能量变化特征

图 3-60　晶界迁移密度及能量变化特征

3.6.2　高速铣刀组件微裂纹扩展特性

位错在应力集中处发生挤入、挤出形成裂纹尖，裂尖处原子间破裂不完全位错发射导致微裂纹扩展的发生，如图 3-61 所示。通过直径 63mm 四齿等齿距铣刀组件分子动力学仿真揭示粒子群发生微裂纹扩展时的密度曲线特征及能量变化特征，如图 3-62 所示。

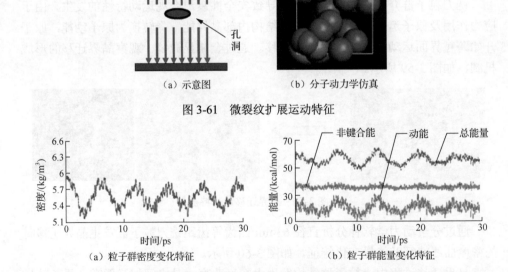

（a）示意图　　　　　　（b）分子动力学仿真

图 3-61　微裂纹扩展运动特征

（a）粒子群密度变化特征　　　　　　（b）粒子群能量变化特征

图 3-62　微裂纹扩展密度及能量变化特征

微裂纹扩展表现为微裂纹的交叉与贯通,并最终导致铣刀及其组件损伤的发生。粒子群发生微裂纹扩展安全性衰退特征时,其密度大幅度下降,并且有类似正弦波动出现;能量曲线经历平缓、波动、平稳三个阶段,最终趋于稳定。

3.6.3　高速铣刀组件晶面解理特性

粒子群晶面解理衰退特征是粒子群在外载荷作用下沿一定方向发生平面断裂,晶面解理是由粒子群位错滑移、位错攀移、位错塞积等介观运动特性的积累而出现的,且极易引起大规模安全性衰退,如图 3-63 所示。

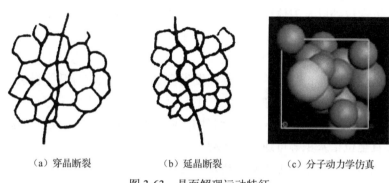

（a）穿晶断裂　　　　　（b）延晶断裂　　　　　（c）分子动力学仿真

图 3-63　晶面解理运动特征

通过分子动力学软件分析直径 63mm 四齿等齿距铣刀粒子群发生晶面解理时的密度曲线特征及能量变化特征,如图 3-64 所示。

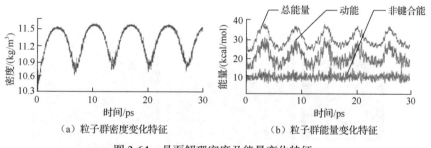

（a）粒子群密度变化特征　　　　　（b）粒子群能量变化特征

图 3-64　晶面解理密度及能量变化特征

晶面解理运动将导致晶格断裂,晶格尺寸收缩原子数目无太大变化,引起密度上升,且密度曲线存在较大幅度的波动。晶面解理导致粒子运动更加剧烈进而使能量衰减且晶格振动加剧。

3.7　高速铣刀介观安全性动态特性

3.7.1　高速铣刀安全性介观行为特征及判据

在连续性动态载荷作用下，铣刀组件的载荷形式主要分为三类：第一种载荷水平是粒子群在较大水平应力作用下由位错运动、位错塞积到发生晶界迁移和微裂纹扩展及晶面解理等现象，导致粒子群直接破损，这种动态行为主要存在于高速铣刀螺钉螺纹处以及刀体螺纹孔处，由于预紧力作用使应力水平直接达到较大载荷水平；第二种载荷水平主要存在于高速铣刀组件螺钉头部、刀体支撑处以及刀体与刀片结合面处，其应力值呈波动性增长，粒子群在动态铣削力初期作用下发生位错运动，随着铣削力的增加逐渐发生位错塞积，最终导致了微裂纹扩展、晶界迁移、晶面解理等不可逆现象的产生；第三种载荷水平集中存在于铣刀组件刀体齿根处，其应力水平较小，铣刀组件介观结构在该载荷作用仅发生位错滑移、位错攀移直至位错塞积等可逆介观运动。

高速铣刀组件粒子群由无数晶格堆积而成，在动态应力作用下粒子群发生介观运动，由于力的相互性及传递性其周边粒子基本运动特征基本一致。如果动态载荷足够大将会导致该区域粒子群发生微裂纹扩展、晶界迁移、晶面解理等介观运动，最终导致粒子群的破损，随后铣削力将会传递到其周边粒子群上，导致连续性缺陷与蠕变的发生，如图 3-65 所示，大量粒子群损伤的叠加将会导致材料宏观破坏的发生。

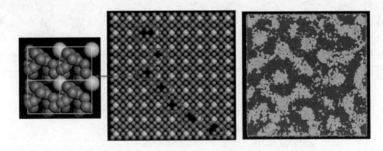

图 3-65　高速铣刀组件粒子群缺陷演化行为特征

高速铣刀组件宏观载荷会导致铣刀组件粒子群损伤，随着粒子群损伤叠加最终将引起宏观组件变形及磨损、破损的发生，但由于粒子群在衰退过程中存在竞争机制，从而引起在衰退过程存在损伤演化的方向与速率竞争。

　　高速铣刀组件介观运动速率直接决定了其安全性衰退性质和形式，具有较快速率的铣刀组件介观运动是激发铣刀产生安全性衰退的主要原因。我们据此提出了高速铣刀安全性衰退的控制方法。

3.7.2　高速铣刀介观安全性衰退过程控制

　　高速铣刀服役过程中铣削方式为断续铣削，即在刀片切入工件瞬间铣削力达到最大值，而后逐渐递减，其应力值呈波动性增长。由高速铣刀组件安全性衰退的竞争及耦合机制得出：抑制高速铣刀宏介观交互作用的实质在于控制铣刀粒子群的介观晶面解理、微裂纹扩展、晶界迁移等介观运动特性。因此，通过对铣刀组件服役过程中粒子群介观运动的全过程监控，优选出具有高安全性的铣刀结构参数。建立高速铣刀安全性衰退过程控制方法，实现铣刀宏介观结构的沟通与整合，具体设计方法如图 3-66 所示。

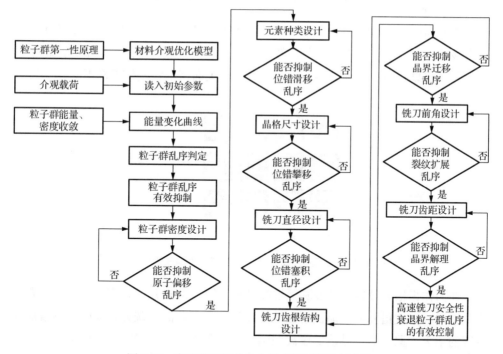

图 3-66　高速铣刀组件安全性衰退过程控制方法

　　该方法以铣刀组件粒子群全过程控制为设计目标，明确铣刀设计变量，通过高速铣刀直径、齿数、齿距、刀体结构、元素种类、晶格尺寸、粒子群密度等宏介观结构参数设计，控制铣刀安全性衰退过程，抑制晶界迁移、微裂纹扩展、晶面解理等介观运动的发生。

　　调整高速铣刀组件直径，由 63mm 至 80mm，如图 3-67 所示，刀体齿根处主要发生位错滑移、晶界迁移、晶面解理等介观运动。随着铣刀直径增加，粒子群变形程度更为剧烈，原子间结合断裂，更多的原子溢出晶格，粒子群空洞及间隙增加，最终连接导致大幅度坍塌。

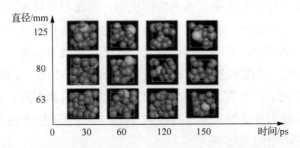

图 3-67　不同直径下的铣刀组件粒子群变化

　　调整高速铣刀组件刀齿分布，逐渐增大铣刀刀齿间夹角，如图 3-68 所示，刀体齿根处主要发生位错滑移、晶面解理等介观运动。随着齿间夹角增大，粒子群变形程度明显减弱，内部交换运动逐渐平缓，大面积空穴发生机理下降。

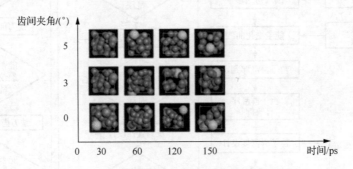

图 3-68　不同齿间夹角下的铣刀组件粒子群变化

　　在刀体齿根处设定倒角及圆弧过渡结构，如图 3-69 所示，刀体齿根处主要发生位错滑移、位错塞积、晶面解理等介观运动。随着高速铣刀刀齿圆弧过渡曲线弧度的增大，原子活性减弱，脱离截断半径的限制原子数目下降，空位及空穴数量减少，且粒子群大面积坍塌逐渐消失。这主要是由于圆弧过渡大幅度减小粒子群介观载荷，削弱铣刀结构应力集中现象，因此刀齿形状应添加圆弧过渡。

　　上述分析表明，铣刀宏观结构参数的改变，能够实现铣刀应力、应变场的重新分布，减少铣刀组件所受介观载荷，抑制粒子群变形的发生，改变铣刀整体服役能力，实现铣刀组件介观运动特性的有效抑制。

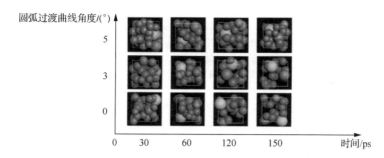

图 3-69　圆弧过渡曲线不同角度下的铣刀组件粒子群变化

3.7.3　高速铣刀介观安全性衰退本征/非本征模型

本节依据高速铣刀组件粒子群体积、粒子群内应力、粒子群密度、粒子群势能、粒子群熵、粒子群动能等特征参数，对其位错形核、位错滑移、位错塞积、晶界迁移、微裂纹扩展和晶面解理的响应特性，采用聚类分析方法，构建高速铣刀安全性介观衰退行为关联矩阵，获得铣刀介观安全性衰退行为特征序列，揭示出高速铣刀安全性介观衰退本征运动和非本征运动特性，建立高速铣刀介观安全性衰退本征/非本征模型，阐明高速铣刀安全性衰退的介观本质特征及演变规律，如图 3-70～图 3-72 所示。

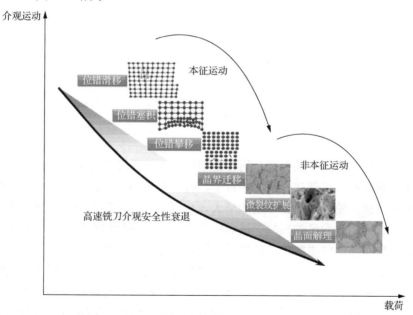

图 3-70　高速铣刀介观运动行为响应序列

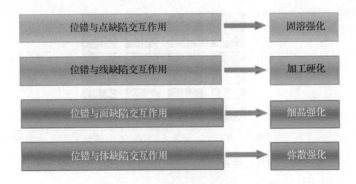

图 3-71　铣刀介观本征运动对安全性影响

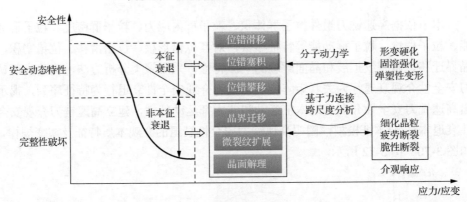

图 3-72　高速铣刀介观安全性衰退本征/非本征模型

3.8　本章小结

（1）在铣刀组件塑性变形及韧性断裂过程中，铣刀组件微裂纹扩展以穿晶断裂为主；韧窝断口底部存在第二相粒子，拉伸变形初期，第二相粒子与基体面开裂形成韧窝源，随应力和变形量的增大，韧窝周边形成塑性变形程度较大的突起撕裂棱。铣刀组件微区结构的上述响应特性，与其在拉伸变形过程中发生的位错滑移、位错攀移、位错塞积、晶界迁移等介观运动特性密切相关。

（2）受铣刀组件结合面结构及冲击载荷作用方向影响，铣刀组件在压缩变形中存在的失稳状态，导致其具有显著的位错塞积特征；与低应变速率压缩变形产生的微裂纹和晶格细化特征明显不同，高应变速率条件下铣刀组件晶界扩张显著，且具有较为明显的呈波形扩展的凹陷。铣刀组件微区结构的上述响应特性，与其在压缩变形过程中发生的位错滑移、位错攀移、位错塞积、微裂纹扩展等介观运动特性联系紧密。

（3）剪切变形初期阶段铣刀组件微区结构的晶格间产生微裂纹且晶粒细化，伴有少量韧窝；剪切塑性变形阶段晶体沿受力方向扩张，出现大量被拉长的韧窝；剪切变形后期则出现大量位错塞积，发生部分晶界迁移，并产生穿晶断裂和微孔聚集性断裂。铣刀组件微区结构的上述响应特性，与其在剪切变形过程中发生的位错滑移、位错攀移、位错塞积、微裂纹扩展、晶界迁移、晶面解理等介观运动特性有关。

（4）高速铣刀组件粒子群发生位错滑移时，部分原子移动到晶格外侧，导致晶格内原子数减小，密度降低；由于位错滑移，粒子群并未消耗大量动能，能量曲线下降幅度不明显。因此，高速铣刀组件位错滑移运动特征为：位错在晶体内沿滑移面的运动，分子动力学模型中体现为原子偏离平衡位置、密度降低、能量曲线为正弦形状，其位错滑移积累的结果在宏观上表现为可恢复性变形。

（5）伴随位错滑移运动而产生的高速铣刀组件粒子群位错攀移运动方向垂直于其位错滑移方向，具有多余半原子面的伸长或增长特征；分子动力学模型中体现为原子离开稳定位置移动到空位处，密度降低，能量曲线为类正弦波动，其位错攀移密度及能量变化特征与位错滑移运动基本一致。铣刀组件发生位错塞积时，晶格密度下降的过程有少量波动；晶格能量呈衰减的正弦曲线变化，衰减幅度在总能量的一半左右。

（6）驱动力作用下铣刀原子发生跨越晶界面运动，其晶格密度曲线波动幅值较大且振动加剧，晶格能量曲线振动剧烈呈正弦式衰减，对组件形变、再结晶和强度产生直接影响；晶格出现裂纹时，密度大幅度下降，并且有类似正弦波动出现，能量曲线经历平缓、波动、平稳三个阶段最终趋于稳定。由此引起的铣刀宏观上表现为微裂纹交叉或贯通，导致裂纹迅速扩展，并最终导致铣刀组件发生完整性破坏；晶粒状的解理断裂断口轮廓垂直于最大拉应力方向，其晶格密度曲线有大幅度波动且振动幅值逐渐增长，能量特征曲线呈类正弦式波动，且波动幅值较大，晶格振动剧烈。

（7）高速铣削过程中铣刀结构与材料性能等因素决定了铣刀组件材料本征运动发展，而铣刀组件结合状态、铣削工艺和铣削条件等因素则影响其非本征运动的发生和演变过程。以位错运动为主的高速铣刀介观本征运动，决定其安全性衰退的初期过程和结果，其对铣刀安全性影响基本呈线性、可预测行为特征；随着铣刀介观本征运动发展，以及边界条件的增大，将最终引起非本征的介观运动；铣刀介观非本征运动对其安全性影响呈非线性行为特征，晶面解理、晶界迁移及微裂纹扩展是其最终结果，但受不同的非本征介观运动速率过程交互作用的影响，其演变过程具有不确定性。

第 4 章　高速铣刀跨尺度关联与安全性衰退机理研究

高速铣刀组件损伤起源于介观尺度粒子群运动，通过微细观尺度的传播与演化，表现为铣刀宏观尺度变形及损伤。但是由于在细观尺度下存在大量竞争与耦合，损伤传播过程存在较多不确定性，导致介/细观与细/宏观之间本构方程无法建立，使得小尺度信息无法向最相邻的上级尺度传递且从上到下相关变量层出现断层现象，上述问题导致高速铣刀工作载荷在多个尺度之间难以有效关联，其跨尺度安全性衰退机理尚需研究。

本章基于高速铣刀跨尺度关联分析方法对高速铣刀组件材料予以划分，从宏介观尺度上研究粒子群损伤传播过程，建立铣刀原子有限元交叠模型，通过密度泛函数理论在搭接区域建立材料点与原子相互转换模型，消除原子作用的非局部性与连续介质间作用的局部性之间出现的内禀不协调的问题，从而使得原子群介观运动能够正确反映出实际高速铣刀组件变形及损伤特性。依据连续介质理论，通过控制高速铣刀组件宏介观结构参数，实现铣刀组件粒子群抗变形能力设计及铣刀介观载荷的重新分配，抑制危险点处粒子群性能衰退，从而建立高速铣刀宏介观同步关联演化控制方法。跨尺度研究高速铣刀结合面压溃及组件变形问题，对其失效介观运动过程进行分析，从而揭示高速铣刀安全性衰退机理。

4.1　高速铣刀连续介质-分子动力学关联分析方法

4.1.1　基于力连接的高速铣刀跨尺度关联方法

材料的性能取决于晶体的结构、原子排列及晶格运动形式，而粒子群运动特征影响材料的性能及变形机理。高速铣刀组件损伤起源于介观粒子群不可逆运动，通过微细观多物理尺度的协同演化，最终表现为宏观塑性变形及磨损、破损。因此，依据高速铣刀损伤在传播过程中所经历的不同时间及空间尺度，对高速铣刀组件材料予以划分，如图 4-1 所示。材料设计从微观到宏观依次关联分子动力学、细微观动力学、缺陷动力学和连续介质力学等理论[12]。

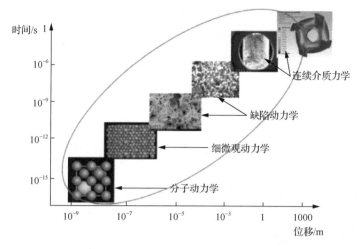

图 4-1　高速铣刀组件材料划分

由于介观尺度不足以模拟诸如晶体中的细观点、线缺陷或者铣刀组件材料的损伤分布等问题，而在微细观尺度传播时存在大量不确定性以及竞争耦合作用机制，因此对于粒子群损伤传播过程研究，主要集中在宏介观尺度上，其中介观范围主要是指 0.1～100nm 的尺度范围[13]。

依据图 4-2 铣刀宏介观尺度划分结果，由于宏介观之间尺度效应影响，材料在纳米尺度上的力学性能与大尺度上的特性大不相同，而铣刀组件材料介观常数与微结构的几何参数决定宏观单元体的本构方程，反之可以依靠宏观载荷求解介观尺度的应力、应变，因此依靠力连接的方法能够准确实现高速铣刀组件宏介观的沟通与整合。

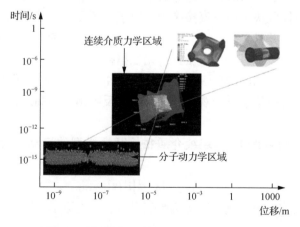

图 4-2　高速铣刀组件材料设计的结构层次

为了增大分子动力学的模拟尺度，达到研究纳米介观尺度铣刀材料特性的目标，建立其与连续介质模型的有机联系并实现跨原子-连续介质尺度的光滑过渡，构建高速铣刀组件原子/有限元交叠带模型，即在材料的一部分区域用原子描述，另一部分用连续介质描述，在原子区域和连续介质区域交界附近建立跨原子-连续介质搭接区域模型。搭接区域左侧是铣刀组件粒子群区，区域内每一原子均用原子间势函数来表示其作用力和描述运动过程；搭接区域右侧是有限元网格描述的连续介质区域，在衬垫区和边界的紧邻处，每一有限元节点都与一原子相重合，表明在过渡区处有限元的尺寸小至原子间的间距，力的传递既通过有限元又通过原子间作用力传递，且在搭接区域内设置了拟原子区，它与有限元的物理空间相重合，从而为真实原子提供符合实际的模拟环境，如图 4-3 所示。

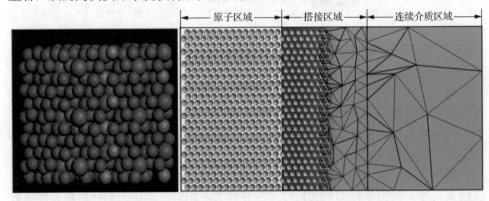

图 4-3　高速铣刀组件跨原子-连续介质搭接区域模型

按照胡克定律及弹塑性材料本构关系，材料在某点的应力仅取决于该点的应变状态或直接接触的材料对该点施加的单位面积上的力，但任一原子在运动或变形中受的力则不仅取决于该点直接接触的原子，还取决于其邻域内与其不直接触的原子，从而造成并行式多尺度分析中跨原子区域与连续介质交接区光滑过渡的困难[14]。因此，可以通过密度泛函数理论在搭接区域建立材料点与原子相互转换模型，消除原子作用的非局部性与连续介质间作用的局部性之间出现的内禀不协调的问题，从而使得原子群介观运动能够正确反映出实际高速铣刀组件变形及损伤特性。

对高速铣刀组件跨原子-连续介质搭接区域模型的运动方程进行描述，如式（4-1）所示：

$$[\ddot{d}] = [k \cdot d] \cdot [m] \tag{4-1}$$

式中，$[\ddot{d}]$ 为原子的加速度矩阵；k 为弹簧常数；d 为原子/节点的位移；m 为原子的质量。

式（4-1）表明通过力学连接的跨尺度关联方程，在原子和节点可以精确吻合的情况下，可以实现连续介质-分子动力学的跨尺度关联。通过基于力连接的原子/有限元交叠带模型，高速铣刀组件载荷可以准确地传递到粒子群之中，实现高速铣刀宏介观结构的沟通与整合。

4.1.2　高速铣刀组件材料构型优化方法

实际铣刀组件材料通过应力释放，其粒子群处于最稳定状态。因此，为了获取铣刀组件粒子群最优构型，根据能量最低理论，通过第一性原理寻找求解相应条件下的稳定构型。依据多粒子体系的稳定薛定谔方程确定粒子群中各点的原子坐标，结合优化遗传算法进行多代的遗传操作，最终可以获得稳定构型，如图4-4～图4-6所示。

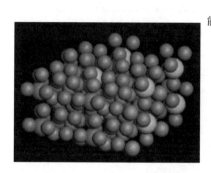
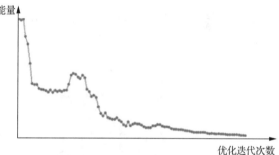

图 4-4　40Cr 的能量最小优化构型

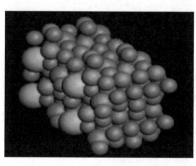
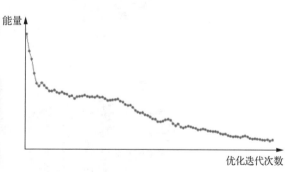

图 4-5　42CrMo 的能量最小优化构型

构型的准确性是进行微观尺度分析的基础，精准的构型可以提供大量的信息。由图 4-4～图 4-6 得出，高速铣刀组件材料 40Cr、42CrMo、35CrMo 粒子群能量均实现最小化，此时铣刀组件粒子群最为稳定。

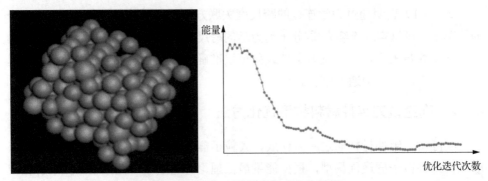

图 4-6　35CrMo 的能量最小优化构型

4.1.3　高速铣刀跨尺度关联分析方法

运用 ANSYS 对铣刀进行有限元分析，提取刀体及紧固螺钉的应变分布，对比发现应变最明显的区域与检测到的损伤产生部位相符合，如图 4-7 所示。由此可知，铣刀组件应变显著的区域更易产生损伤。

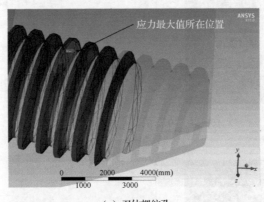

（a）刀体螺纹孔

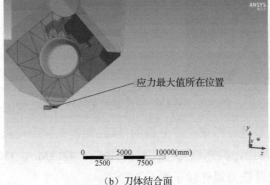

（b）刀体结合面

图 4-7　结合面螺纹孔应变分布及应变最大位置

选择刀体应力最大值所在位置，即刀体螺纹孔内螺纹面区域，并提取其应力大小及作用方向，结果如图 4-8 所示。

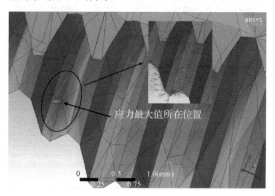

图 4-8　结合面螺纹孔应力最大位置处应力分布

经查询，40Cr 屈服极限为 785MPa，35CrMo 屈服极限为 835MPa。由图 4-8 可知，结合面螺纹孔所受应力远小于材料的屈服极限。根据受力方向分析可知，螺纹孔应变最大位置附近以 z 轴方向拉应力为主，其他方向受力较小。

分子动力学边界条件主要分为周期边界、固定边界、自由边界和收缩边界。周期边界条件反映的是如何利用边界条件替代所选部分受到周边的影响；固定边界条件表示边界位置不变，原子只在范围内活动，撞到边界会被弹回；收缩边界条件反映的是原子群边界随原子的运动而发生改变，保证模型里面最远的那个原子还是被包含在边界范围里面。

采用建立的跨尺度耦合模型实现铣削载荷对超晶胞的加载，应力方向采用周期边界，其他方向采用自由边界，如图 4-9 所示（图中 S、P 分别代表超晶胞边界长度）。

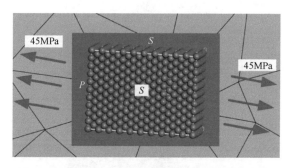

图 4-9　刀片与刀体结合面螺纹孔跨尺度耦合模型

同理可得紧固螺钉的跨尺度耦合模型，对紧固螺钉进行有限元分析，提取其最大应变区域的应力大小分布及方向，如图 4-10 所示。分析紧固螺钉应变分布及最大应变位置的应力大小分布及方向，如图 4-11 所示。

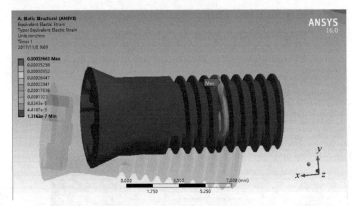

图 4-10　紧固螺钉应变分布

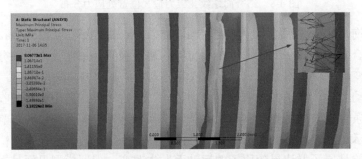

图 4-11　紧固螺钉应变最大位置处应力分布

　　由图 4-11 可知，紧固螺钉应变最大位置处受力更加复杂，受到 z 轴和 y 轴两个方向的压应力，其跨尺度耦合模型如图 4-12 所示。

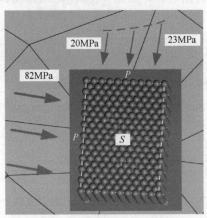

图 4-12　紧固螺钉应变最大位置处跨尺度耦合模型

连续介质原理是将缺陷的材料及系统在时间与空间上做平均处理，适用于普通的含有较大缺陷的材料及材料系统，而在研究原子尺度的小尺度特征时会有较大的误差。通过连续介质与分子动力学的交叠带模型与材料点及原子相互转换模型，建立高速铣刀跨尺度关联分析方法，如图 4-13 所示。采用该方法，通过铣刀介观粒子群运动及参数变化特性，可获得高速铣削工艺、铣刀结构、铣刀组件材料对其安全性衰退的影响规律。

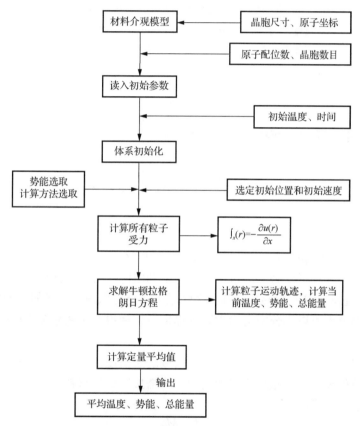

图 4-13　高速铣刀跨尺度关联分析方法

在高速铣刀组件跨尺度仿真过程中，温度选取为 300K；单位步长为 1fs，模拟步数为 30000 步；势能计算选用嵌入原子方法（embedded atom method, EAM）势函数，因为首先 EAM 势函数可以描述金属晶体的性质，其次 EAM 势函数包含多体作用，弥补了势函数的缺陷。采用非周期性边界条件，选用韦尔莱（Verlet）法进行分子动力学模拟。

4.2　高速铣刀宏介观同步关联演化过程

4.2.1　高速铣刀材料点区域与分子动力学区域同步关联演化

在采用连续介质方法时通常对宏观缺陷做平均化处理。本节主要研究小尺度特征的损伤行为，不能将细微缺陷进行平均化，因为这样会掩盖潜在的损伤缺陷，造成更大的问题。根据分子动力学和连续介质的交叠带模型与材料点及原子相互转换模型，提出高速铣刀跨尺度关联分析方法，如图 4-14 所示（图中，MD 为分子动力学，FFM 为有限元法）。

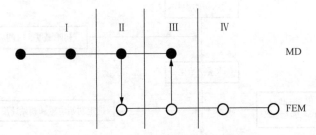

图 4-14　跨尺度关联分析方法

在分子动力学和有限元结合区域中（Ⅰ到Ⅳ区），原子作用力可以直接传递到有限元节点上，分子动力学区域主要包含Ⅰ到Ⅲ区，有限元区域主要包含Ⅱ到Ⅳ区，Ⅱ区和Ⅲ区为搭接区域，并且Ⅱ区的原子节点可以跟着原子的运动发生偏移，Ⅲ区的边界节点可以为分子动力学区域提供条件使得原子跟着节点的偏移而发生运动。

为了实现分子动力学区域和有限元区域的跨尺度关联，需解决由有限元网格从搭接区域处逐渐开始粗化带来的问题。对搭接区域的材料来说，它们服从牛顿的运动力学方程式：

$$f = Ma \tag{4-2}$$

所以需要首先确定该系统的力 f 与质量 M，对于分子动力学系统，其 f_{MD} 可由下式表示：

$$f_{MD} = -\frac{\partial U(r_1, \cdots, r_i, \cdots, r_n)}{\partial r} \tag{4-3}$$

式中，f_{MD} 为分子动力学系统中的力；r_i 为相互靠近的两个原子间的位移矢量。

对于本节的一维模型，假设原子之间的互相影响采用式（4-4）所示的调和势能数学关系式：

$$U\left(r_{ij}\right)=\frac{1}{2}k\left(r_{ij}-r_0\right)^2 \tag{4-4}$$

式中，k 为调和势函数相对应的广义范围的弹簧常数；r_{ij} 为原子之间的距离；r_0 为平衡时连接键长度。由此可以得出：

$$f_i=-\frac{\partial U}{\partial r_{ij}}=-k\left(r_{ij}-r_0\right) \tag{4-5}$$

式中，f_i 为编号 i 的原子所受内力。

假设 x_i、x_j 是 i 和 j 编号的原子在平衡状态所处的位置，所以 $r_0=x_j-x_i$，设两个原子的位移分别是 d_i 和 d_j，那么变形后位置计算的方法如式（4-6）所示：

$$r_{ij}=\left(x_j+d_j\right)-\left(x_i+d_i\right)=r_0+d_j-d_i \tag{4-6}$$

由此可以得出：

$$r_{ij}-r_0=d_j-d_i=\Delta x \tag{4-7}$$

将式（4-7）代入式（4-5）可得

$$f_i=-k\left(d_j-d_i\right)=-k\Delta x \tag{4-8}$$

在跨尺度分析的过程中，分子动力学的质量矩阵是对角线矩阵，所以质点质量矩阵 M_{MD}、力矩阵 F_{MD}、加速度矩阵 a_{MD} 分别为

$$M_{\text{MD}}=\begin{bmatrix}m_1 & 0\\ 0 & m_2\end{bmatrix} \tag{4-9}$$

$$F_{\text{MD}}=\begin{bmatrix}F_1\\ F_2\end{bmatrix} \tag{4-10}$$

$$a_{\text{MD}}=\begin{bmatrix}a_1\\ a_2\end{bmatrix} \tag{4-11}$$

在跨尺度关系分析过程中，有限元系统的质量矩阵为 M_{FE}，如式（4-12）所示：

$$M_{\text{FE}}=\int_{\Omega_0}\rho_0 N^{\text{T}}\mathrm{d}\Omega_0 \tag{4-12}$$

式中，ρ_0 为材料的原始材料密度；Ω_0 为发生变形之前的体积；N 为有限元的插值函数。将插值函数 N 代入先行性状函数时单元体的质量矩阵，如式（4-13）所示：

$$M_{\text{FE}} = \frac{\rho_0 A_0 l_0}{2} \begin{bmatrix} 1 & 0 \\ 0 & 1 \end{bmatrix} \tag{4-13}$$

式中，A_0 为单个有限元体的面积；l_0 为有限元体的初始长度。假设有限元体承受内力而不承受外力，则内力是有限元的刚度矩阵和节点位移 d 的乘积，如式（4-14）所示：

$$f_{\text{FE}} = K_{\text{FE}} d_{\text{FE}} \tag{4-14}$$

对一维的弹性系统来说，取最小单元的尺寸为原子间的间距 h，则弹性系统的刚度矩阵可以表示为 K_{FE}，如式（4-15）所示：

$$K_{\text{FE}} = -\frac{kh_a}{l_0} \begin{bmatrix} 1 & -1 \\ -1 & 1 \end{bmatrix} \tag{4-15}$$

有限元体和原子区域骨架的重合区域为过渡单元区域，质量矩阵的表达式如式（4-16）所示，力矢量计算方法为以加权的方式将总体受的力平均分配给有限元和分子动力学区域，由于初始的有限元节点与原子重合，所以其力可以平均分配在有限元和分子动力学区域，如图 4-15 所示。

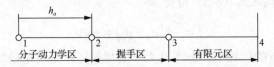

图 4-15　一维问题分子动力学与有限元耦合示意图

如图 4-15 所示，对一维分子动力学与有限元耦合问题进行描述，图中有三个原子为两个有限元单元体，每个原子的物理质量与两个有限元的单元体质量均为 m，原子之间距离是 h_a，假设原子的位移是 d_1、d_2、d_3、d_4，所以总的质量矩阵可以表示成 M，如式（4-16）所示：

$$M = \begin{bmatrix} m & 0 & 0 & 0 \\ 0 & m & 0 & 0 \\ 0 & 0 & m & 0 \\ 0 & 0 & 0 & m \end{bmatrix} \tag{4-16}$$

对第一对原子进行分析，其受力状态可以表示为

$$f = -k\Delta x = -k(d_2 - d_1) \tag{4-17}$$

耦合区域内的原子力矩可以表示为

$$\begin{bmatrix} f_1 \\ f_2 \end{bmatrix} = \begin{bmatrix} K(d_2 - d_1) \\ -K(d_2 - d_1) \end{bmatrix} \tag{4-18}$$

有限元节点 3 和 4 的力可以通过刚度与位移的乘积得出，表示形式如式（4-19）所示：

$$\begin{bmatrix} f_3 \\ f_4 \end{bmatrix} = -\frac{kh_a}{l_0} \begin{bmatrix} 1 & -1 \\ -1 & 1 \end{bmatrix} \begin{bmatrix} d_3 \\ d_4 \end{bmatrix} \tag{4-19}$$

在考虑耦合区域贡献的总力矩的原子间的间距 h_a 不等于有限元体长度 l_0 的情况下，可以得出其受力状态如式（4-20）所示：

$$f = \begin{bmatrix} f_1 \\ f_2 \\ f_3 \\ f_4 \end{bmatrix} = \begin{bmatrix} k(d_2 - d_1) \\ -k(d_2 - d_1) \\ k(d_4 - d_3) \\ -k(d_4 - d_3) \end{bmatrix} \tag{4-20}$$

在考虑由原子和节点 2、3 组成的握手区域，由于分子动力学区域与宏观有限元区域节点的相互重复交叠，假设两个区域贡献合力的一半，可以得到握手区域节点 2、3 的附加力 f_2' 和 f_3' 如式（4-21）所示：

$$\begin{bmatrix} f_2' \\ f_3' \end{bmatrix} = \frac{1}{2} \begin{bmatrix} f_{MD2} \\ f_{MD3} \end{bmatrix} + \frac{1}{2} \begin{bmatrix} f_{FE2} \\ f_{FE3} \end{bmatrix} \tag{4-21}$$

同理可得式（4-22）：

$$\begin{bmatrix} f_{MD2} \\ f_{MD3} \end{bmatrix} = k \begin{bmatrix} d_3 - d_2 \\ -(d_3 - d_2) \end{bmatrix} \tag{4-22}$$

原子间距 h_a 与有限元长度 l_0 相等时，可得

$$\begin{bmatrix} f_{FE2} \\ f_{FE3} \end{bmatrix} = k \begin{bmatrix} d_3 - d_2 \\ -(d_3 - d_2) \end{bmatrix} \tag{4-23}$$

将式（4-22）和式（4-23）代入式（4-21）可得

$$\begin{bmatrix} f_2' \\ f_3' \end{bmatrix} = k \begin{bmatrix} d_3 - d_2 \\ d_2 - d_3 \end{bmatrix} \tag{4-24}$$

则各原子加速度可由式（4-25）获得

$$
\begin{bmatrix} \ddot{d}_1 \\ \ddot{d}_2 \\ \ddot{d}_3 \\ \ddot{d}_4 \end{bmatrix} = \begin{bmatrix} k(d_2 - d_1) \\ k(d_3 - 2d_1 + d_1) \\ k(d_4 - 2d_3 + d_2) \\ k(d_3 - d_4) \end{bmatrix} \cdot \begin{bmatrix} m^{-1} & 0 & 0 & 0 \\ 0 & m^{-1} & 0 & 0 \\ 0 & 0 & m^{-1} & 0 \\ 0 & 0 & 0 & m^{-1} \end{bmatrix} \tag{4-25}
$$

式中，$\ddot{d}_1$ 为原子 1 的加速度；$\ddot{d}_2$ 为原子 2 的加速度；$\ddot{d}_3$ 为原子 3 的加速度；$\ddot{d}_4$ 为原子 4 的加速度；k 为弹簧常数；d_1、d_2、d_3、d_4 为原子/节点的位移；m 为原子的质量。

式（4-25）在原子和有限元节点吻合的情况下，分子动力学的力与有限元节点力视为相等。因此，利用式（4-25），在跨原子/连续介质搭接区域内，载荷能够准确地传递到原子群之中，从而使得原子群介观运动能够正确反映出高速铣刀损伤特性。

采用上述模型和方法，利用分子动力学仿真模拟和有限元离散方法分别描述介观和微观区域，在搭接区域采用原子、有限元模型，在紧束缚区域采用嵌入原子法计算应力作用下的原子运动方程，表征邻域原子提供的非局部作用力，实现基于力连接的高速铣刀连续介质-分子动力学跨尺度关联。

铣削过程中铣刀的局部细节处粒子群的不可逆运动导致晶格缺陷及紊乱，在介观尺度上产生粒子群缺陷及损伤，通过在细观尺度上的传播及演化，引起宏观铣刀组件材料性能下降，导致高速铣刀局部变形，最终导致高速铣刀组件损伤及变形的发生。因此，高速铣刀宏介观同步关联演化在于铣刀组件材料力学性能关联，而粒子群性能取决于其抗变形能力与所受介观载荷。粒子群的抗变形能力由材料的弹性模量与泊松比决定。

通过控制高速铣刀组件宏介观结构参数，实现铣刀组件粒子群抗变形能力设计及铣刀介观载荷的重新分配，从而抑制危险点处粒子群性能衰退。建立高速铣刀宏介观同步关联演化控制方法，如图 4-16 所示。

图 4-16 中，F 为铣刀的铣削力载荷；F_c 为铣刀的离心力载荷；P 为铣刀铣削工艺；σ 为应力；$f(\sigma)$ 为应力分布函数；Z 为齿数；D 为直径；γ_0 为前角；Y 为齿根结构；ϕ 为齿间夹角；ρ 为粒子群密度；ato 为元素种类；Len 为晶格尺寸；E 为弹性模量；E_s 为剪切模量；G 为压缩模量；ν 为泊松比。该方法以抑制高速铣刀安全性衰退同步关联演化控制为目标，通过高速铣刀组件宏介观结构参数设计，抑制铣刀组件材料泊松比、弹性模量、剪切模量、压缩模量等性能参数衰退，保证铣刀在相同服役条件下，安全性高于同类铣刀。

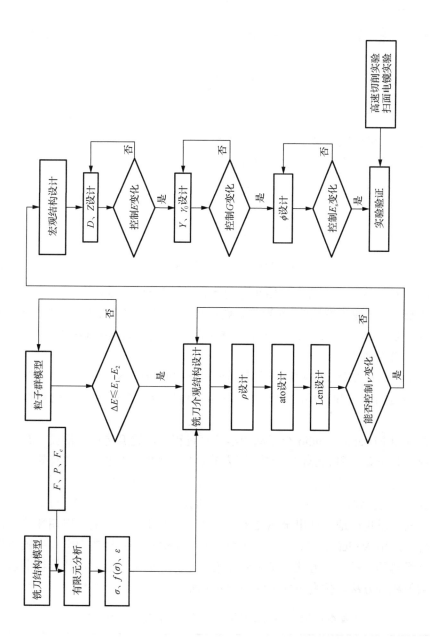

图 4-16　高速铣刀宏介观同步关联演化控制方法

4.2.2　铣刀原子点阵位错演变与连续介质位错形成过程

熵是系统混乱度（无序程度）的量度。铣刀及其组件损伤的实质为在外部激励载荷的作用下，铣刀结构内部原子尺度的原子产生的不可逆运动导致原子键的断裂，引发细观尺度产生微小损伤，随着原子尺度下原子群运动的不断演化导致其在细观尺度出现的微损伤进一步扩展到宏观尺度的裂纹和损伤现象。由此可以看出，损伤的实质为原子尺度的不可逆乱序运动，为了定量地衡量这种乱序运动的程度，引入可以判断系统混乱程度的熵值指标进行定量描述。

基于能量变化计算的系统熵值解决了内部结构变化无法量化表示的问题，t 时刻原子群的熵值计算方法如式（4-26）所示：

$$S_t = S_0 + (E_t - E_0) / T \tag{4-26}$$

$$S_0 = 3Nk\left(1 - \ln\left(\xi\omega\big/kT\right)\right)\int_0^{\omega_L} \mathrm{d}\omega g(\omega) \tag{4-27}$$

$$\int_0^{\omega_L} \mathrm{d}\omega g(\omega) = 1, \quad \xi = h / 2\pi \tag{4-28}$$

式中，E_0、E_t 分别为原子群在初始和运动状态下的总能量（kJ/mol）；T 为温度（K）；S_0 为初始状态下原子群熵值；h 为普朗克常数；N 为原子数量；k 为玻尔兹曼常数；ω 为原子振动的频率（Hz）；ω_L 为原子在空间 L 处振动的频率（Hz）；$g(\omega)$ 为振动频率 ω 的分布函数。

利用熵值计算公式求解铣刀在不同加工状态时所受不同载荷作用条件下导致的不同性质的变形和破坏时的熵值，利用熵值的分布规律来反映铣刀的介观安全性。

在利用 Material Studio 分子动力学仿真过程中，温度选择了常温状态，并且选取等温等压系综和 EAM 势函数，因为 EAM 势函数是以准原子和有效的媒介理论为根本的密度泛函数理论，解释了一个原子的原子核不仅受到周围原子的原子核的影响，还受到该原子及其周围原子外部的电子的影响[15]。EAM 势函数的具体表达形式可以更好地体现出金属晶体原子之间的互相影响。采用周期性的仿真边界条件，选用 Verlet 法进行分子动力学模拟。Verlet 法是经典力学（牛顿力学）中非常经典的一种积分方法，是对牛顿第二定律（运动方程）在计算机上运用的一种数值积分方法。仿真边界条件如表 4-1 所示。

表 4-1　高速铣刀及其组件分子动力学仿真边界条件

温度	单位步长	模拟步数	势函数
300K	1fs	30000 步	EAM 势函数

为揭示高速铣刀损伤形成过程中原子运动特性，在铣刀组件构型优化基础上，采用基于力连接的高速铣刀跨尺度关联方法，在给定外力条件下，分析直径 80mm

铣刀 40Cr 组件原子群由初始运动到能量收敛过程，如图 4-17 所示。

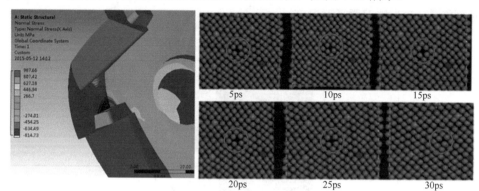

图 4-17　高速铣刀超晶胞原子点阵位错运动

由图 4-17 可知，在铣刀宏观结构应力作用下，超晶胞原子点阵缺陷收缩，逐渐转变为原子点阵位错形核。随着时间的演化，点阵位错形成的位错芯逐渐消失，原子点阵出现相互平行的位错线，并逐渐形成明显的位错带区域。

针对高速铣刀组件内部存在空穴、间隙等初始缺陷，本节根据超晶胞描述原子点阵缺陷及位错结构，采用嵌入原子法建立 EAM 力场，构建原子点阵位错模型，分析铣刀原子点阵位错转变过程，如图 4-18 所示。

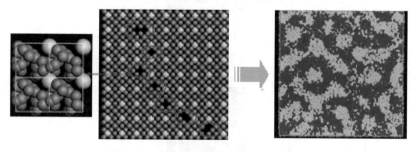

图 4-18　高速铣刀原子群缺陷演化行为

由图 4-18 可知，在主轴转速 8000r/min 铣削载荷水平下，铣刀原子点阵中偏离平衡状态的原子所构成的原子群，通过位错运动引起原子点阵结构的改变，使其较为密集地聚集在某些特定区域，产生了原子运动的集群效应。同时发现，铣刀缺陷的样本个性对原子不可逆运动的影响，使铣刀缺陷附近原子运动的集群效应存在明显差异性，导致原子点阵结构内部发生不同程度的紊乱和改变。

4.2.3　原子群运动和连续介质运动的耦合匹配判定方法

为进一步揭示原子点阵位错转变过程，利用熵值与动能的衰减关系，定量描述铣刀原子运动的集群效应，如表 4-2 所示。其中，S 为原子群在 t 时刻的熵值

$[S = (\Delta E_t - \Delta E_0) / T]$，$\Delta E_0$ 为原子群发生点阵位错的初始能量，ΔE_t 为原子群在 t 时刻能量，T 为铣刀原子群温度。

表 4-2　高速铣刀原子群运动特性

高速铣刀组件	宏观形变/mm	原子群运动	原子群熵值 /[kJ / (mol·K)]
铣刀刀体结合面	0.00011		64.40
	0.00052		133.80
	0.00391		168.50
铣刀螺钉结合面	0.00013		137.99
	0.00344		149.25
	0.00521		199.95

由表 4-2 分析结果可得，在铣刀刀体结合面处 110MPa 的熵值大于 30MPa 的熵值，三种应力状态下的变形量分别为 39.1×10^{-4}mm、5.2×10^{-4}mm、1.1×10^{-4}mm，同样铣刀螺钉结合面处的 110MPa、70MPa、30MPa 处的熵值依次减小，宏观变形量为 52.1×10^{-4}mm、34.4×10^{-4}mm、1.3×10^{-4}mm，可以得出熵值及判断原子群的

乱序运动导致的宏观变形损伤。

　　由表 4-2 可以看出，随着铣刀宏观变形量的增大，偏离平衡状态原子之间的相互作用显著增强，原子点阵位错结构相继出现紊乱和改变，铣刀原子群熵值明显增大。铣刀组件损伤检测发现，原子群熵值分别达到 83.39～138.63kJ/(mol·K)、135.18～140.80kJ/(mol·K)、166.17～197.98kJ/(mol·K)时，铣刀发生位错攀移和位错塞积，如图 4-19～图 4-22 所示。

图 4-19　刀体螺纹孔处组合变形粒子群分析

图 4-20　刀体螺纹孔处超景深及扫描电镜图像

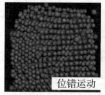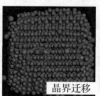

图 4-21　铣刀螺钉组合变形粒子群分析

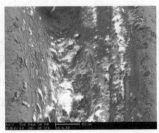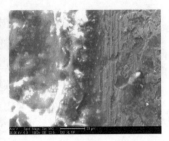

图 4-22　铣刀螺钉扫描电镜图像

　　上述分析结果表明，随着铣刀原子群熵值的增大，原子运动的集群效应增强，原子点阵位错不断累积，推动原子点阵位错转变为连续介质位错群。原子群熵值反映了原子不可逆运动的集群效应，而原子群熵值变化则反映了原子群运动和连续介质运动之间的耦合匹配关系的改变。

　　依据上述分析结果，通过变换组件材料以改变原子群密度、元素种类和晶格尺寸，研究铣刀发生延性断裂、结合面压溃和剪切断裂损伤过程中原子群运动特性，如表 4-3 所示。

表 4-3　高速铣刀损伤形成及其原子群运动特性

铣刀损伤	铣刀 35CrMo 组件原子群运动	铣刀 40Cr 组件原子群运动	铣刀 42CrMo 组件原子群运动	原子群熵值 /[kJ/(mol·K)]
延性断裂中的晶面解理				304.45～323.86
结合面压溃中的晶面解理				276.58～363.75
剪切断裂损伤中的晶面解理				239.37～295.70

　　如表 4-3 所示，随着铣刀原子运动集群效应的进一步发展，原子群熵值不断增大，当原子群熵值分别达到 304.45～323.86kJ/(mol·K)、276.58～363.75kJ/(mol·K)、239.37～295.70kJ/(mol·K)时，铣刀原子点阵位错结构发生破坏。在此基础上，原子运动集群效应诱发了更大规模的原子点阵位错结构破坏，位错不断累积导致铣刀发生微裂纹扩展、晶界迁移，并最终产生晶面解理。

高速铣刀组件损伤起源于介观尺度粒子群运动，表现为铣刀宏观尺度变形及损伤。但是由于在细观尺度下存在大量竞争与耦合，损伤传播过程存在较多不确定性，导致介/细观与细/宏观之间本构方程无法建立，使得小尺度信息无法向最相邻的上级尺度传递且从上到下相关变量层出现断层现象。因此，建立介观粒子群熵值与宏观组件变形的耦合匹配模型，实现介观原子群运动与宏观连续介质跨尺度关联[15]。

采用热力学系统熵理论，依据原子乱序判定模型，定量评价铣刀组件原子群不规则运动程度，揭示出高速铣刀组件原子群运动和连续介质运动的耦合匹配关系，如图 4-23 所示。

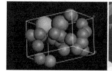

30MPa载荷下粒子群能量图　　　70MPa载荷下粒子群能量图　　　110MPa载荷下粒子群能量图

（a）刀片定位面处变形与原子乱序匹配性

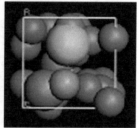

60MPa载荷下粒子群能量图　　　150MPa载荷下粒子群能量图　　　240MPa载荷下粒子群能量图

（b）螺钉变形与原子乱序匹配性

图 4-23　高速铣刀组件宏介观变形特征

求解铣刀组件熵值，得出在结合面处 $S_{110MPa} \geq S_{70MPa} \geq S_{30MPa}$，即在 110MPa 载荷作用下的粒子群不规则程度严重，70MPa 其次，30MPa 最弱。利用有限元分析结合面的变形程度，变形量分别为 0.00011mm、0.00052mm、0.00391mm。螺钉处 $S_{240MPa} \geq S_{150MPa} \geq S_{60MPa}$，表明螺钉在 240MPa 下的粒子群变形最严重，150MPa 其次，60MPa 最弱。通过有限元分析得到三种不同载荷下，螺钉的变形量分别为 0.00013mm、0.00344mm、0.00521mm。

铣刀组件熵值序列代表粒子群混乱程度，而铣刀宏观变形量标志着铣刀组件宏观变形及损伤程度。由上述分析得出，铣刀组件刀片结合面处及螺钉螺纹处的粒子群乱序程度与铣刀宏观变形程度一致，随着粒子群乱序熵值的增大，高速铣刀组件宏观变形量增大。因此，高速铣刀组件粒子群运动与连续介质运动相互耦合匹配。

4.2.4　高速铣刀介观安全性衰退模型

为了表示铣刀介观的安全性，采用原子群构型在载荷作用下的变形和破坏来反映铣刀介观安全性。

依据该能谱分析结果，构建高速铣刀刀体原子群模型如图 4-24（a）所示，采用第一性原理求解原子群能量最小的构型如图 4-24（b）所示。

利用扫描电镜配合能谱分析仪器对铣刀刀体及组件进行材料元素的分析，检测结果如表 4-4 所示，利用 Material Studio 软件构建铣刀及组件的原子群构型，基于第一性原理对原子群构型进行优化，其优化稳定的结果如图 4-24 所示。

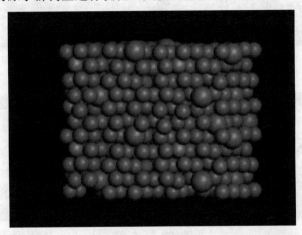

（a）刀体原子群构型

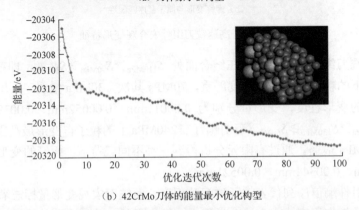

（b）42CrMo 刀体的能量最小优化构型

图 4-24　高速铣刀刀体原子群构型及刀体的能量最小优化构型

表 4-4　高速铣刀能谱检测结果

元素	Wt/%	Ar/%
C	6.07	22.93
Si	1.14	1.85
Mo	0.73	0.34
Cr	1.34	1.17
Fe	90.72	73.71

为了实现铣刀宏介观结构之间载荷的联系，使用高速铣刀力连接方法来实现不同结构层次之间的有效沟通。高速铣刀力连接方法如图 4-25 所示。图 4-25 中 A 代表连续介质区域，B 代表原子与连续介质的搭接区域，C 代表原子群区域，D 代表衬垫区域，b 代表界面原子。

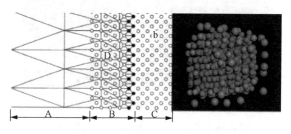

图 4-25　高速铣刀力连接方法

这种跨尺度的载荷连接方法实际上是基于在衬垫区域有限元节点设置为无限小的原则，这样使得有限元节点与原子可以重合，保证了载荷在不同尺度传递的准确性。直径 80mm 五齿等齿距铣刀的宏观变形存在拉伸、剪切和压缩三种不同的性质，大多数变形都是这三种变形不同程度的组合，依据材料学知识可知该铣刀可承受的极限拉应力为 745MPa、极限压应力为 615MPa、极限剪应力为 510MPa。选择 300K 温度条件下，等温等压系综和 EAM 势能，步长选择 1fs/步，进行 30000 步数的仿真，结果如图 4-26 所示。

对原子群进行受载分析时，需要先根据宏观受力的性质进行不同方式的加载。根据直径 80mm 五齿等齿距铣刀的实际工作参数进行有限元受力分析，得出表现较为突出的受力极限位置和具体数值，如图 4-27 所示。

由图 4-27 可知，铣刀易损伤部位同时存在拉伸、剪切和压缩等多种组合变形。为此，利用铣刀刀体和螺钉组件扫描电镜检测结果，确定分析位置，依据图 4-27 中铣刀相应位置上的变形性质和应力应变水平，确定原子群构型加载方式，进行刀体和螺钉组件宏介观结构跨尺度分析，如图 4-28、图 4-29 所示。

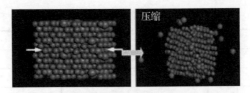

（a）原子群压缩加载及仿真结果

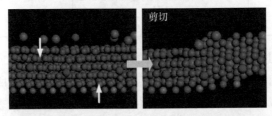

（b）原子群剪切加载及仿真结果

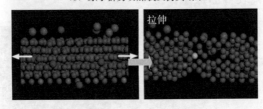

（c）原子群拉伸加载及仿真结果

图 4-26　原子群构型加载方式及仿真结果

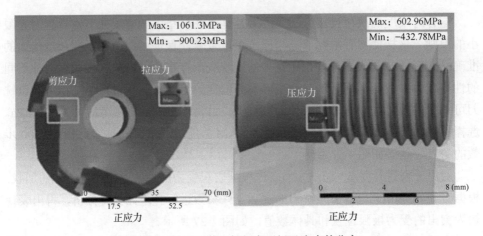

图 4-27　铣刀刀体和螺钉变形场及应力的分布

根据有限元分析结果可知，铣刀易损伤部位和受力状态分别为：42CrMo 刀体螺纹孔拉应力 687MPa，刀体齿根处受剪应力 390MPa，35CrMo 螺钉螺纹面受压缩应力 550MPa，相应部位的扫描电镜探查情况如图 4-28～图 4-30 所示。

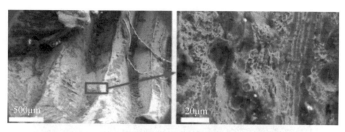

（a）扫描电镜探查结果

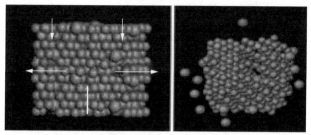

（b）原子群构型加载与分子动力学仿真

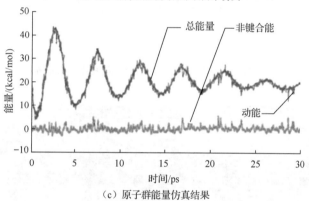

（c）原子群能量仿真结果

图 4-28　刀体螺纹孔延性断裂损伤及其原子群能量

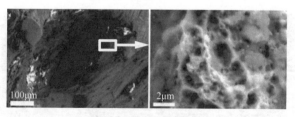

（a）扫描电镜探查结果

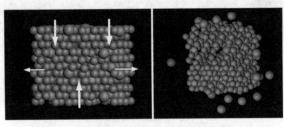

（b）原子群构型加载与分子动力学仿真

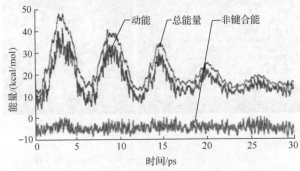

（c）原子群能量仿真结果

图 4-29　刀体齿根剪切断裂损伤及其原子群能量

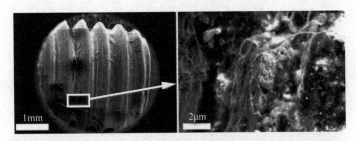

（a）扫描电镜探查结果

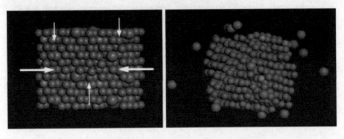

（b）原子群构型加载与分子动力学仿真

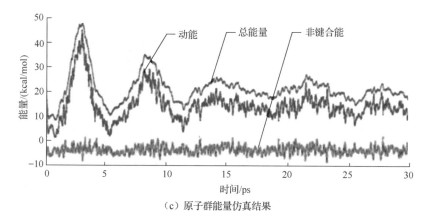

（c）原子群能量仿真结果

图 4-30　螺钉螺纹面压溃损伤及其原子群能量

　　由上述分解和检测结果可知，铣刀刀体和组件在宏观应力水平低于屈服强度的情况下发生了不同性质和不同程度的变形和损伤，对应的原子群构型由于宏观结构的受力状态和水平不同，被施加了不同性质和水平的载荷，其结构内部发生了相应程度的变形和损坏，内部的原子群发生了能量的衰减和浮动性变化。

　　对 42CrMo 进行材料力学实验，得出不同变形性质条件中相应的应力与应变的关系曲线结果及拉伸变形时原子群构型变化，如图 4-31、图 4-32 所示。利用应力和应变条件进行跨尺度分析得出相应的原子群熵值，如表 4-5 所示。

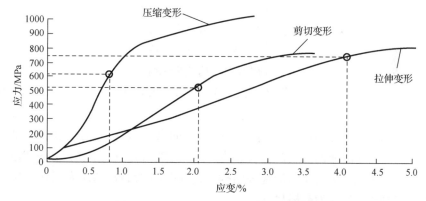

图 4-31　42CrMo 的铣刀应力-应变曲线

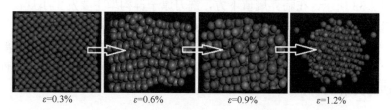

图 4-32　42CrMo 拉伸变形时原子群构型变化

　　由上述分析结果可知，铣刀及其组件由于其变形性质的不同，相对应的原子群构型的熵值也随之发生不同程度的增长，这意味着用熵值的描述方法可以判定宏观材料的变形和破坏程度。同时，还可以利用此方法判断铣刀在特定的工作条件下是否存在发生微观变形和损伤的先决条件。根据表 4-4 分析结果以及图 4-28～图 4-30 的分析结果，构建涵盖宏介观安全性指标的跨尺度安全性模型，如式（4-29）所示。高速铣刀安全性跨尺度分析结果如表 4-5 所示。

表 4-5　高速铣刀安全性跨尺度分析结果

铣刀组件材料原子群构型变化及熵值		铣刀组件材料微塑性变形					
		压缩变形		剪切变形		拉伸变形	
		35CrMo	42CrMo	35CrMo	42CrMo	35CrMo	42CrMo
点阵位错	应变/%	0.20	0.20	0.50	0.50	0.80	0.80
	熵值/[kJ/(mol·K)]	129.61	132.58	126.17	122.38	133.80	122.63
构型变形	应变/%	0.40	0.40	1.00	1.00	1.90	1.90
	熵值/[kJ/(mol·K)]	135.21	138.63	135.81	136.98	197.98	188.44
构型破坏	应变/%	0.60	0.60	1.50	1.50	3.00	3.00
	熵值/[kJ/(mol·K)]	269.72	276.58	185.36～290.55	183.25～288.24	304.45	289.47
构型坍塌	应变/%	0.80	0.80	2.00	2.00	4.00	4.00
	熵值/[kJ/(mol·K)]	344.65	363.75	315.45	310.23	319.75	309.81

$$S = \begin{cases} f(x,\varepsilon), & 0 \leqslant \varepsilon \leqslant \varepsilon_1 \\ \varphi(x,\varepsilon), & \varepsilon_1 < \varepsilon \leqslant \varepsilon_2 \\ \xi(x,\varepsilon), & \varepsilon_2 < \varepsilon \leqslant \varepsilon_3 \\ \psi(x,\varepsilon), & \varepsilon_3 < \varepsilon \leqslant \varepsilon_4 \end{cases}$$

$$x = \{D, Z, \ \gamma_0, \ \phi, \ Y, \ \rho, \ \mathrm{Wt}, \ \mathrm{ato}, \ \mathrm{Len}\} \tag{4-29}$$

式中，S 为铣刀跨尺度安全性；$f(x,\varepsilon)$ 为原子群中原子的不可逆运动；$\varphi(x,\varepsilon)$ 为原子群结构点阵位错运动；$\xi(x,\varepsilon)$ 为原子群构型的微小破坏；$\psi(x,\varepsilon)$ 为原子群构型发生破坏的熵值特征曲线；D 为铣刀直径；ρ 为铣刀的原子群密度；γ_0 为刀具前角；ϕ 为齿间夹角；Y 为铣刀的齿根结构；Z 为铣刀的齿数；Wt 为元素质量分数；ato 为元素种类；Len 为晶格尺寸。

　　如图 4-33 所示，在临界熵值下方，铣刀原子群构型主要发生小规模、低能量变化的运动。图中 a 为铣刀构型破坏的临界熵值曲线；b 为发生构型破坏的熵值曲线；c 为仅产生构型变形的熵值曲线。在临界熵值上方铣刀原子群主要发生位错运动主导的大能量变化运动。由此可见，临界熵值的水平与铣刀安全性能的好坏有密切的关系。

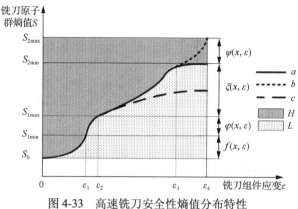

图 4-33　高速铣刀安全性熵值分布特性

H 为铣刀安全性破坏的熵值分布区间；*L* 为铣刀安全性未破坏的熵值分布区间

4.3　高速铣刀安全性跨尺度关联分析

4.3.1　高速铣刀结合面压溃及完整性破坏跨尺度分析

高速铣刀一般用于进行高铣削速度、小铣削参数的铣削行为，其安全性问题的表现，特别是高速铣刀的完整性破坏与这种高主轴转速、高铣削线速度的载荷条件有着密不可分的关系。下面对高速铣刀的特殊载荷条件及该种载荷条件所具有的优点，与可能发生的完整性破坏类型进行对比分析，如表 4-6 所示。

表 4-6　高速铣刀优势特点及破坏形式

高速铣削载荷特点	高速铣削优点	易发生的完整性破坏
主轴转速高； 铣削线速度大； 铣削参数小	高效；高精度； 高表面质量	刀体永久性塑性变形； 刀片崩裂、结合面压溃； 螺钉剪断

高速铣刀铣削过程中，主轴转速的提高在显著提高铣削效率的同时，也会引起铣刀组件所受的离心力载荷增大，特别是在大直径的刀体组件上，在高速旋转时，刀体处于膨胀收缩的交替运动过程，这将引起刀体的永久性塑性变形。此外，转速提高使得铣削线速度提高，工件与刀具的接触时间变短，温升减小，这从一定程度上影响了铣刀的加工精度，然而过快的铣削线速度，会引起冲击作用，易发生刀片的崩裂与结合面压溃现象；高速铣刀的铣削参数一般较小，这在提高表面加工质量的同时，也使得铣削力对组件的作用减小，然而在螺钉组件上铣削力作用效果的减小会使得预紧力的作用凸显，易发生螺钉的剪断与延性断裂现象，

具体的高速铣刀组件破坏现象如图 4-34 所示。

<table>
<tr><td>（a）刀体与刀片结合面压溃</td><td>（b）刀体形变与延性断裂</td></tr>
<tr><td>（c）刀体螺纹孔结合面变形与压溃</td><td>（d）刀片断裂</td></tr>
<tr><td>（e）螺钉弯曲变形与剪断</td><td>（f）螺钉螺纹面压溃</td></tr>
</table>

图 4-34　高速铣刀组件破坏现象

　　高速铣刀的安全性问题并不是发生在统一尺度下，同时也并不是在统一的尺度中发展着，因此有必要对不同阶段安全性问题的进展尺度与最终现象的表现尺度进行区别划分，一方面明确各个高速铣刀安全性阶段的特征，另一方面为后文研究衰退问题的表征建立基础。铣刀组件完整性破坏的尺度现象如图 4-35 所示。

图 4-35　铣刀组件完整性破坏的尺度现象

　　高速铣刀的安全性衰退过程是在铣刀组件没有发生完整性破坏的前提条件下，因此，为了明确高速铣刀的安全性衰退过程，依据《高速切削铣刀　安全要求》（GB/T 25664—2010），建立刀体、螺钉和刀片等铣刀组件完整性破坏判据，如表 4-7 所示。

表 4-7　高速铣刀完整性破坏判据

组件冲击破坏	组件压溃	组件延性断裂	组件脆性断裂	组件变形
$\sigma \geqslant \sigma_A$	$\sigma \geqslant \sigma_{bc}$	$\sigma_{max} \geqslant \sigma_b$; $\tau_{max} \geqslant \sigma_c$	$\sigma \geqslant \sigma_m$	$\varepsilon \geqslant \varepsilon_B$

表 4-7 中，σ 为铣刀铣削载荷条件下的组件应力；σ_A 为组件冲击强度；σ_{bc} 为组件抗压强度；σ_{max} 为组件所受的最大等效应力；σ_b 为组件抗拉强度；τ_{max} 为组件最大剪应力；σ_c 为组件剪切强度；σ_m 为组件脆性断裂强度；ε 为组件应变；ε_B 为组件断裂应变。

大量的实验数据表明，上述判据可以有效保证高速铣刀铣削过程中组件的完整性，该完整性破坏判据一方面可以在高速铣刀的铣削实验设计时，确定载荷条件及相应的边界条件，另一方面在对高速铣刀安全特性分析时明确确定完整性破坏问题的初始条件，更重要的是给定了高速铣刀安全性衰退过程分析的临界判据，这将使得衰退问题的分析对象明确、分析过程准确与简化。

依据高速铣削生产现场发生的完整性破坏铣刀样本结构及组件材料属性，确定铣刀组件元素组成及粒子数目，建立高速铣刀介观结构模型，并根据第一性原理计算其最优构型；采用高速铣刀跨尺度关联分析方法及模型，进行铣刀组件结合面完整性破坏区域原子群运动和连续介质运动的耦合匹配分析和验证，揭示出高速铣刀结合面压溃及完整性破坏形成机理，结果如图 4-36、图 4-37 所示。

图 4-36　刀体与刀片结合面处组合变形粒子群分析

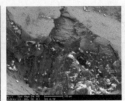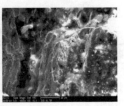

图 4-37　刀体与刀片结合面处扫描电镜图像

4.3.2　高速铣刀组件变形跨尺度分析

螺钉作为铣刀刀体连接刀片的关键组件，螺钉与刀体螺纹连接处是连接螺钉与刀体的直接接触部位，主要起到连接作用，螺钉与刀片定位处是连接刀片与刀体的重要部位。螺钉性能的好坏将直接决定铣刀铣削效率、刀具寿命和加工质量。刀具样本中螺钉延性断裂如图 4-38 所示。

图 4-38　刀具样本中螺钉延性断裂

为了获得螺钉延性断裂演变，在不同尺度下观察其微观结构，铣刀螺纹延性断裂过程如图 4-39 所示。

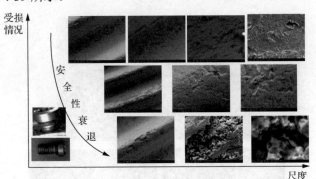

图 4-39　铣刀螺纹延性断裂过程

延性断裂是一种伴随有明显塑性变形而形成延性断口，即断裂面与应力垂直或倾斜的断裂形式，这是一种伴随塑性变形的极端状况。根据延性断裂定义可知，延性断裂是由拉伸作用力或剪切作用力造成的。通过对刀具破坏样本的分析，结合组件变形性质分析，延性断裂常发生在刀具组中的刀齿根部以及螺钉处。

螺钉作为铣刀关键部件，对铣刀安全性起到决定性作用。螺钉的主要破坏出现在螺纹齿的端部，其形貌特征复杂，既有塑性特征也存在准解理断裂的特征，结合螺钉的受力形式可知，螺钉的破坏原因复杂，不同的螺纹齿之间也存在着很大差别，分析其共性的特征可知，螺钉主要是轴向的拉伸引起少量的韧窝出现，同时伴随着径向的剪切作用，造成了螺纹齿端部的解理断裂。

为增强高速可转位铣刀组件连接的紧密性和可靠性，防止各组件间产生缝隙及相对滑移，需对螺钉加载预紧力载荷。对于承受预紧力的紧固螺钉，受力部位为螺钉头部、刀片内孔、刀体螺纹孔。

预紧力在高速铣削中主要起紧固刀体各组件的作用，过小的预紧力容易使刀片产生滑移，达不到较好的铣削质量；过大的预紧力会增大螺钉与刀片、螺钉与刀体的摩擦，使刀片与刀体连接处产生压溃，刀体螺纹口处产生变形，从而引起刀具的失效。因此，适当的螺钉预紧力也是研究高速铣刀安全性衰退的必要指标。

根据第 3 章对铣刀结构和受载分析结果可知，螺钉主要发生两类损伤，第一类是刀片螺钉结合面和螺纹处压溃损伤，在铣削力、离心力，以及预紧力载荷的综合作用下，螺钉结合面承受较大压应力及剪应力，易发生塑性变形直至演变成压溃性损伤。第二类是在结合面位置部分的螺钉发生弯曲塑性变形，如图 4-40 所示，当螺钉发生弯曲塑性变形时，其变形幅度要远大于弹性变形，此时螺钉已不能恢复，导致铣刀组件间的结合状态发生改变，整体高速铣刀系统的稳定性下降，稳定性下降会进一步导致铣刀组件应力场分布不均匀，进而出现破坏失效。

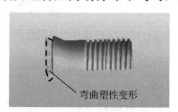

图 4-40　螺钉弯曲塑性变形

螺钉的弯曲塑性变形直接导致刀片发生塑性位移偏转，其偏转幅度要远大于弹性变形，且在断续铣削过程中，当载荷消失以后刀片不会恢复原状，如果多齿面铣刀中有某个刀齿出现此种情况，则出现不稳定铣削，此刀片铣削载荷加剧，寿命急剧缩短，如图 4-41 所示（图中，S 为偏置位移，α 为偏置角度）。螺钉与刀片结合面压溃将直接导致刀片松动，如图 4-42 所示。铣刀安全性和加工质量都将下降。

当结合面发生压溃变形导致刀片松动，刀片与刀体结合面脱离，载荷的作用会使得刀片偏转，导致进一步的刀体结合面继续变形，刀片塑性偏移，铣刀铣削稳定性及加工质量都将下降。

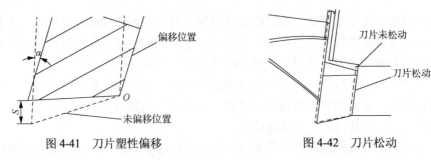

图 4-41　刀片塑性偏移　　　　　　　图 4-42　刀片松动

高速铣刀组件的拉伸变形是导致铣刀发生延性断裂的主要原因，对铣刀及其组件材料在微机控制电子万能实验机 WDW-200 上进行不同载荷水平下的拉伸断裂实验。实验结果表明，铣刀组件材料的断裂过程从局部向整体发展，都是由裂纹的生成和裂纹的扩展两个过程组成，裂纹扩展方向遵循最小阻力路线发展，被拉伸初期裂纹的扩展较慢，后期扩展迅速。

通过金相显微镜探讨延性断裂的形成及发展过程，如图 4-43 所示，从介观层次上分析铣刀延性断裂损伤特征。

图 4-43　铣刀材料延性断裂金相显微组织的演变过程

由图 4-43 可以看出，晶界轴向明显伸长且在断口近端尺寸轴向晶界伸长量增大且径向收缩，在断裂处周围，粒子收缩特征明显，微观结构为穿晶断裂。

依据铣刀宏观结构、材料和载荷对其拉伸变形的影响特性和铣刀组件拉伸变形实验结果，分析高速铣刀组件微区结构在拉伸变形过程中的响应特性，获得高速铣刀拉伸变形特征，如图 4-44 所示。

图 4-44　铣刀及其组件拉伸断裂韧窝断口

由图 4-44 可知，在韧窝断口底部有第二相粒子存在，拉伸变形初期，第二相粒子与基面出现裂纹，形成韧窝源，加剧开裂位置应力集中，随应力累加和变形量不断增大，韧窝周边塑性变形程度增大，形成突起撕裂棱。铣刀连接组件微区结构的上述响应特性，与其在拉伸变形过程中的位错滑移、位错攀移、位错塞积、晶界迁移等介观运动特性密切相关。

通过对铣刀螺钉和刀体组件变形分析发现，在由螺钉内部拉应力引起的拉伸变形，以及预紧力引起的压缩变形的组合变形过程中，在压缩与拉伸交叠带处和扭转与压缩交叠处，产生位错滑移、位错攀移、位错塞积、晶界迁移和晶面解理，衰退过程持续时间为 40ps；扫描电镜检测发现，在其表面有明显的晶界迁移及晶面解理现象产生，如图 4-45、图 4-46 所示。

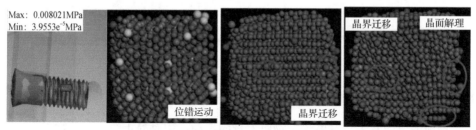

图 4-45　铣刀螺钉组合变形粒子群分析

图 4-46　铣刀螺钉扫描电镜图像

　　刀体螺纹孔处受力与螺钉螺纹处大小相同、方向相反，主要发生由螺纹孔内部压应力引起的压缩变形和预紧力引起的拉伸变形的组合变形，其介观运动形式与螺钉相同，但其衰退过程持续时间为 30ps，变形速率过程明显快于螺钉，破坏程度较螺钉严重，如图 4-47、图 4-48 所示。

图 4-47　刀体螺纹孔处组合变形粒子群分析

图 4-48　刀体螺纹孔处超景深及扫描电镜图像

4.3.3　高速铣刀失效的介观运动过程

　　物理现象的发生与发展源于物质本身的运动，相对静止的物体其物理表现也相对稳定，因此解决上述各类物理过程统一表达的关键在于，寻求决定其物理表现的物质运动。在上文对高速铣刀安全性衰退的过程分析中已经明确知道高速铣刀的安全性衰退过程是一个多尺度衰退的过程，因此对现象的分析是归类现象的基础。结合工厂调研，对工厂实际加工时发生破坏的山特维克高速铣刀进行显微观测与分子动力学仿真，显微实验观测结果与分子动力学仿真结果如图 4-49、图 4-50 所示。

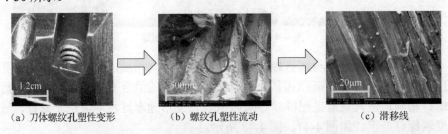

（a）刀体螺纹孔塑性变形　　　（b）螺纹孔塑性流动　　　（c）滑移线

图 4-49　不同尺度下螺纹孔安全性问题的表现形式

元素	Wt/%	Ar/%
CK	5.66	21.67
AlK	0.37	0.63
SiK	0.37	0.60
CrK	1.00	0.88
FeK	90.73	74.74
NiK	1.88	1.47

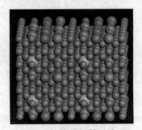

（a）42CrMo材料元素种类与含量　　（b）螺纹孔初始晶胞　　（c）晶胞的位错运动

图 4-50　螺纹孔安全性问题的分子动力学仿真

　　结合高速铣刀的工作条件分析可知，螺纹孔的塑性变形是由于高速铣削时伴随着材料的不断被去除刀片的位移一直在改变，而固定刀片的螺钉螺纹与刀体螺纹孔螺纹不断地发生着相对运动，即存在交变载荷的作用，因此属于疲劳失效的一种表现形式。选取刀体齿根处继续进行显微观测与分子动力学仿真，实验与分析结果如图 4-51、图 4-52 所示。

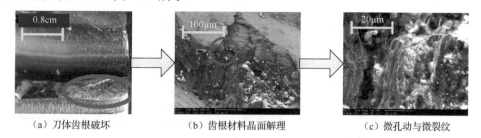

（a）刀体齿根破坏　　　　（b）齿根材料晶面解理　　　　（c）微孔动与微裂纹

图 4-51　不同尺度下刀体齿根安全性问题表现形式

元素	Wt/%	Ar/%
CK	5.66	21.67
AlK	0.37	0.63
SiK	0.37	0.60
CrK	1.00	0.88
FeK	90.73	74.74
NiK	1.88	1.47

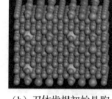 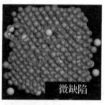

（a）42CrMo材料元素种类与含量　　　（b）刀体齿根初始晶胞　　　（c）晶胞内微孔动

图 4-52　刀体齿根处安全性问题的分子动力学仿真

高速铣刀的转速高，离心力作用效果明显，质量不均匀分布引起的振动现象在大直径的刀体组件上反映尤其突出，因此刀体的破坏原因中偏心导致的振动占有重要地位。不同尺度下拉伸试件的变形特征如图 4-53 所示。

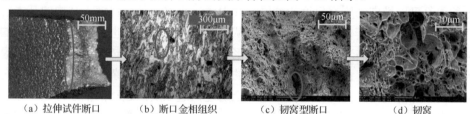

（a）拉伸试件断口　　　（b）断口金相组织　　　（c）韧窝型断口　　　（d）韧窝

图 4-53　不同尺度下拉伸试件的变形特征

通过分子动力学仿真分析可知，无论是振动导致的安全性问题还是疲劳失效问题，这两个问题的根本在于晶胞内点的运动，如图 4-54 所示。

综上所述，在不同尺度下，高速铣刀组件衰退现象表现的载体均有不同，如宏观上是整个宏观模型的改变，在微观上是几个原子的移动，因此寻找这些不同运动的共同本质是概括表达多尺度衰退过程的重点。

在高速铣刀安全性衰退中，各类物理过程的诱因均可概括地用点的运动来描述。然而点是一个宽泛的概念，在解决不同类型的问题时，由于空间时间尺度的不同，点的定义并不相同，因此还应寻求一种对点的统一表达，从而消除尺寸效应，实现高速铣刀安全性衰退问题的统一表征。下面先对不同尺度下的衰退问题分析对象进行划分，如图 4-55 所示。

元素	Wt/%	Ar/%
CK	6.95	25.62
SiK	0.70	1.10
CrK	1.44	1.22
MeK	1.02	0.82
FeK	89.90	71.24

 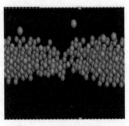

（a）40Cr材料元素种类与含量　　　　（b）初始晶胞　　　　（c）晶胞断裂

图 4-54　拉伸试件变形的分子动力学仿真

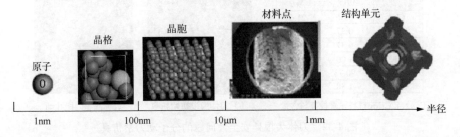

图 4-55　不同尺度下衰退问题分析对象的划分

　　通过分析上述不同尺度下的分析对象不难看出，无论是微小的原子还是宏观的结构单元，都可以用更小尺度的物质或物质的集合来描述其自身的运动特性。这种现象可以推广到所有尺度的衰退，其中质量决定了各个尺度下结构的基本物理属性从而影响了其他物理特性，同时从宏观上考虑，质量也影响了高速铣刀的强度，进而影响着高速铣刀组件的抗变形能力，因此质量是定义点时所需要考虑的因素之一。另外，由于不同尺度下点的集合内部存在着复杂的内力，因此在定义点时应尽可能地将内力作用简化。综上所述，选取质点运动的描述方法，作为统一表征各类安全性问题的点及点集运动是十分有效的。需要特别指出，质点的内涵是有质量的点，是基于连续性假设的质点，故其并不局限在连续介质中，因此广义的质点定义可以推广到更小尺度的非连续性介质的问题分析中。进一步结合振动理论对振动与质点运动的关系进行分析与数学推导，确定二者之间的定量关系。根据已有的理论知识可知，质点运动的微分方程可以在给定初始条件的情况下，求解出质点的动力响应，振动作为机械系统的动力响应之一，通过求解质点运动微分方程的方式进行求解。选取较简单的弦线一维动力系统，通过对简单动力系统的质点描述，进行振动问题的推导，并确定利用质点运动表现振动问题的初始条件。

　　较简单的弦线一维动力系统就是弦线的横向振动，为了得到理想弦线简化推理过程，做如下假设：弦的粗细可以忽略不计，认为弦线上的质点是一维分布的；

弦不具备抗弯性，质点间作用力是切向方向的张力。理想弦线一维动力系统如图 4-56 所示。

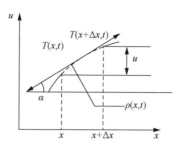

图 4-56　理想弦线一维动力系统示意图

图 4-56 中，t 为时间；u 为在 x 点处 t 时刻的质点位移；$T(x,t)$ 为该质点的张力；$\rho(x,t)$ 为该质点的密度；α 为点 x 处切线与 x 轴的夹角。由此可以得出：

$$\tan\alpha(x,t) = \frac{\partial u(x,t)}{\partial x} \tag{4-30}$$

对式（4-30）采用一阶近似公式进行处理可得

$$\cos\alpha = \frac{\pm 1}{\sqrt{1+\left(\dfrac{\partial u}{\partial x}\right)^2}} = \pm\left[1+\frac{1}{2}\left(\frac{\partial u}{\partial x}\right)^2+\cdots\right] \approx \pm 1 \tag{4-31}$$

$$\sin\alpha = \frac{\pm\tan\alpha}{\sqrt{1+\left(\dfrac{\partial u}{\partial x}\right)^2}} \approx \pm\frac{\partial u}{\partial x} \tag{4-32}$$

为了统一化处理，将式(4-31)与式(4-32)的符号均取正，并在上述弦线内任取一微元段 X，使其落在图 4-56 标出的区间内，则根据式（4-31）、式（4-32）可知发生振动后该微元段的弧长如式（4-33）所示：

$$ds = \int_x^{x+\Delta x}\sqrt{1+\left(\frac{\partial u}{\partial x}\right)^2}\,dx \approx \Delta x \tag{4-33}$$

从式（4-33）可以看出，振动后的微元段长度并没有发生改变，因此弦线内的张力与密度并不是随时间变化的量，可作为内力处理，假定该横向振动的激励是 $F(x,t)$，则沿 x 轴方向的弦线平衡方程如式（4-34）所示：

$$T(x+\Delta x)-T(x)=0 \tag{4-34}$$

该微元段的横向动力学方程如式（4-35）所示：

$$\rho(x)\left(\frac{\partial u}{\partial t}\right)^2 = \frac{\partial}{\partial x}\left(T\frac{\partial u}{\partial x}\right)+F(x,t) \tag{4-35}$$

由平衡方程可知弦内张力 T 为常数，弦线密度 ρ 也为确定的常数，因此可将动力学方程化为式（4-36）：

$$\frac{\partial^2 u}{\partial t^2} = c^2 \frac{\partial^2 u}{\partial x^2} + f(x,t) \tag{4-36}$$

$$c^2 = \frac{T}{\rho} \tag{4-37}$$

$$f(x,t) = \frac{F(x,t)}{\rho} \tag{4-38}$$

式（4-36）为弦线的受迫振动方程，由式（4-37）可知，通过质点的特征参数可以推导出机械系统振动方程，该方程的初始条件，即质点的位置与质点运动速度可由式（4-39）获得：

$$u(x,t) = \varphi(x), \quad \frac{\partial u(x,t)}{\partial t} = \psi(x) \tag{4-39}$$

根据已有的弹塑性变形理论可知，变形性质改变的微观机理就是原子间作用力的效果，而变形问题在宏观上同样可以用质点运动来描述。利用质点运动来描述宏观的变形问题需要利用质点组的概念，质点组的优点在于，在确定的质点组范围内质点间的相互作用可以相互抵消，从而简化分析，质点组变形受力分析示意图如图 4-57 所示。

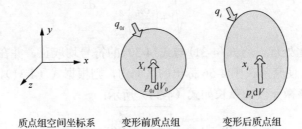

质点组空间坐标系　　　变形前质点组　　　变形后质点组

图 4-57　质点组变形受力分析示意图

图 4-57 中变形前质点组的区域范围为 V_0，变形后为 V，p_i 为质点的变形抗力，q 为质点组所受外力载荷，假设在物质的变形过程中，质点的抗变形力与质点组所受的外力载荷不变，则可得用拉格朗日法表示的平衡方程如式（4-40）所示：

$$\frac{\partial \Sigma_{ji}}{\partial X_i} + p_{0i} = 0 \tag{4-40}$$

式中，

$$\Sigma_{ji} = \frac{\partial x_i}{\partial X_i} S_{ji} \tag{4-41}$$

其中，x_i 为变形后质点位置，X_i 为变形前质点位置，S_{ji} 为两质点间的长度。式（4-40）与式（4-41）可合并为

$$\frac{\partial}{\partial X_i} \left(\frac{\partial x_i}{\partial X_i} S_{ji} \right) + p_{0i} = 0 \tag{4-42}$$

式（4-42）是用质点运动坐标表示出的变形梯度来表征物质变形的几何特性。

根据上文的分析可知，变形问题可以通过质点运动来描述，虽然不像振动问题可以直接通过对质点运动方程的求解获得振动状态，但变形仍可通过引入中间变量来实现质点运动的描述。

综上所述，无论是整体的振动，还是局部的变形问题，均可以利用质点的运动来表征，同时通过对数学模型的建立与推导可以获得相同的质点运动特征变量，这为高速铣刀安全性衰退的质点运动表征奠定了理论基础。安全性衰退的过程伴随着组件材料变形、振动、疲劳等多个物理过程，如图 4-58 所示。

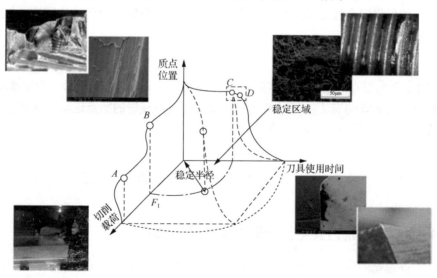

图 4-58　高速铣刀不同组件的质点运动

不同物理过程的基础是由"点"或"点集"的运动所描述，不同的物理过程"点"的定义均有不同，但都可以通过质点运动来描述，同时上文也获得了质点运

动的特征变量，因此，要解决点的运动问题还需要解决变化前后质点运动特征变量的求解问题。

由于描述安全性的构型并不具备明显的方向性，或者说点集运动的方向性并不对安全性问题起到实质上的改变作用，因此，在模型推导的过程中只需选取一种坐标变化方式即可，根据变换公式即可获得包含上述运动描述参量的矩阵，如式（4-43）～式（4-45）所示：

$$\begin{bmatrix} x_1 \\ x_2 \\ x_3 \end{bmatrix} = \begin{bmatrix} \cos\theta & -\sin\theta & 0 \\ \sin\theta & \cos\theta & 0 \\ 0 & 0 & 1 \end{bmatrix} \begin{bmatrix} X_1 \\ X_2 \\ X_3 \end{bmatrix} \tag{4-43}$$

$$\begin{bmatrix} u_1 \\ u_2 \end{bmatrix} = \begin{bmatrix} x_1 - X_1 \\ x_2 - X_2 \end{bmatrix} \tag{4-44}$$

$$\begin{cases} u = u(X,t) = x(t) - X \\ v = \dot{u}(X,t) = \dfrac{\mathrm{d}}{\mathrm{d}t} u(X,t) = \dot{x}(t) \\ \dot{v} = \ddot{u}(X,t) = \dfrac{\mathrm{d}}{\mathrm{d}t} \dot{u}(X,t) \end{cases} \tag{4-45}$$

如果将安全性衰退过程也看作是一组特殊"点集"的运动，则安全性衰退矩阵就可以写成

$$X_S = \begin{bmatrix} R & p & v & \dot{v} \end{bmatrix} \tag{4-46}$$

式中，R 为质点运动的转动矩阵；p 为移动矩阵；v 为速度矩阵；$\dot{v}$ 为加速度矩阵。通过上述矩阵的表达就可以确定高速铣刀安全性衰退的质点运动，从而实现高速铣刀安全性衰退的质点运动统一表征。

4.4　高速铣刀安全性衰退机理

4.4.1　高速铣刀安全性衰退过程本征/非本征分析

高速铣刀组件安全性衰退的本征运动间的耦合作用普遍存在，而非本征运动耦合作用主要发生在铣刀刀体处、刀体螺纹孔处、螺钉螺纹处、螺钉头处及刀体齿根处。采用跨尺度关联分析方法揭示高速铣刀刀体处位置的安全性衰退过程，铣刀刀体处的变形由刀脊处发生压缩变形与龙骨处的拉伸变形组合而成，在衰退过程中主要表现为微裂纹扩展与晶界迁移耦合作用，如图 4-59 所示。

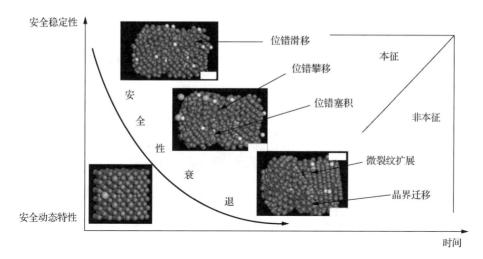

图 4-59　高速铣刀组件刀体处安全性衰退过程

图 4-59 中，刀体处粒子群在压缩载荷作用下致密度增大，原子排列转为杂乱无章且离开稳定位置混杂在一起，发生较为明显的位错滑移，并在位错芯处伴随有位错塞积发生；粒子群水平拉应力作用下粒子群长度有一定的伸长且在受压缩载荷方向有明显的缩颈现象。随着载荷增加，塞积障碍物的短程阻力增大，载荷交互作用引起微裂纹的产生，大量位错塞积与微裂纹共同作用最终导致粒子群变形，即垂直高度下降、平行直径增大等压缩载荷特征的发生。在压缩与拉伸相互作用的应力集中处，由于交互载荷大于晶格阻力引发了相邻位错源的运动，晶格尺寸增大，晶格合并引起了位错迁移，导致由滑移引起的缩颈等拉伸典型特征的发生，因此在粒子群介观运动后期，存在微裂纹扩展与晶界迁移的耦合作用。

采用跨尺度关联分析方法揭示铣刀刀体螺纹孔处位置的安全性衰退过程，该处主要发生由螺纹孔内部压应力引起的压缩变形和预紧力导致的拉伸变形，耦合作用表现为晶界迁移与晶面解理运动，如图 4-60 所示。

图 4-60 中，刀体螺纹孔处粒子群上半部分在拉伸载荷作用下产生位错形核等位错机制，粒子群下部产生由压缩载荷引起的位错攀移运动，伴随铣刀安全性衰退演化，粒子群压缩与拉伸非交叠处原子排列变得杂乱无章，不同元素原子堆积在晶界分离面处，从而发生塞积硬化。压缩载荷与拉应力形成扭矩，扭矩大于塞积阻力时引发了相邻位错源开动，晶格增大发生晶界迁移，同时粒子群在扭矩与拉伸相互作用下，粒子群上部损伤加剧发生晶面解离，因此铣刀螺纹孔处粒子群主要受到晶界迁移与晶面解理运动的耦合作用。

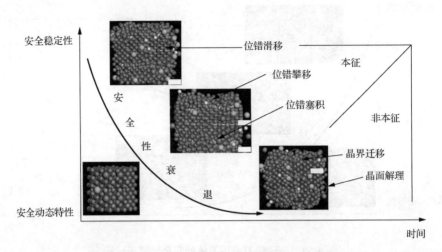

图 4-60   高速铣刀组件螺纹孔处安全性衰退过程

螺钉螺纹处组合变形螺纹危险点处变形主要发生由螺钉内部拉应力引起的拉伸变形和预紧力引起的压缩变形组合变形，耦合作用表现为晶界迁移与晶面解理运动，如图 4-61 所示。

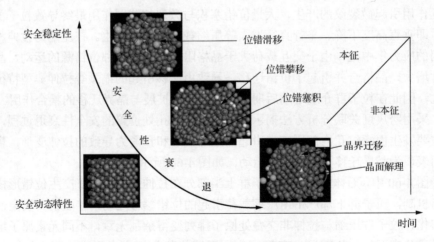

图 4-61   高速铣刀组件螺钉螺纹处安全性衰退过程

图 4-61 中，由于粒子群上部受到压缩变形引起位错形核及位错滑移等运动，粒子群下部在拉应力作用下发生位错滑移，形成明显的相互平行的位错线，并与压缩状态下的位错带相互作用挤压形成位错攀移。随着时间的推演，粒子群可清晰分辨压缩与拉伸典型特征，粒子群致密度明显增大，原子排列变得杂乱无章，不同元素原子失去位置混合在一起形成大面积的位错塞积；在拉伸与压缩交叠处

产生由于应力集中引起的位错塞积。位错数目越多，领头位错对障碍物的作用力就越大，最终导致塞积硬化。压缩载荷与径向的拉应力形成扭转作用，在粒子群下方载荷大于塞积阻力，引发了相邻晶粒中的位错源开动，发生晶界迁移，同时粒子群右方中央由于扭转与压缩阻力相互作用，发生晶面解离。

螺钉与刀片结合面组合变形为螺钉头上下部分均受到不同程度的拉伸作用，在沿轴向铣削力方向受到剪切载荷作用，采用跨尺度关联分析手段，揭示螺钉头处安全性衰退过程，分析表明，粒子群在衰退过程中存在微裂纹扩展、晶面解理、晶界迁移间的耦合作用，如图 4-62 所示。

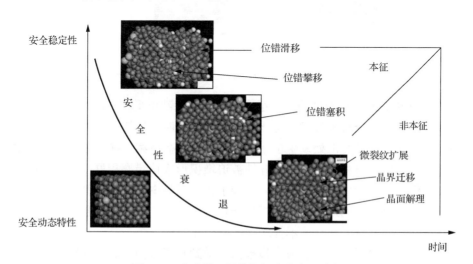

图 4-62　高速铣刀组件螺钉头处衰退过程

图 4-62 中，粒子群发生径向的位错滑移运动，在晶体表面可以看到明显的相互平行的位错线；在 45°剪切载荷作用下，亦有 45°的位错滑移带产生，当位错带交互作用时，在交汇处发生位错攀移。伴随载荷增加，拉伸、剪切变形特征愈发明显，粒子群径向长度增大，在其轴向两端有缩颈现象出现，在其 45°方向出现明显的凹状变形，并形成了塞积硬化，径向拉伸应力值大于塞积阻力，发生了晶界迁移，在剪切处的应力集中现象导致滑移带的挤入、挤出，形成了疲劳的微裂纹核，在发生晶界迁移与微裂纹扩展的同时，导致晶面解理的出现。

高速铣刀组件安全性衰退过程中相同种类非本征运动间的耦合作用，主要集中在刀体齿根处受拉部分、刀体齿根处受压部分、刀片结合面处。采用跨尺度关联分析方法揭示高速铣刀组件刀体齿根处受拉部分的安全性衰退过程，如图 4-63 所示。

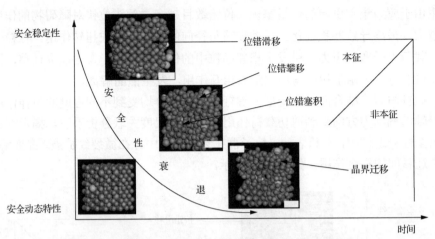

图 4-63　高速铣刀组件刀体齿根处受拉部分安全性衰退过程

图 4-63 中，刀体齿根处的拉伸组合变形为齿根部位受到三向拉伸，高速铣刀组件齿根处受拉部分粒子群发生位错滑移运动产生明显位错带。由于互相垂直的位错带交互作用，在交汇处发生位错攀移，随着载荷持续，在粒子群位错交叠处位错滑移带与位错攀移带由于各向异性被迫堆积形成位错塞积群。最终三向拉应力的交互作用力大于位错塞积阻力，引发了相邻晶粒中的位错源开动，晶粒间相互吞噬引起晶界迁移的产生。随着损伤演化过程继续，铣刀粒子群多处均发生晶界迁移运动，导致晶界迁移非本征运动间的相互耦合。

刀体齿根处的压缩组合变形为齿根部位受到垂直方向与斜向压缩，采用跨尺度关联分析方法揭示高速铣刀组件刀体齿根处受压部分的安全性衰退过程，如图 4-64 所示。

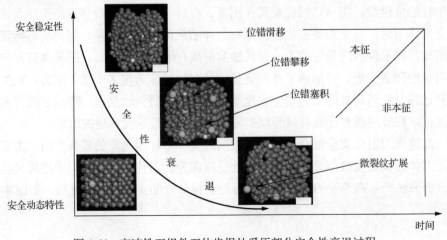

图 4-64　高速铣刀组件刀体齿根处受压部分安全性衰退过程

图 4-64 中，刀体齿根压缩处粒子群排列杂乱无章且排列方式以及结合方式发生改变，形成了大量的空位，发生较为明显的位错运动，载荷中心处致密度的增大引起位错塞积的集中，位错运动被阻隔在晶界表面，在障碍物前发生材料的硬化和应力集中。斜向应力垂直于压缩载荷的水平分力导致粒子群发生缩颈现象，在正向加载与塞积障碍物的短程阻力以及水平拉应力的共同作用下，在载荷交汇处形成交互扭曲作用，最终导致微裂纹萌生，并未出现进一步损伤趋势。

采用跨尺度关联分析方法揭示高速铣刀齿根处的安全性衰退过程，刀体与刀片结合面组合变形为结合面处受到压缩载荷作用，如图 4-65 所示。

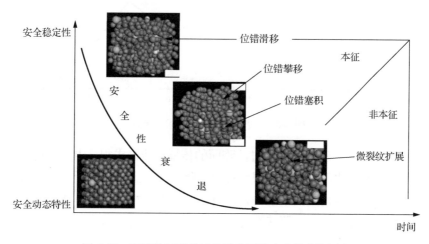

图 4-65 高速铣刀组件刀片结合面处安全性衰退过程

图 4-65 中，粒子群在径向压应力的作用下，原子间距离发生改变，粒子偏移其原平衡位置，产生位错形核，粒子间相互排斥，导致大量粒子群空位形成，出现位错滑移和位错攀移等介观运动特性，引起粒子群的致密度增大。在应力集中位置，同型号的位错被迫堆积在晶界前，形成位错塞积群，其受到压缩载荷与临界晶格挤压及塞积应力的集中作用，形成了应力集中。伴随时间的推移，三种应力呈正向与反向错位扭转，引起微裂纹萌生，随着挤入、挤出作用的继续，导致了微裂纹扩展的发生，且微裂纹扩展运动相互耦合，但并未表现出其余非本征运动。

应力波作为应力的一种扰动形式，以及质点的运动结果，其有着特定特征参数对其进行描述。其中主要有：两种坐标系、波阵面、波速、质点速度等。从铣刀组件这一分析对象入手，结合有限元应力场的计算可以较简洁地得到波阵面的近似空间位置，因此从波阵面的概念入手，可以便于对铣刀组件应力波的解算。扰动区域与未扰动区域的界面称为波阵面，如图 4-66 所示，可以将应力场分布的明显边界近似地表征为波阵面，其原因在于，应力波与有限元仿真所解算出的应力场均是在连续介质的框架下进行的，即无论是应力波理论还是有限元仿真计算，其基本假设为"不从微观上考虑物体的真实物质结构，而是只在宏观上数学模型化地把物体看作由连续不断的质点所构成的系统，把物体看作质点的连续集合"。正是由于连续介质的这种假设，应力波与应力场均用于表现质点的运动，因此可将仿真结果与波阵面进行近似处理，简化计算。求解实例如图 4-66 所示。

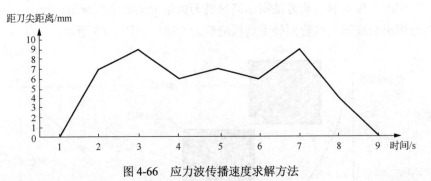

图 4-66　应力波传播速度求解方法

如图 4-66 所示，波速可以通过波阵面的传播规律来求得。由于上述对波阵面的近似处理，波速的近似求解也得到相应简化。根据上文中关于应力波与构型的论述可知，应力波是构型的推动力，是高速铣刀安全性衰退的外在载荷，是高速铣刀安全性衰退过程中的重要速率过程。

4.4.2　高速铣刀安全性衰退介观运动速率过程分析

高速铣刀组件衰退过程中受到介观运动间的耦合匹配作用，但是由于耦合匹配作用下粒子群介观运动速率影响，铣刀衰退演变过程中具有大量的不确定性，高速铣刀介观运动耦合关系之间的竞争决定了铣刀安全性衰退的过程轨迹，因此，有必要揭示高速铣刀组件间以及介观运动间的竞争演化关系。

构建高速铣刀衰退过程中介观运动间的竞争模型，获取高速铣刀组件介观运动衰退速率，构建铣刀不同位置及不同耦合形式间的安全性衰退竞争模型，如图 4-67 所示。

由图 4-67 可以看出，依据高速铣刀各功能区内组合变形条件下组件粒子群的损伤演化分析结果，可知高速铣刀组件安全性衰退速率由高到低发生的位置依次为：刀体螺纹孔、螺钉螺纹、刀片与刀体结合面、刀体支撑区域、螺钉刀片结合面、刀体齿根拉伸区域、刀体齿根压缩区域。

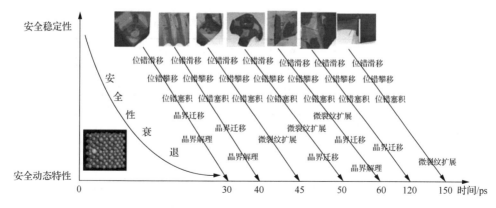

图 4-67　铣刀组件安全性衰退竞争模型

　　在高速铣刀介观运动特性的竞争中，位错滑移、位错攀移、位错塞积间的耦合作用必然会发生。而高速铣刀粒子群微裂纹扩展、晶界迁移、晶面解理等非本征运动间耦合作用的竞争速度，是决定铣刀组件安全性衰退顺序的最主要因素。

　　主轴转速对高速铣刀安全动态行为特征改变很大，首先在主轴转速较低的区域不会出现结合面压溃这一特征，其次对变形的顺序也有很大影响，随着主轴转速的提高离心力作用显著增大，刀齿变形加大，变形速度大幅提高，螺纹孔的应变速率下降，这是由于转速提高螺纹连接更加紧密摩擦力更大，抵消了一部分拉向受力，因此螺钉的变形速度下降。另外通过比对宏观特征的动态变化速度可以发现高转速的动态过程更趋于平稳，随着主轴转速的提高，稳定性这一动态特征得到提高。

4.4.3　高速铣刀安全性衰退本征/非本征模型

　　本节采用灰色关联分析方法解算高速铣刀衰退过程中的宏介观交互作用关系，由于上述分析表明高速铣刀位错运动在铣削过程中必然会发生，故重点揭示非本征介观运动与宏观结构参数间的交互作用机制。

　　建立铣刀宏介观交互作用矩阵，如表 4-8 所示，表中 x_1 为高速铣刀直径；x_2 为高速铣刀齿数；x_3 为高速铣刀主轴转速；x_4 为高速铣刀铣削力；x_5 为高速铣刀螺钉预紧力；x_6 为高速铣刀组件材料弹性模量；x_7 为高速铣刀齿距；x_8 为晶界迁移；x_9 为微裂纹扩展；x_{10} 为晶面解理。

表 4-8　高速铣刀宏介观交互作用矩阵

	x_1	x_2	x_3	x_4	x_5	x_6	x_7	x_8	x_9	x_{10}
x_1	1	0.912	0.755	0.827	0.854	0.581	0.623	0.839	0.719	0.761
x_2	0	1	0.813	0.926	0.793	0.596	0.641	0.701	0.834	0.668
x_3	0	0	1	0.745	0.855	0.557	0.574	0.769	0.584	0.542
x_4	0	0	0	1	0.839	0.582	0.615	0.619	0.823	0.707
x_5	0	0	0	0	1	0.568	0.596	0.679	0.796	0.676
x_6	0	0	0	0	0	1	0.767	0.534	0.964	0.845
x_7	0	0	0	0	0	0	1	0.536	0.774	0.623
x_8	0	0	0	0	0	0	0	1	0.544	0.647
x_9	0	0	0	0	0	0	0	0	1	0.717
x_{10}	0	0	0	0	0	0	0	0	0	1

　　取关联度临界值 r=0.9，由表 4-8 得出高速铣刀主轴转速、铣削力、预紧力等结构参数与介观非本征运动之间交互作用弱，而铣刀直径、齿数、齿距、材料弹性模量等因素则决定粒子群非本征运动演化过程。建立高速铣刀安全性衰退耦合匹配关系，如图 4-68 所示。

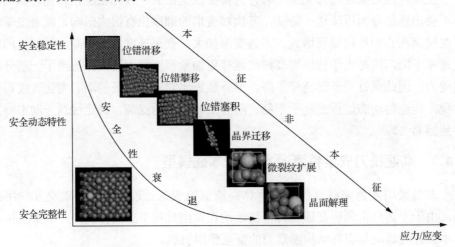

图 4-68　高速铣刀安全性衰退耦合匹配模型

　　由图 4-68 可知，以位错运动为主的高速铣刀介观本征运动，决定其安全性衰退的初期过程和结果，其对铣刀安全性影响基本呈线性，并可预测行为特征。随着铣刀介观本征运动发展，以及宏观直径、齿数、齿数等结构参数和材料参数的影响，最终引起非本征介观运动特性的发生，铣刀介观非本征运动对其安全性影响呈非线性行为特征，晶面解理、晶界迁移及微裂纹扩展是其最终结果。

4.5 本 章 小 结

（1）关联分析法运用分子动力学模拟介观区行为，采用有限元加离散位错来描述细观区域，在介观区和细观区的交界面采用原子/有限元交叠带模型，在紧束缚区域采用嵌入原子法计算应力作用下的原子运动方程，表征邻域原子提供的非局部作用力，实现了基于力连接的高速铣刀连续介质-分子动力学跨尺度关联。

（2）高速铣削工艺、铣刀结构、铣刀组件材料对铣刀安全性衰退的影响分析结果表明，铣刀超晶胞粒子群在稳定载荷作用下，点阵位错转变为位错形核，随着时间的演化，点阵位错形成的位错芯逐渐消失，而相互平行的位错线出现并逐渐形成明显的位错带区域，最终位错芯转化为位错运动，即超晶胞由点阵位错逐渐演化成连续介质位错。

（3）铣刀安全性衰退及完整性破坏性失效主要集中在螺钉螺纹结合面、刀体与刀片结合面及刀体螺纹孔处。依据铣刀破损断口扫描电镜检测结果，利用第一性原理优化受损区域构型并计算晶格参数，其结果与实验分析结果相互匹配，铣刀介观运动分析结果揭示出其组件变形是铣刀安全性衰退及完整性破坏的原因。

第 5 章　高速铣刀跨尺度关联设计方法研究

铣刀组件材料在远低于其屈服强度的情况下，依然会产生介观损伤，并且损伤规模会不断变大。高速铣削过程中铣刀组件承受应力是在不断变化的，同时宏观尺度和介观尺度之间有明显的差异性，除了空间体积上的巨大差异，时间尺度上同样存在不同的对应关系[5,16]。

本章依据对实际生产用刀在铣削过程中损伤的跨尺度关联分析，揭示高速铣刀组件宏介观交互作用，并对高速铣刀宏介观交互作用机制予以验证，明确铣刀组件介观损伤对宏观安全性衰退的影响规律；建立高速铣刀安全性跨尺度设计模型，并提出优化方案，利用实验来进行安全性测试。

5.1　高速铣刀介观安全性对宏观参数的跨尺度响应特性

5.1.1　高速铣削过程中铣刀组件载荷变化

为研究铣刀组件应力作用下的宏介观对应关系，首先应分析宏观尺度下，铣刀组件承受的工作载荷的变化形式。根据 3.4.1 节中高速铣削的实验条件，在高速铣削作用下，铣刀铣削过程如图 5-1 所示。

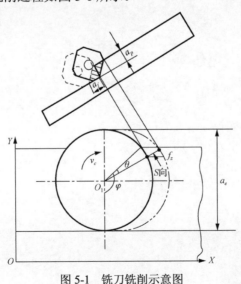

图 5-1　铣刀铣削示意图

图 5-1 中，a_p 为铣刀铣削深度；a_f 为铣刀铣削厚度；a_e 为铣刀铣削宽度；φ 为铣削角；θ 为瞬时铣削角；f_z 为每齿进给量；v_c 为铣削速度。

由图 5-1 可知，在平面铣削过程中，铣削深度 a_p 保持恒定，但由于工件与刀具的相对位置发生改变，铣削厚度 a_f 随瞬时铣削角 θ 的改变而不断变化，与每齿进给量 f_z 和瞬时铣削角 θ 的关系如图 5-2 所示。

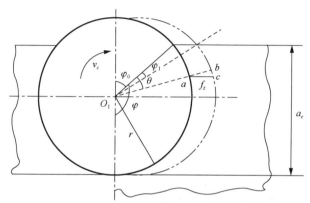

图 5-2 每齿进给量 f_z 与瞬时铣削角 θ 的几何关系

图 5-2 中，φ_0 为入刀铣削角，即当瞬时铣削角 θ 达到 φ_0 时，铣刀刀齿完成入刀过程，正式参与铣削；φ_1 为整刃铣削角，即当瞬时铣削角 θ 达到 φ_1 时，需要参与铣削的部分全部参与铣削。

当 $\theta < \varphi_1$ 时，a_p 与 a_e、r 和 θ 的几何关系如式（5-1）所示：

$$a_p = \frac{a_e - r}{\cos(\varphi_0 + \theta)} - r \tag{5-1}$$

当 $\varphi_1 \leqslant \theta \leqslant \varphi$ 时，如图 5-2 所示，线段 ab 与线段 bc 近似垂直。因此，a_p 与 f_z 和 θ 的几何关系如式（5-2）所示：

$$a_p = -\sin(\varphi - \theta) \cdot f_z \tag{5-2}$$

综上所述，铣刀单齿铣削过程中，a_p 变化如式（5-3）所示：

$$a_p = \begin{cases} 0, & \theta \leqslant 0 \text{或} \theta > \varphi \\ \dfrac{a_e - r}{\cos(\varphi_0 + \theta)} - r, & 0 < \theta \leqslant \varphi_1 \\ -\sin(\varphi - \theta) \cdot f_z, & \varphi_1 < \theta \leqslant \varphi \end{cases} \tag{5-3}$$

由式(3-8)可知,铣刀单齿瞬时铣削力与刀齿铣削层面积 A_D 有关,而 $A_D=a_pf_z$,因此,铣刀单齿瞬时铣削力在铣削过程中不断变化。通过 3.4.1 节高速铣削实验条件计算,在铣刀转速 8000r/min 的条件下,高速铣削铝合金 7075 单位铣削力约为350MPa。因此,结合式(3-8)和式(5-3),得出在一个铣削周期内铣刀单个铣削刃的铣削力变化,如图 5-3 所示。

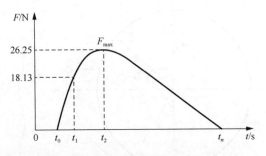

图 5-3　铣刀单个铣削刃的铣削力变化

图 5-3 中,t_0 为铣刀刀齿开始参与铣削的时刻;t_1 为铣刀刀齿铣削部分全部开始参与铣削的时刻;t_2 为铣削力出现峰值的时刻;t_n 为该铣刀刀齿结束此次铣削的时刻。

铣刀铣削力随铣削时间不断变化。由于宏介观尺度间的跨尺度效应,不能对整个铣削过程进行仿真,同时铣削应力不断变化,不能以恒定应力进行仿真,并且应以切入时刻为开始时间进行仿真,为确定变应力的加载时间,需要明确铣刀组件材料时间尺度的对应关系。

5.1.2　铣刀组件介观损伤演变时间的确定方法

为研究铣刀组件介观损伤对时间尺度的响应问题,对铣刀组件材料 40Cr 和35CrMo 再次进行拉伸实验。其中,在恒定应力下,铣刀刀体与刀片结合底面以及紧固螺钉材料的应变曲线如图 5-4 所示。

由图 5-4 可知,35CrMo 在应变率 13.5%时被拉断,此时应力为 220MPa;40Cr在应变率 11.5%时被拉断,此时应力为 210MPa。

结合铣刀组件材料的应变曲线,通过对比仿真结果和实验曲线,得出铣刀组件材料被拉断时的介观响应时间。为此,建立拉伸实验超晶胞模型,尺寸均为400Å×25Å×25Å。同时,在超晶胞两端采用相同的应力加载方式,即 40Cr 两端所受拉应力为 220MPa,35CrMo 两端所受拉应力为 230MPa。铣刀组件拉伸仿真实验超晶胞如图 5-5 所示。

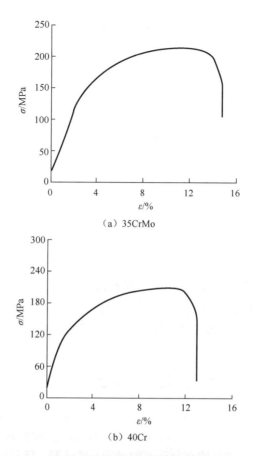

（a）35CrMo

（b）40Cr

图 5-4 铣刀组件材料应变曲线

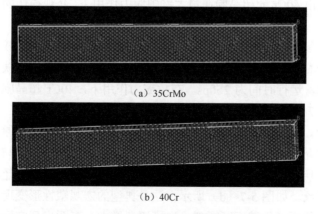

（a）35CrMo

（b）40Cr

图 5-5 铣刀组件拉伸仿真实验超晶胞

　　根据分子动力学拉伸仿真实验结果,绘制铣刀组件材料超晶胞拉伸应变曲线,如图 5-6 所示。

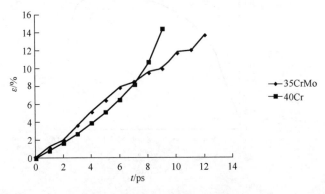

图 5-6　实验材料仿真应变曲线

　　对比图 5-4、图 5-6 可知,40Cr 和 35CrMo 的超晶胞的应变趋势与宏观拉伸实验基本相同,材料 35CrMo 的拉断时间为 12.3ps,材料 40Cr 的拉断时间为 9.6ps。该结果表明:在铣刀组件材料被拉断的时刻,通过分子动力学仿真至少需要 12.3ps 和 9.6ps 时才能完整性拉断。

5.1.3　铣刀组件介观损伤演变过程分析

　　在完成对铣刀组件介观损伤的准确识别后,明确铣刀组件介观损伤的发展趋势和跨尺度特性同样重要。为此,将 40Cr 的超晶胞增加为 51.233Å×51.233Å×71.984Å,并计算出使超晶胞充分仿真的时间。经计算,运行时间调整为 250ps 时可以充分反映出 40Cr 的超晶胞在最大铣削应力作用下,介观损伤的发展变化及其演变特性。

　　铣刀铣削参数与结构参数与 3.4 节高速铣削实验一致,所受载荷以拉应力为主,大小为 45MPa。为了使仿真结果能充分反映组件介观损伤的演变形式,增加仿真运行时间,运行时间为 250ps。在拉应力作用下,40Cr 超晶胞分子动力学仿真结果如图 5-7 所示。

　　图 5-7 中,初始阶段在应力加载的方向出现价键断裂,部分原子产生逸散,如图 5-7 (b) 所示。然后原子逸散的范围逐渐增大,原子位错几乎布满整个晶胞,如图 5-7 (c) 所示。接着周边逸散的原子部分价键重新连接,但超晶胞中间产生明显的收缩现象,如图 5-7 (d) 所示,这是典型的宏观塑性形变现象。之后中间产生收缩部位的原子价键不断断裂,规模逐渐增大,直至出现完整性断裂,超晶胞产生完整性破坏,如图 5-7 (e)、(f) 所示。

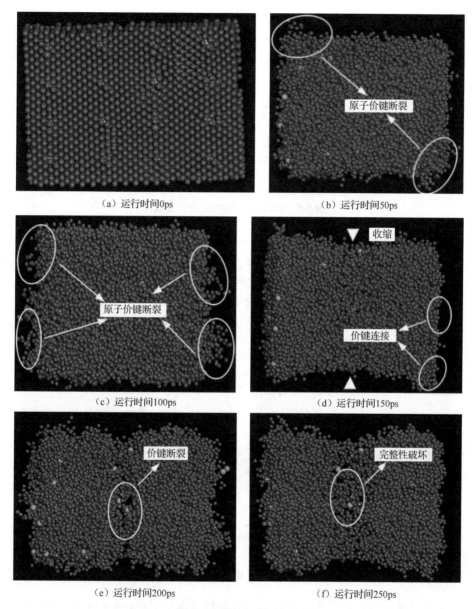

（a）运行时间0ps　　　　　　　　　　（b）运行时间50ps

（c）运行时间100ps　　　　　　　　　（d）运行时间150ps

（e）运行时间200ps　　　　　　　　　（f）运行时间250ps

图 5-7　40Cr 超晶胞分子动力学仿真结果

　　为进一步识别晶胞介观损伤的产生及演变特性，得出超晶胞的势能曲线，如图 5-8 所示。

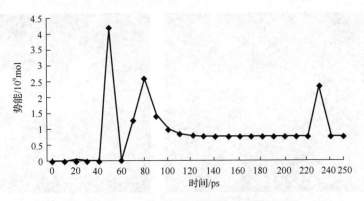

图 5-8　40Cr 超晶胞势能变化曲线

如图 5-8 所示，51.233Å×51.233Å×71.984Å 的超晶胞能量变化更加剧烈，并且总体势能水平明显升高，在大约 50ps、80ps 和 230ps 时产生能量突变，并且能量突变程度远远高于之前的晶胞。由此可知，超晶胞在仿真时间内有过三次大规模价键断裂，在大约 50ps 时已经产生介观损伤。

为了进一步研究超晶胞的力学性能变化，得出超晶胞的弹性模量变化曲线，如图 5-9 所示。

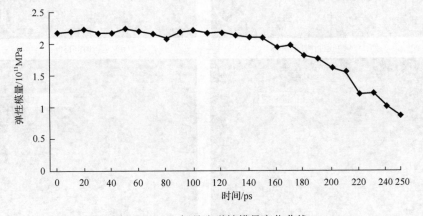

图 5-9　40Cr 超晶胞弹性模量变化曲线

由图 5-9 可知，在应力初期超晶胞弹性模量保持恒定，但随着时间的变化弹性模量逐渐产生变化。在大约 120ps 时，超晶胞弹性模量开始持续下降。这表明超晶胞在拉应力作用下由弹性形变转变为塑性形变，力学性能不断下降。

5.1.4　铣刀组件介观损伤对其铣刀宏观参数的响应特性

对于铣刀组件的超晶胞模型，超晶胞产生的介观损伤主要由应力的大小和作用方式决定。而铣刀的铣削参数和结构参数是决定铣刀组件承受的工作载荷大小和作用形式的主要因素[17]。

铣刀组件承受的应力主要分为铣削力、预紧力和离心力。对刀具的结构参数来说，刀具前角直接参与铣削，对于铣刀组件应力的大小和分布具有十分重要的作用。对于刀具的铣削参数，预紧力直接决定螺钉、刀体和刀片的定位精度，转速对应铣刀所受离心力，铣削深度和每齿进给量主要决定铣削力的大小。因此，研究铣刀组件介观损伤对于铣刀的宏观参数的响应十分重要。

1. 铣刀组件介观损伤对预紧力的响应

预紧力是铣刀组件承受应力的重要组成部分，同时也决定紧固螺钉和刀体安装定位的稳定性。为此，首先研究铣刀组件介观损伤对预紧力的响应十分必要。为确定预紧力对铣刀组件损伤的影响程度，结合有限元仿真和分子动力学仿真进行分析。采用 3.4 节中的实验铣削参数设计条件，如表 5-1 所示。

表 5-1　不同预紧力下的单因素实验铣削参数设计

序号	转速 n/(r/min)	铣削宽度 a_e/mm	铣削深度 a_p/mm	每齿进给量 f_z/mm	预紧力 P_{t0}/N
1	8000	56	0.5	0.15	50
2	8000	56	0.5	0.15	80
3	8000	56	0.5	0.15	100

采用如表 5-1 所示的铣削参数进行有限元仿真，研究预紧力对铣刀组件介观损伤产生及演化的影响特性。不同预紧力对铣刀组件受力的影响如图 5-10 所示。

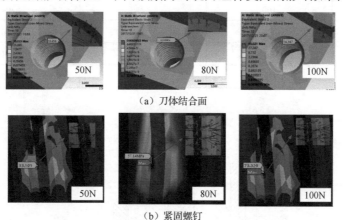

（a）刀体结合面

（b）紧固螺钉

图 5-10　不同预紧力对铣刀组件受力的影响

由图 5-10 可知，随着预紧力的增加，铣刀刀体螺纹孔应力增长缓慢，但螺钉螺纹表面承受的载荷显著上升。为研究预紧力对铣刀组件损伤产生的影响，不同预紧力下的铣刀组件超晶胞的仿真结果如图 5-11 所示。

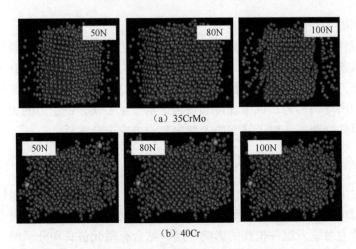

（a）35CrMo

（b）40Cr

图 5-11　不同预紧力下的铣刀组件超晶胞的仿真结果

为进一步识别铣刀组件的介观损伤及其程度，不同预紧力下的铣刀组件超晶胞势能结果如表 5-2 所示，组件材料的弹性模量结果如图 5-12 所示。

表 5-2　不同预紧力下的铣刀组件超晶胞势能结果

材料	预紧力 P_{i0}/N	势能突变次数	势能最大值/(kcal/mol)
35CrMo	50	2	654990
	80	2	633091
	100	2	870407
40Cr	50	1	721023
	80	2	725153
	100	2	709242

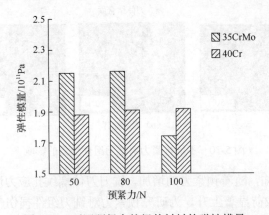

图 5-12　不同预紧力的组件材料的弹性模量

由表 5-2、图 5-12 可知，预紧力对刀体螺纹孔影响较小，但对紧固螺钉的影响显著，超过 80N 后，35CrMo 的弹性模量下降趋势明显。由此可知，过大预紧力会降低紧固螺钉的使用寿命，从而降低铣刀整体安全性。

2. 铣刀组件介观损伤对前角的响应

刀具前角是铣刀结构参数中对铣削力影响极大的因素之一。采用 3.4 节的实验方案，并将刀具前角 γ_0 分别取 12°、15° 和 17°，有限元仿真结果如图 5-13 所示。

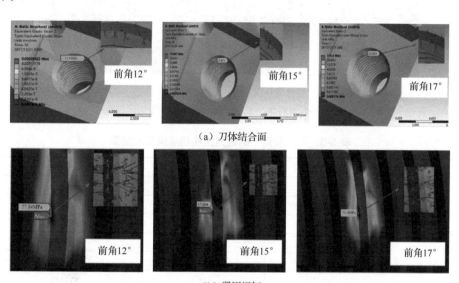

（a）刀体结合面

（b）紧固螺钉

图 5-13　不同前角对铣刀组件的应力影响

由图 5-13 可知，前角的增大对刀体螺纹孔和紧固螺钉螺纹表面的应力显著增加。为研究前角对铣刀组件损伤产生的影响，不同前角下的铣刀组件超晶胞的仿真结果如图 5-14 所示。

由图 5-14 可知，35CrMo 在压应力作用下形变程度逐渐增大，40Cr 的体积变化较小。为进一步识别铣刀组件的介观损伤及其程度，不同前角作用下超晶胞势能如表 5-3 所示，组件材料的弹性模量结果如图 5-15 所示。

由图 5-15 可知，铣刀前角对刀体螺纹孔和紧固螺钉螺纹表面介观损伤的产生具有显著的影响。前角的增大会导致铣刀组件应变最大区域的局部应力显著上升，从而导致介观损伤的产生，并且弹性模量衰减明显，表明介观损伤可能会向更大尺度的损伤发展。

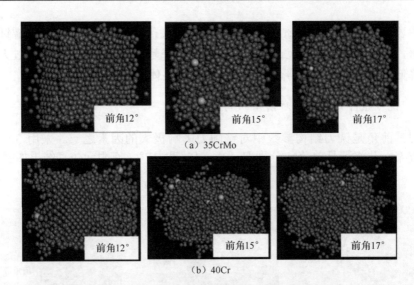

图 5-14 不同前角下的铣刀组件超晶胞的仿真结果

表 5-3 不同前角下的铣刀组件超晶胞势能结果

材料	前角/(°)	势能突变次数	势能最大值/(kcal/mol)
35CrMo	12	1	633091
	15	2	742174
	17	2	870407
40Cr	12	2	725153
	15	2	781442
	17	2	827569

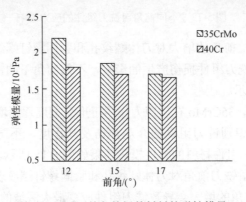

图 5-15 不同前角的组件材料的弹性模量

3. 铣刀组件介观损伤对转速的响应

离心力是铣刀组件承受载荷的主要组成部分。采用 3.4 节的实验方案进行仿真，实验条件如表 5-4 所示。不同转速下铣刀组件载荷差异如图 5-16 所示。

表 5-4　不同转速下的单因素实验铣削参数设计

序号	转速 $n/(r/min)$	铣削宽度 a_e/mm	铣削深度 a_p/mm	每齿进给量 f_z/mm	预紧力 P_{t0}/N
1	6000	56	0.5	0.15	80
2	8000	56	0.5	0.15	80
3	10000	56	0.5	0.15	80

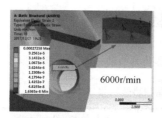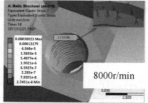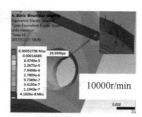

（a）刀体结合面

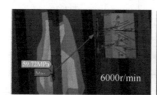

（b）紧固螺钉

图 5-16　不同转速下铣刀组件载荷差异

为研究转速对铣刀组件损伤产生的影响，不同转速下的铣刀组件超晶胞仿真结果如图 5-17 所示。

由图 5-17 可知，铣刀主轴转速对铣刀组件的受力影响不同。随着铣刀转速提高，刀体螺纹孔应变最大位置基本不变，所受应力形式一致，应力略有上升；紧固螺钉也是应变最大位置基本不变，所受应力形式一致，但应力略有下降。为进一步研究转速对铣刀组件损伤产生的影响，铣刀组件超晶胞的势能变化如表 5-5 所示，组件材料的弹性模量结果如图 5-18 所示。

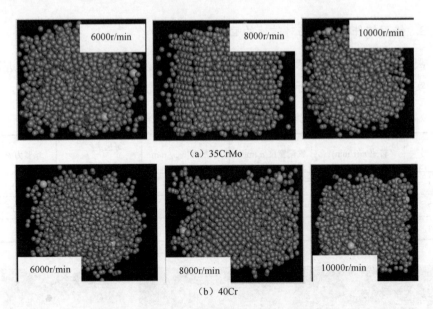

（a）35CrMo

（b）40Cr

图 5-17　不同转速下的铣刀组件超晶胞仿真结果

表 5-5　不同转速作用下的铣刀组件超晶胞势能结果

材料	转速/(r/min)	势能突变次数	势能最大值/(kcal/mol)
35CrMo	6000	2	737938
	8000	1	742174
	10000	1	741006
40Cr	6000	2	810264
	8000	2	781442
	10000	2	764512

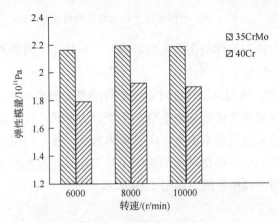

图 5-18　不同转速下组件材料的弹性模量

由图 5-18 可知，在高速铣削过程中，由转速产生的离心力对铣刀组件损伤的影响较小。因此，在适当条件下，可以提高转速以提高铣削效率。

4. 铣刀组件介观损伤对铣削深度和铣削宽度的响应

高速铣削产生的铣削力是影响铣刀组件受力的最主要因素，在铣削参数中影响铣削力的最主要参数为铣削深度和每齿进给量。为此，运用有限元仿真设计高速铣削实验，验证铣削深度和每齿进给量对铣刀组件受力的影响，实验铣削参数设计如表 5-6 所示。

表 5-6　　实验铣削参数设计

序号	转速 $n/(r/min)$	铣削宽度 a_e/mm	铣削深度 a_p/mm	每齿进给量 f_z/mm	预紧力 P_{i0}/N
1	8000	56	0.5	0.15	80
2	8000	56	0.3	0.15	80
3	8000	56	0.8	0.15	80
4	8000	56	0.5	0.05	80
5	8000	56	0.5	0.20	80

为研究不同铣削深度对铣刀组件介观损伤的影响程度，对铣刀组件在不同铣削深度下的应力大小及分布进行有限元仿真，如图 5-19 所示。

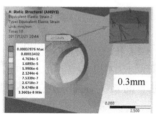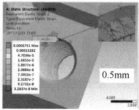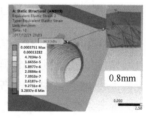

（a）刀体结合面

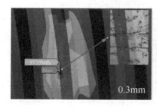

（b）紧固螺钉

图 5-19　　不同铣削深度下组件材料的应力大小及方向

由图 5-19 可知，随着铣削深度的增加，刀体螺纹孔应变最大位置基本不变，所受应力形式一致，应力显著提高；紧固螺钉也是应变最大位置基本不变，所受应力形式一致，应力基本保持不变。这表明随铣削深度的增加，刀体螺纹孔应力变化比紧固螺钉更加显著。

　　为研究铣削深度对铣刀组件产生的影响，对铣刀组件超晶胞进行仿真，结果如图 5-20 所示。

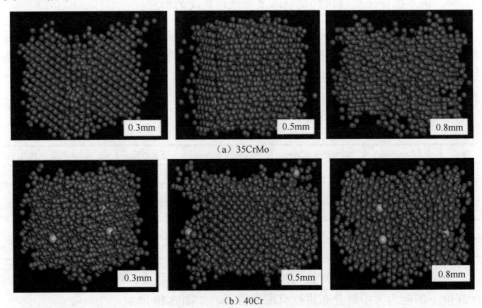

（a）35CrMo

（b）40Cr

图 5-20　不同铣削深度作用下铣刀组件超晶胞的仿真结果

　　由图 5-20 可知，在不同铣削深度的作用下，原子群运动展现出不同的特性，其中刀体螺纹孔受到的影响更加明显。可以看到随着铣削深度的增加，超晶胞位错规模不断增大，并产生空隙。不同铣削深度作用下的铣刀组件超晶胞势能如表 5-7 所示，弹性模量变化如图 5-21 所示。

表 5-7　不同铣削深度作用下的铣刀组件超晶胞势能结果

材料	铣削深度/mm	势能突变次数	势能最大值/(kcal/mol)
35CrMo	0.3	2	736726
	0.5	1	742174
	0.8	2	820017
40Cr	0.3	1	735153
	0.5	2	781442
	0.8	2	819099

由表 5-7、图 5-21 可知，当铣削深度在 0.3～0.5mm 时，对紧固螺钉的介观损伤影响较小，当超过 0.5mm 后，随铣削深度增加紧固螺钉介观损伤规模逐渐增大，并表现出向更大规模演变的特性。对于刀体螺纹孔，铣削深度影响较为显著。随铣削深度增加，刀体螺纹孔介观损伤规模迅速增大。

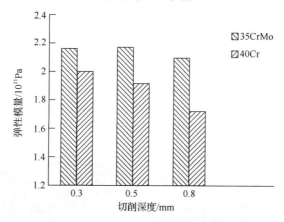

图 5-21　不同铣削深度下组件材料的弹性模量

同理可得在不同的每齿进给量和不同预紧力作用下铣刀组件的受力形式，进而得出铣刀组件超晶胞弹性模量结果，如图 5-22 所示。

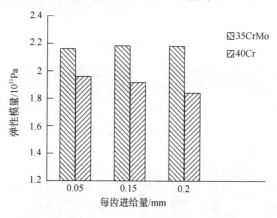

图 5-22　不同每齿进给量下组件材料的弹性模量

由图 5-22 可知，每齿进给量对紧固螺钉的介观损伤产生的损伤影响较小，但对刀体螺纹孔影响较大，随着每齿进给量的增加，刀体螺纹孔的弹性模量不断下降，表明每齿进给量的增加会导致刀体螺纹孔介观损伤的程度增加，并呈现向更大规模演变的特性。

5.2　高速铣刀安全性衰退本征/非本征交互作用

5.2.1　高速铣刀宏观安全性衰退本征/非本征交互作用

　　为揭示高速铣刀的宏观安全性的表现形式，选取一把直径为 80mm 五齿的铣刀，以 2600r/min 的铣削速度重复铣削高强度铝合金试件，铣削长度为 100m，通过检测发现动平衡数据虽然仍未达到《高速切削铣刀　安全要求》（GB/T 25664—2010）中的标准，但是查验铣刀刀体及组件发现在其表面发生了一定程度的塑性变形。具体检测情况如图 5-23、图 5-24 所示。

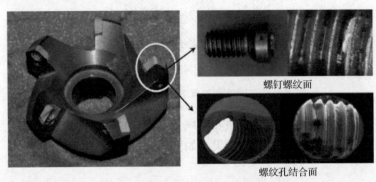

图 5-23　高速铣刀的宏观安全性探查

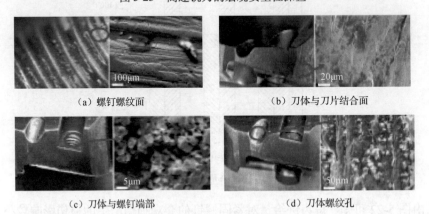

（a）螺钉螺纹面　　　　　　　　　　（b）刀体与刀片结合面

（c）刀体与螺钉端部　　　　　　　　（d）刀体螺纹孔

图 5-24　高速铣刀结合面检测

　　这种现象说明了高速铣刀在高速、断续铣削过程中，虽然动平衡量未达到标准数值，但是铣刀和组件已经发生了一定程度的安全性破坏。所以，从铣刀的安全稳定性上考虑，可以将铣刀的宏观安全性表示为

$$\mathrm{FR}_{S1} = \left\{ U, \delta, \Delta U, \Delta \delta, A(f), \varepsilon_m, \varepsilon_i \right\} \qquad (5\text{-}4)$$

式中，U 为高速铣刀动平衡量（g·mm）；δ 为高速铣刀的结构永久性变形（mm）；ΔU 为高速铣刀的不平衡变动量（mm）；$\Delta \delta$ 为高速铣刀的结构变形变动量（mm）；$A(f)$ 为高速铣刀的振动幅值（mm/s^2）；ε_m 和 ε_i 分别为高速铣刀微塑性变形和损伤应变数值。

　　在远低于宏观材料的屈服强度的状态下，高速铣刀发生的微观变形和损伤是不容易被察觉和发现的，但是由于这种微小变形和损伤带来的更大尺度的变形和损伤的问题[18]，仅仅在宏观尺度探查其安全性是不可控制的，所以需要从介观尺度入手对铣刀的安全性问题进一步研究和分析。

5.2.2　高速铣刀介观安全性衰退本征/非本征交互作用

　　在动态铣削载荷作用下，高速铣刀组件由初始介观运动特性之间交互作用，逐渐演化为铣刀安全性衰退的介观运动特性，导致高速铣刀组件粒子群的损伤，最终导致宏观组件变形及磨损、破损的发生。因此采用高速铣刀组件跨尺度关联分析方法，揭示高速铣刀组件宏介观间的交互作用机制。高速铣削中，铣刀组件在延性断裂过程中发生的金相组织变化，如图 5-25 所示。

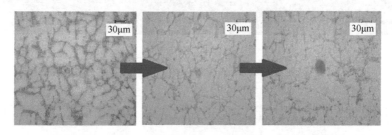

图 5-25　高速铣刀组件发生延性断裂时金相组织变化

　　依据高速铣刀 35CrMo、40Cr、42CrMo 等材料组件延性断裂实验结果，提取其发生弹塑性-塑性变形时的应力、应变，采用力连接的跨尺度关联方法，加载至铣刀组件粒子群中，通过分子动力学仿真，获得高速铣刀组件材料粒子群的介观运动特性，如图 5-26 所示，揭示出高速铣刀组件金相组织变化与粒子群介观运动及晶格尺寸变化的一致性。

　　35CrMo、40Cr 和 42CrMo 材料组件断裂时的晶格尺寸沿 A、B、C 方向变化，其方向如图 5-26（d）所示。由图 5-25、图 5-26 得出，高速铣刀组件发生延性断裂时，铣刀组件粒子群晶格发生吞噬现象，晶界迁移运动特性明显，铁素体逐渐增多，晶体变化方向与受力方向一致，应力集中部位发生缩颈现象，并最终导致滑移断裂。铣刀组件粒子群出现位错滑移、位错攀移、位错塞积、晶界迁移等介观安全性衰退特征。粒子群晶格在衰退过程中，晶格尺寸增大，晶格在加载初期发生微弱的颤振，晶格曲线随着载荷增加其斜率增大，粒子群断裂形式为晶界迁移。高速铣削中，铣刀组件在结合面压溃过程中发生的金相组织变化，如图 5-27 所示。

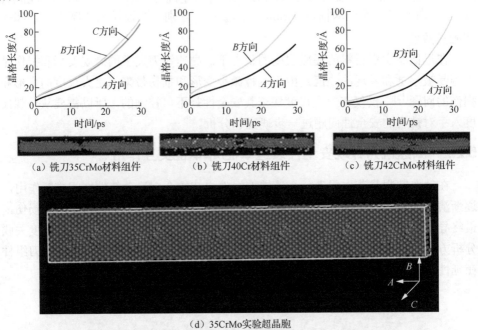

（a）铣刀35CrMo材料组件　　（b）铣刀40Cr材料组件　　（c）铣刀42CrMo材料组件

（d）35CrMo实验超晶胞

图 5-26　高速铣刀组件发生延性断裂时的粒子群介观运动特性

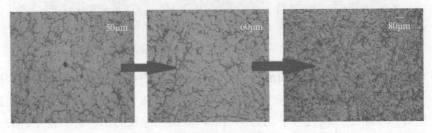

图 5-27　高速铣刀组件发生结合面压溃时金相组织变化

依据高速铣刀 35CrMo、40Cr、42CrMo 等材料组件结合面压溃时的实验结果，提取其发生弹塑性-塑性变形时的应力、应变，采用力连接的跨尺度关联方法，加载至铣刀组件粒子群中，通过分子动力学仿真，获得高速铣刀组件材料粒子群的介观运动特性，如图 5-28 所示。

35CrMo、40Cr 和 42CrMo 材料组件压溃时的晶格尺寸沿 A、B、C 方向变化，其方向如图 5-28（d）所示。由图 5-27、图 5-28 得出，高速铣刀组件发生压溃性损伤时，铣刀组件粒子群晶格离散化，晶格轴向及径向长度发生压缩变形，且随着粒子群塑性变形程度增加，晶格抗变形能力减弱；铣刀组件粒子群出现位错滑移、位错攀移、位错塞积、微裂纹扩展等安全性衰退特征。粒子群在压缩载荷作用下，晶格尺寸减小，发生由加工硬化引起的位错塞积，随着粒子致密度增大，晶格尺寸发生大幅度颤振，最终发生微裂纹交汇导致的粒子群坍塌。

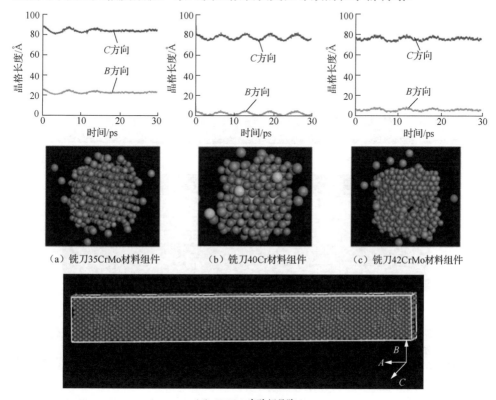

（a）铣刀35CrMo材料组件　　　（b）铣刀40Cr材料组件　　　（c）铣刀42CrMo材料组件

（d）35CrMo实验超晶胞

图 5-28　高速铣刀组件发生结合面压溃时的粒子群介观运动特性

高速铣削中，铣刀组件在剪切断裂过程中发生的金相组织变化，如图 5-29 所示。

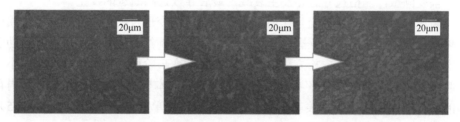

图 5-29　高速铣刀组件发生剪切断裂时金相组织变化

依据高速铣刀 35CrMo、40Cr、42CrMo 等材料组件压溃性实验结果，提取其发生弹塑性-塑性变形时的应力、应变，采用力连接的跨尺度关联方法，加载至铣刀组件粒子群中，通过分子动力学仿真，获得高速铣刀组件材料粒子群的介观运动特性，如图 5-30 所示。

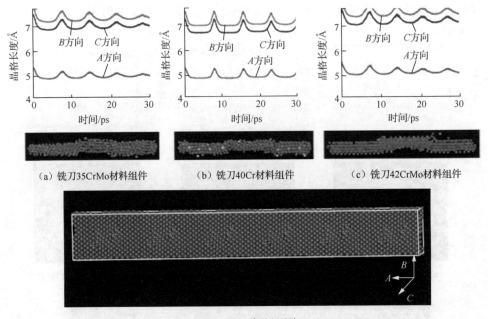

(a) 铣刀35CrMo材料组件　　　　(b) 铣刀40Cr材料组件　　　　(c) 铣刀42CrMo材料组件

(d) 35CrMo实验超晶胞

图 5-30　高速铣刀组件发生剪切断裂时的粒子群介观运动特性及晶格尺寸变化

35CrMo、40Cr 和 42CrMo 材料组件剪切断裂时的晶格尺寸沿 A、B、C 方向变化，其方向如图 5-30（d）所示。

由图 5-29、图 5-30 得出，高速铣刀组件发生剪切断裂时，铣刀组件粒子群晶格发生晶粒细化，晶格间出现裂纹，在被剪切界面，晶体沿受力方向扩张，在与裂纹交叠处发生穿晶断裂；铣刀组件粒子群出现位错滑移、位错攀移、位错塞积、晶面解理等安全性衰退特征。铣刀组件粒子群由于拉伸与压缩载荷的交互作用发生大幅度颤振，晶格尺寸总体发生衰减，最后导致延晶断裂的发生。

高速铣刀组件宏介观交互作用表明，铣刀宏观变形及损伤与介观粒子群损伤演化过程间相互作用、相互影响、相互依赖、相互制约。铣刀粒子群介观运动引起宏观组件应力、应变本构方程的改变，在弹性变形阶段，铣刀组件变形较小，因此采用应变能密度函数 W 揭示其应力、应变间的本构关系，表征单位体积内存储的应变能，而应变能密度等于单元晶格能量除以单元晶格体积，如式（5-5）所示：

$$W(F(r)) = \frac{E_a}{\varOmega_0} \tag{5-5}$$

式中，W 为应变能密度；E_a 为单元晶格能量；$\varOmega_0$ 为单元晶格体积。

高速铣刀组件在弹性、弹塑性变形中粒子群发生位错滑移、位错攀移、位错塞积等介观运动特性，从而导致粒子群能量及密度的变化，引起应变能密度的改变，从而导致原子-连续介质本构关系的变化，弹性变形阶段连续介质的二阶应力张量 σ_{ij} 与四阶刚度张量 C_{ijkl} 可由式（5-6）、式（5-7）求解：

$$\sigma_{ij} = \partial W / \partial \varepsilon_{ij} \tag{5-6}$$

$$C_{ijkl} = \partial W / \partial \varepsilon_{ij} \partial \varepsilon_{kl} \tag{5-7}$$

式中，σ_{ij} 为二阶应力张量；ε_{ij}、ε_{kl} 为二阶应变张量；C_{ijkl} 为四阶刚度张量。

当高速铣刀发生塑性变形时，粒子群的力学性能发生衰退，从而导致弹性模量、剪切模量、压缩模量的变化，如式（5-8）所示：

$$\varepsilon_x = \frac{1}{E}[\sigma_x - \nu(\sigma_y + \sigma_z)], \gamma_{xy} = \frac{1}{2G}\tau_{xy} \tag{5-8}$$

式中，ε_x 是在 σ_x、σ_y、σ_z 同时作用下 x 方向的应变；σ_x 为 x 方向的正应力；σ_y 为 y 方向的正应力；σ_z 为 z 方向的正应力；E 为弹性模量；ν 为泊松比；γ_{xy} 为平行于 xy 平面的剪切变；τ_{xy} 为平行于 xy 平面的剪应力；G 为剪切模量。

高速铣刀粒子群发生微裂纹扩展、晶界迁移、晶面解理等介观运动特性，将引起铣刀组件性能的衰退，导致铣刀宏介观间本构方程改变，影响铣刀宏观应力、应变场的分布。

通过对铣刀组件粒子群变形及损伤的有效控制，能够抑制铣刀宏介观间应力、应变本构方程的变化，能够实现对铣刀安全性衰退的有效抑制，由此提出高速铣刀组件宏介观交互作用控制方法。

5.2.3　高速铣刀宏介观安全性衰退本征/非本征交互作用

依据对实际生产用刀在铣削过程中损伤的跨尺度关联分析，揭示高速铣刀组件宏介观交互作用，明确铣刀组件粒子群损伤对宏观安全性衰退的影响规律，并对高速铣刀宏介观交互作用机制予以验证。

在铣刀物理原型与分子动力学仿真获得的组件晶格参数及参数关系一致性验证基础上，采用铣刀组件宏观失效载荷，以铣刀完整刀齿为基准，按刀齿实际铣削顺序，进行高速铣刀失效的介观运动过程分析，获得铣刀组件粒子群运动特性，揭示出该样本条件下，铣刀安全性衰退与完整性破坏机理，且依据铣刀刀齿损伤处扫描电镜实验结果予以验证，如图 5-31 所示。

由图 5-31 可知，高速铣刀组件①号刀齿处粒子群发生小规模变形，其中螺钉螺纹处在介观交互载荷作用下主要发生位错滑移、位错攀移、位错塞积等介观运动，周边局部位置发生晶界迁移、晶面解理等介观运动；螺纹孔处介观载荷性质及组合形式与螺钉螺纹处成相互作用力，以至于介观运动形式与螺钉螺纹处基本相同；在刀体与刀片结合面发生位错滑移、位错攀移、位错塞积等介观运动，有微弱的微裂纹扩展现象发生。粒子群出现少量空穴及间隙，没有导致大面积损伤发生。

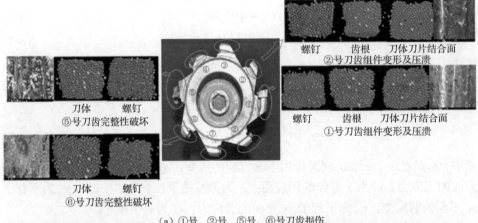

(a) ①号、②号、⑤号、⑥号刀齿损伤

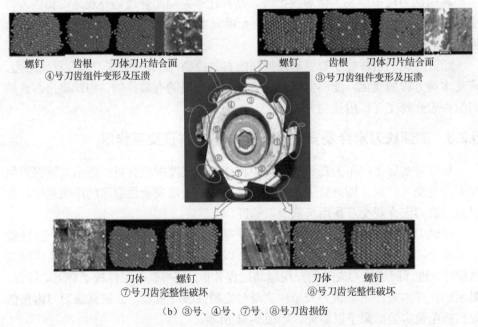

(b) ③号、④号、⑦号、⑧号刀齿损伤

图 5-31　样本铣刀不同刀齿介观运动机理

高速铣刀服役过程中，②号、③号刀齿处粒子群振动加剧且变形明显，这主要是由于随着铣刀服役过程继续，铣削厚度逐渐增大。以至于②号、③号刀齿所受介观载荷更为复杂且介观应力明显大于①号刀齿。②号、③号刀齿的介观运动形式与①号刀齿基本一致，粒子群空洞连接在顶部发生小范围坍塌，但是介观损伤传播只在局部范围内而并未引起整个粒子群大面积损伤。

随着铣削继续，铣削厚度减小，④号刀齿处粒子群介观载荷大幅度下降且结构形变微弱，螺钉螺纹处主要发生位错滑移、位错塞积介观运动，局部位置出现微裂纹扩展；刀体螺纹孔处介观运动形式与螺钉螺纹处基本一致；刀体与刀片结合面处发生位错滑移、位错攀移、位错塞积等介观运动，只发生少量介观晶界迁移。

经过铣刀前期刀齿与工件的冲击铣削，大部分工件被①至④号刀齿带走，以至于铣削周期内⑤至⑧号刀齿功效微弱，粒子群几乎未发生变形，其主要发生位错滑移、位错攀移、位错塞积，没有大面积坍塌及空洞出现。

实际生产用刀损伤处的扫描电镜实验结果与跨尺度仿真结果相吻合，因此，在高速铣刀衰退过程中，铣刀组件宏介观间存在交互作用。通过对高速铣刀组件粒子群运动的有效抑制能够实现高速铣刀组件交互作用的控制。

5.3　高速铣刀跨尺度关联设计方法

5.3.1　高速铣刀安全性跨尺度响应分析

铣刀的直径和齿数、齿根等参数对介观的原子群运动有明显的影响，如图 5-32～图 5-38 所示。

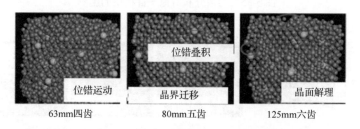

图 5-32　直径和齿数对刀体螺纹孔原子群构型的影响

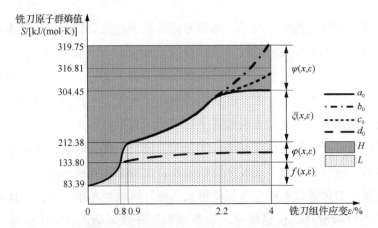

图 5-33　直径和齿数对刀体螺纹孔熵值分布的影响

图 5-34　齿根结构对原子群构型的影响

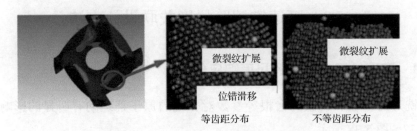

图 5-35　刀齿分布对原子群构型的影响

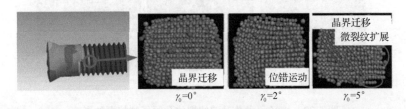

图 5-36　安装前角对原子群构型的影响

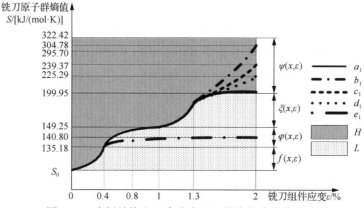

图 5-37　齿根结构和刀齿分布对刀体熵值分布的影响

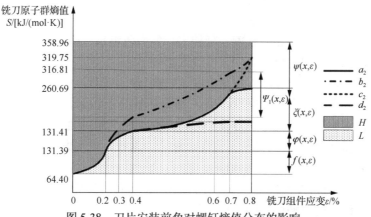

图 5-38　刀片安装前角对螺钉熵值分布的影响

图 5-33 中，a_0 为 42CrMo 刀体材料拉伸变形的临界熵值；b_0 为直径 125mm 六齿等齿距铣刀刀体螺纹孔熵值；c_0 为直径 80mm 五齿等齿距铣刀刀体螺纹孔熵值；d_0 为直径 63mm 四齿等齿距铣刀刀体螺纹孔熵值。由图 5-33 可知，直径大且齿数多的铣刀的熵值处于高位水平，直径为 63mm 四齿铣刀的熵值处于低位水平。由此可以发现，直径和齿数只对不可逆运动和点阵位错运动影响明显。

图 5-37 中，a_1 为 42CrMo 刀体材料剪切变形的临界熵值；b_1 为等齿距分布的刀体熵值曲线；c_1 为有过渡结构的齿根熵值曲线；d_1 为不等齿距分布的刀体熵值曲线；e_1 为有圆弧过渡结构的齿根熵值曲线。图 5-38 中，a_2 为 35CrMo 螺钉材料压缩变形临界熵值曲线；b_2 为 5° 安装前角的螺钉螺纹面熵值曲线；c_2 为 0° 安装前角的螺钉螺纹面熵值曲线；d_2 为 2° 安装前角的螺钉螺纹面熵值曲线。由图 5-37、图 5-38 可知，刀具的安装前角齿根结构和齿距分布均对原子群熵值有一定的影响，其中齿距分布主要影响原子群发生破坏时的熵值曲线，这一特征对铣刀的整体影响较大。

5.3.2　高速铣刀安全性设计中的交互作用分析

高速铣刀安全性设计矩阵直观地表达出了存在相互作用的铣刀设计参数，在对该设计参数进行分析、整理的基础上，获得包括刀齿结构、齿距、铣刀直径、结合面面积、进给量、转速、铣削深度、铣削方式、铣削行距、预紧力、组件材料弹性模量、组件材料泊松比、组件材料压缩屈服强度、组件材料延伸率、组件材料截面收缩率等设计变量的集合。

依据铣刀宏介观设计变量对其安全性影响特性，建立铣刀跨尺度设计变量关联矩阵，获得铣刀宏介观设计变量之间的交互作用关系，结果表明：

（1）铣刀直径与铣削行距发生强耦合，铣削方式与铣削行距间交互作用显著，铣刀转速、进给量和铣削深度度耦合强度剧烈，铣刀宏观结构域与工艺域之间存在较强交互作用，导致铣刀安全性设计存在冲突。

（2）铣刀材料压缩屈服强度、延伸率、截面收缩率、弹性模量、泊松比之间相互关联，铣刀宏观材料域对安全性设计影响显著。

（3）进给量、铣削深度、铣削方式、铣削行距、组件材料压缩屈服强度与粒子群载荷水平之间存在较强交互作用，使铣刀在安全性设计上存在冲突。为解决上述问题，对铣刀设计变量进行聚类分析，获得三个相对独立的设计变量集合：结构设计变量聚类，{刀齿结构、齿距、结合面面积、铣削方式、预紧力}；工艺设计变量聚类，{铣刀直径、进给量、转速、铣削深度、铣削行距}；材料设计变量聚类，{组件材料弹性模量、组件材料泊松比、组件材料压缩屈服强度、组件材料延伸率、组件材料截面收缩率}。

高速铣刀结构设计变量主要影响铣刀的安全稳定性，工艺设计变量主要影响铣刀安全性衰退过程，材料设计变量主要影响铣刀完整性破坏，上述三类设计变量交互作用较小，可解决铣刀安全性设计中的设计冲突问题。

5.3.3　高速铣刀跨尺度设计矩阵重构与关联设计模型

1. 高速铣刀安全性结构域与功能域映射变换

依据高速铣刀的聚类分析结果，为了降低高速铣刀设计耦合程度，进一步明确高速铣刀设计目标，并使用公理设计理论对设计参数的合并与设计进行规范与约束，对安全性设计参数处理结果如下。

（1）在工件材料确定的情况下，铣刀组件的结合方式基本确定，因此铣刀组件的结合面积不在设计范围内。

（2）铣刀在加工中的铣削行距主要由铣刀直径决定，因此合并为直径；铣刀工艺参数总结为单位铣削力与转速。

（3）高速铣刀组件材料的屈服强度是材料抗力的指标，而弹性模量、泊松比、延伸率及截面收缩率不但自身关联度高，且主要由材料介观结构决定。由此，根据高速铣刀各相关设计变量对其安全性衰退的影响程度，在高速铣刀安全性功能域与设计域之间进行"之"字形映射变换。根据聚类分析对参数的整合，将处理后的参数重新合并，并转换为矩阵形式。获得初始功能与设计集合域，如式（5-9）、式（5-10）所示：

$$F_{RS} = \{F_{21}, F_{223}, F_{224}, F_{231}, F_{32}, F_{333}, F_{433}, F_{521}, F_{522}, F_{523}\} \tag{5-9}$$

$$D_{PS} = \{P_{21}, P_{223}, P_{224}, P_{231}, P_{32}, P_{333}, P_{433}, P_{521}, P_{522}, P_{523}\} \tag{5-10}$$

式中，F_{21} 为刀具模态；F_{223} 为刀具振动频率；F_{224} 为刀具振动幅值；F_{231} 为刀具径向变形量；F_{32} 为刀具振动变形特性；F_{333} 为刀具应变幅值；F_{433} 为评价铣刀组件材料屈服失效的参数；F_{521} 为粒子群能量变化；F_{522} 为粒子群内应力变化；F_{523} 为粒子群体积变化；P_{21} 为刀具转速；P_{223} 为刀具圆弧过渡；P_{224} 为刀具齿间夹角；P_{231} 为刀具直径；P_{32} 为刀具单位铣削力；P_{333} 为螺钉预紧力；P_{433} 为材料屈服强度；P_{521} 为元素种类；P_{522} 为粒子群载荷水平；P_{523} 为晶格尺寸。

按上述设计参数对高速铣刀初始衰退、安全性衰退过程及安全完整性等功能指标，建立高速铣刀设计参数初始矩阵，如表 5-8 所示。

表 5-8　高速铣刀设计参数初始矩阵

F_{RS}	D_{PS}									
	P_{21}	P_{223}	P_{224}	P_{231}	P_{32}	P_{333}	P_{433}	P_{521}	P_{522}	P_{523}
F_{21}	1	0	0	0	0	0	0	0	0	0
F_{223}	0	1	1	0	1	0	0	1	1	0
F_{224}	0	1	1	0	1	0	0	0	0	0
F_{231}	1	0	0	1	1	0	0	0	0	0
F_{32}	1	1	1	1	1	0	1	0	0	0
F_{333}	1	0	0	1	1	1	0	0	0	0
F_{433}	0	0	0	0	1	1	1	1	0	1
F_{521}	0	0	0	0	1	1	0	1	1	0
F_{522}	1	0	0	0	1	1	0	0	1	0
F_{523}	0	0	0	0	1	1	0	0	1	1

通过对比分析得出高速初始设计矩阵模型和分析结果，经过功能分析、设计参数合并与设计约束转换处理，获得的初始设计矩阵交互作用程度显著降低，使得采用公理设计理论进行高速可转位铣刀协同优化设计成为可能。

2. 高速铣刀安全性功能耦合与矩阵重构

为确保铣刀设计方案满足独立性公理要求，在铣刀设计矩阵的功能独立性分析基础上，确定铣刀安全性功能之间的耦合关系，通过设计矩阵转换和功能耦合度量化评估，完成铣刀宏观结构、材料、工艺和介观结构及载荷的多层次设计矩阵重构，实现高速铣刀安全性协同设计功能规划，建立高速铣刀安全性跨尺度关联设计模型。为揭示出耦合功能之间的相互联系，按两个功能之间相对耦合程度强弱由 0.1～0.9 取值，采用两两比对方法，并进行归一化处理，对表中的功能耦合度进行量化评估，获得耦合度矩阵，如表 5-9 所示，计算公式如式(5-11)所示。

表 5-9　高速铣刀耦合度矩阵

	P_{223}	P_{32}	P_{21}	P_{433}	P_{521}
F_{223}	0.28	0.35	0.24	0.43	0.64
F_{32}	0.56	0.83	0.49	0.42	0.78
F_{21}	0.24	0.35	0.46	0	0.57
F_{433}	0	0.79	0	0.92	0
F_{521}	0	0	0	0	0.75

$$A_{ij} = \frac{\sqrt{a_{ij}b_{ij}}}{\sqrt{a_{i1}b_{i1}} + \sqrt{a_{i2}b_{i2}} + \cdots + \sqrt{a_{ij}b_{ij}}} \tag{5-11}$$

式中，a_{ij} 是 P_{ij} 相互之间的影响程度；b_{ij} 是 F_{ij} 相互之间的影响程度。

根据表 5-9 中高速铣刀耦合度矩阵对铣刀安全性设计矩阵进行重构，获得高速铣刀安全性最终设计矩阵，如表 5-10 所示。

表 5-10　高速铣刀安全性最终设计矩阵

F_{RS}	D_{PS}									
	P_{231}	P_{223}	P_{32}	P_{21}	P_{433}	P_{521}	P_{224}	P_{522}	P_{523}	P_{333}
F_{231}	1	0	0	0	0	1	0	0	0	0
F_{223}	0	0.28	0.35	0.24	0.43	0.64	0	0	0	0
F_{32}	0	0.56	0.83	0.49	0.42	0.78	0	0	0	0
F_{21}	1	0.24	0.35	0.46	0	0.57	0	0	0	0
F_{433}	0	0	0.79	0	0.92	0	0	0	0	0
F_{521}	1	0	0	0	0	0.75	0	0	0	0
F_{224}	1	0	0	1	0	0	1	1	0	1
F_{522}	0	0	0	0	0	1	0	1	1	0
F_{523}	0	0	0	0	0	0	0	0	1	0
F_{333}	0	0	0	0	1	0	0	0	0	1

通过耦合度计算，在交互作用较强的设计变量及评价指标间建立明确的耦合度模型，依据功能规划结果，使高速铣刀达到安全、稳定及高效铣削的设计目的。

5.3.4　高速铣刀安全性设计方法与底层功能优化设计模型

1. 高速铣刀底层功能设计模型

按表 5-10 最终设计矩阵确定的高速铣刀设计流程，如图 5-39 所示。图中：M_{231} 为刀具直径；M_{433} 为材料屈服强度；M_{32} 为刀具单位铣削力；M_{513} 为元素种类；M_{21} 为刀具转速；M_{223} 为刀具圆弧过渡；M_{224} 为刀具齿间夹角；M_{521} 为粒子群载荷水平；M_{523} 为晶格尺寸；M_{333} 为螺钉预紧力。

图 5-39 中，C 表示设计顺序模块；S 表示并行设计模块；MCB 表示耦合功能设计模块。根据上述功能规划结果，铣刀组件的晶格结构主要为体立方结构和面立方结构，因此介观设计变量以晶格尺寸、原子类型以及介观载荷为主。依据公理设计理论进行的高速铣刀设计功能规划结果表明，该方法具有简化设计过程及缩短设计周期的效果，通过灰色聚类评估方法构建设计矩阵，并在功能耦合的条件下进行产品设计规划，为进行产品设计方案评估和选择提供了一种有效的方法。

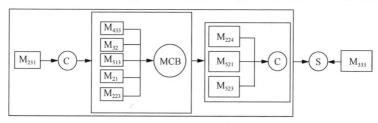

图 5-39　高速铣刀设计流程

2. 高速铣刀安全性设计流程

结合高速铣刀安全性标准，采用公理化设计方法，对铣刀结构、工艺、材料进行底层设计变量分解，通过连续介质仿真及分子动力学模拟并结合材料力学性能实验，建立高速铣刀设计矩阵。利用灰色关联分析方法对铣刀功能参数进行拟合、评估、重构，最终建立高速铣刀设计矩阵，给出铣刀优化设计模型，如图 5-40 所示。

依据图 5-40 建立高速铣刀底层功能优化设计方法，多次迭代分别建立铣刀宏观结构安全性设计流程、宏观材料安全性设计流程、宏观工艺参数安全性设计流程以及介观结构安全性设计流程，如图 5-41、图 5-42 所示。图中：M_{21} 为刀具转速；M_{223} 为刀具圆弧过渡；M_{224} 为刀具齿间夹角；M_{231} 为刀具直径；M_{321} 为高速铣刀进给量；M_{322} 为高速铣刀铣削深度；M_{331} 为铣削方式；M_{332} 为铣削行距；M_{333}

为螺钉预紧力。

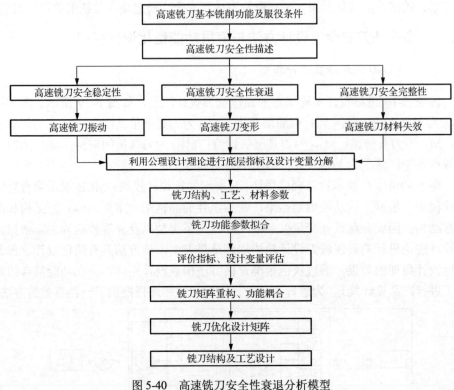

图 5-40　高速铣刀安全性衰退分析模型

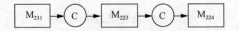

图 5-41　高速铣刀宏观结构安全性设计流程

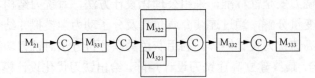

图 5-42　高速铣刀宏观工艺参数安全性设计流程

　　基于公理设计理论及灰色关联分析方法的铣刀跨尺度关联设计模型，具有较高设计效率及设计准确性，为高速铣刀的结构、工艺、材料、介观设计提供了实用的设计方法。

5.4　高速铣刀物理原型设计与安全性测试分析

5.4.1　高速铣刀物理原型设计及其安全性测试方法

采用高速铣刀安全性跨尺度设计方法及模型，以安全稳定性为主要设计目标，完成两种直径 63mm 高速铣刀设计和制备，如图 5-43、图 5-44 所示。

图 5-43　直径 63mm 等齿距铣刀　　　　　图 5-44　直径 63mm 不等齿距铣刀

依据《高速切削铣刀 安全要求》（GB/T 25664—2010），对铣刀进行动平衡；选择实验安全系数 1.2，采取逐级分段提高转速并测量铣刀刀齿轴向位移和径向位移方法，在装有安全防护装置的封闭高速铣床上从转速 5000r/min 开始，按 1000r/min 增量进行安全性测试，铣刀每次空转持续 3min 后进行刀齿位移测量和铣刀组件永久性变形判别，直至转速达到 16000r/min，完成高速铣刀物理原型完整性测试。

在 MIKRON UCP-710 五轴联动镗铣加工中心上，采用高速铣刀设计的物理原型，在转速 10000～13000r/min、每齿进给量 0.08～0.15mm、铣削深度 0.5～1.0mm、铣削接触角 144° 参数范围内，以高速铣刀振动、刀齿磨损不均匀程度、铣刀组件位移增量、质心偏移量为指标，完成两种高速铣刀安全稳定性铣削实验及测试，获得反映铣刀安全稳定性劣化行为、铣刀组件弹塑性变形及质量重新分布程度的相关数据。

5.4.2　等齿距/不等齿距高速铣刀安全性测试分析

1. 实验方案设计

采用经过动平衡实验的刀具进行实验，动平衡实验参数如表 5-11 所示，高速可转位铣刀实验结果如表 5-12 所示。按表 5-13 所示参数，在 MIKRON UCP-710 五轴联动镗铣加工中心上，进行高速干式铣削铝合金（LD6）工件（125mm×85mm×60mm）的单位铣削力、加工表面粗糙度和加工表面形貌实验，并进行铣刀设计效果验证实验。

表 5-11　高速可转位铣刀动平衡实验参数

序号	直径/mm	轴向长度/mm	刀齿间角/(°)	动平衡精度 G/(14000r/min)
1	63	40	90, 90, 90, 90	G10.55
2	63	40	88, 93, 88, 91	G8.04

表 5-12　高速可转位铣刀实验结果

实验铣刀	前角/(°)	副偏角/(°)	轴向跳动误差/mm	径向跳动误差/mm	动平衡精度 G/(14000r/min)	安全转速/(r/min)
四齿等齿距	16	2.1	0.01	0.01	G2.5	18000
四齿不等齿距	16	2.1	0.01	0.01	G2.5	18000

表 5-13　高速铣刀铣削铝合金实验参数

实验号	n/(r/min)	f_{zav}/mm	a_e/mm	a_p/mm
1	10000	0.04	16	1.00
2	10000	0.06	32	1.25
3	10000	0.08	47	1.50
4	12000	0.04	32	1.50
5	12000	0.06	47	1.00
6	12000	0.08	16	1.25
7	14000	0.04	47	1.25
8	14000	0.06	16	1.50
9	14000	0.08	32	1.00

实验铣削力测量选用 SDC-CJ3SA 电阻应变式四向铣削测力仪、YD-21 型动态电阻应变仪及 FAS-4DEE-2 铣削力数据采集和处理软件；加工表面粗糙度测量选用 TR240 便携式表面粗糙度测量仪；加工表面形貌测量选用 VHX-100 超景深三维显微测量系统。

2. 实验结果

采用直径 63mm 的涂层硬质合金铣刀（四齿）高速铣削铝合金，单位铣削力与表面粗糙度的实验结果如表 5-14 所示。

表 5-14　高速铣削铝合金单位铣削力和表面粗糙度实验结果

实验号	四齿等齿距高速铣刀实验结果		四齿不等齿距高速铣刀实验结果	
	$p/(N/mm^2)$	$R_a/\mu m$	$p/(N/mm^2)$	$R_a/\mu m$
1	420.8	1.24	386.9	0.78
2	395.2	0.96	381.2	0.68
3	431.6	0.81	395.3	0.86
4	410.4	0.84	375.9	0.71
5	345.1	1.11	352.1	0.60
6	324.1	0.90	378.7	0.74
7	459.5	1.02	404.5	0.80
8	367.2	0.96	347.6	0.51
9	333.9	0.93	371.4	0.67

注：p 为单位铣削力，R_a 为加工表面粗糙度。

通过对比分析实验结果发现，经过跨尺度方法设计的高速铣刀加工表面粗糙度值优于原有的高速铣刀加工表面粗糙度值。

在不同铣削参数条件下，采用原有设计方法开发的高速铣刀，其铣削铝合金单位铣削力变化幅度超过 275.6N/mm²，而表 5-14 中四齿等齿距高速铣刀单位铣削力变化幅度为 135.4N/mm²，四齿不等齿距高速铣刀单位铣削力变化幅度为 56.9N/mm²，其铣削铝合金的减振效果较为明显。

上述实验结果表明，经过跨尺度方法设计的高速铣刀，其高速铣削铝合金的加工过程具有较高的安全性和铣削稳定性。

5.5　本 章 小 结

（1）通过在宏观尺度对铣刀组件材料进行恒定应力作用下的拉伸实验，以及在介观尺度下对超晶胞进行同样的恒定拉应力仿真，建立分子动力学与连续介质在时间尺度上的关联关系，实现对高速铣削时铣刀组件的受力过程更加真实的模拟状态。通过扩大超晶胞尺寸，研究铣刀组件的介观损伤的发展过程。分子动力学仿真结果表明，扩大原子群规模后，晶胞能量突变程度更加显著，产生介观损伤的时间略有延长。同时组件材料超晶胞所具有的宏观力学特性会更加显著，更适于判断铣刀组件产生的介观损伤是否会发生跨尺度演变。

（2）以控制铣刀介观损伤的形成与演变为目标，对铣刀的结构参数以及铣削参数进行优选。仿真结果表明，前角对铣刀组件介观结构损伤的产生有巨大影响。

转速和每齿进给量对介观损伤演变的影响较小，预紧力对刀体结合面以及螺纹孔影响较小，但对螺钉影响显著。铣削深度对刀体螺纹孔的介观损伤产生及演变非常敏感，但对螺钉影响较小。

（3）高速铣刀的铣刀直径、铣刀齿数、铣刀转速、铣削力、预紧力等宏观设计变量与介观设计变量交互作用强度较弱，介观设计变量对上述参数所激发的安全性衰退过程影响程度相对较小。由晶格尺寸和原子数目所激发的介观安全性衰退本征/非本征过程，与铣刀材料和刀齿结构所激发的宏观安全性衰退本征过程存在较强的交互作用，铣刀变形、振动和能量过度集中会导致其宏介观安全性衰退本征/非本征交互作用显著增强，从而加速其安全性衰退的速率过程。同时发现，粒子群载荷并不唯一地由铣刀宏观载荷设计变量和宏观应力场分布所决定，该变量所激发的铣刀安全性介观非本征衰退与初始构型缺陷密切相关。

（4）高速铣刀组件发生结合面压溃、延性断裂、剪切断裂以及铣刀解体等永久性破坏，开始于离心力与动态铣削力冲击作用下铣刀组件材料的损伤。铣刀组件完整性破坏主要是铣刀组件材料损伤的发生，铣刀组件发生延性断裂、结合面压溃、剪切断裂以及刀具解体等永久性破坏标志着铣刀失效。

（5）铣刀直径与铣削行距发生强耦合，铣削方式与铣削行距间交互作用显著，铣刀转速、进给量和铣削深度耦合强度剧烈，铣刀宏观结构域与工艺域之间存在较强交互作用，导致铣刀安全性设计存在冲突。铣刀组件压缩屈服强度、延伸率、截面收缩率、弹性模量、泊松比之间相互关联，铣刀宏观材料域对安全性设计影响显著。

第6章 高速铣刀跨尺度安全性及铣刀 设计方法的实验研究

本章进行高速铣刀安全性衰退行为特征实验，分析高速铣刀安全性衰退过程中的振动、铣削力、组件位移及刀齿磨损不均匀性变化特性，并根据高速铣刀振动响应分析结果，获得铣刀安全性衰退过程中组件变形与振动行为特征，揭示铣刀安全性衰退演变过程及其载荷特性。进行高速铣刀跨尺度安全性关联验证实验，通过对发生完整性破坏的高速铣刀组件变形、断裂及结合面压溃的微区结构和原位成分分析，获得高速铣刀组件塑性变形和完整性破坏行为特征，验证高速铣刀跨尺度安全性关联分析模型。进行高速铣刀跨尺度关联设计方法验证实验，研究铣刀铣削稳定性、刀齿后刀面磨损和加工表面形貌变化特征。

6.1 高速铣刀安全性衰退行为特征实验

6.1.1 实验平台构建与实验条件

为研究高速铣刀宏观安全性衰退行为特征，验证高速铣刀跨尺度关联设计效果和设计规则，在已有的 MIKRON 高速加工实验平台上，增添安全防护装置，构建的高速铣刀安全稳定性综合测试平台、实验方法及流程如图 6-1、图 6-2 所示。

采用高速铣刀铣削稳定性模型及结构化设计方法，完成两种高速铣刀设计和制备，并在铣削速度 2000~2600m/min、每齿进给量 0.08~0.15mm、铣削深度 0.5~1.0mm、铣削接触角 144° 参数范围内进行测试实验，其主要结构参数如表 6-1 所示。

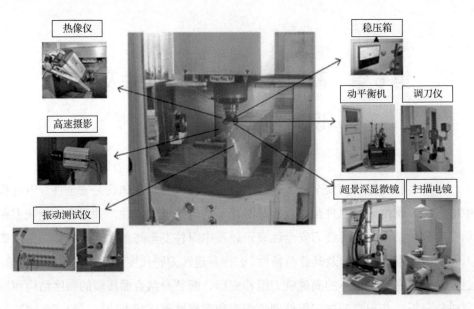

图 6-1　高速铣刀安全稳定性综合测试平台

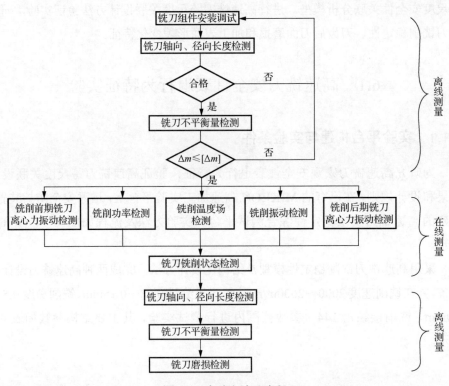

图 6-2　实验方法及流程

表 6-1　　实验选用铣刀参数

铣刀编号	直径/mm	齿数	齿距/(°)	主偏角/(°)	刀片型号
1	63	4	88、91、89、92	45	SEHT1024AFN
2	80	5	72		

6.1.2　高速铣刀振动实验结果

受迫振动条件下，高速铣刀的振动模型可表示为

$$S_R(\omega) = A(\omega) \cdot S_s(\omega) \tag{6-1}$$

式中，$S_R(\omega)$ 为铣刀相对振动函数；$A(\omega)$ 为铣刀所承受的激振力谱；$S_s(\omega)$ 为高速铣刀工艺系统的频响函数。

高速铣削加工中，铣刀组件受自身结构、机床、工件及铣削条件影响，铣刀工艺系统的动态特性和频响函数极为不稳定，并且通常无法求解[19-20]。由统计学理论可假设频响函数 $S_s(\omega)$ 始终为一常数，故只有当铣刀齿距分布使激振力谱 $A(\omega)$ 为最小的情况下，才会将铣刀振动降低到最小。

高速铣刀振动实验结果如图 6-3～图 6-6 所示。

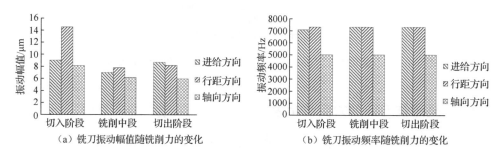

（a）铣刀振动幅值随铣削力的变化　　　　　（b）铣刀振动频率随铣削力的变化

图 6-3　铣刀振动幅值和振动频率随铣削力的变化（v_c=2600m/min，f_z=0.15mm，a_p=1.0mm）

由图 6-3、图 6-4 分析可知，受刀齿初始误差的影响，铣刀铣削过程中振动幅值有较大变动，当铣刀组件结合面在铣削力载荷作用下经过预变形稳定后，其振动幅值逐渐趋于稳定；但铣刀振型随转速提高发生改变，其安全稳定性在逐渐下降，进而对铣削过程中的振动产生明显的影响。

随转速提高，离心力对振动频率的影响明显增强，但铣刀振动幅值总体变化不明显，说明离心力是引起铣刀发生初始衰退的主要载荷，其改变了铣削频谱中振动频率的大小。铣削力的变化会导致初始衰退振动幅值增大和轴向振动频率的改变，引起铣刀结构上的响应，但其铣削前、铣削后空转振动幅值变化不大。

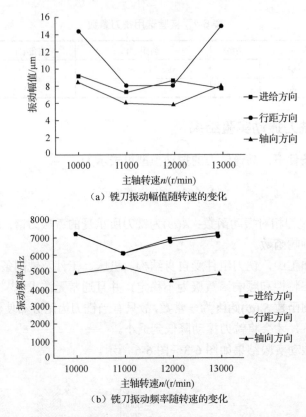

（a）铣刀振动幅值随转速的变化

（b）铣刀振动频率随转速的变化

图 6-4　铣刀振动幅值和振动频率随转速的变化（f_z=0.15mm，a_p=1.0mm）

6.1.3　高速铣刀铣削力实验结果

高速铣刀铣削铝合金铣削力实验结果如图 6-5、图 6-6 所示。

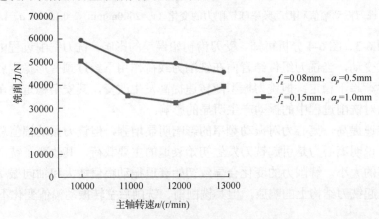

图 6-5　直径 63mm 铣刀铣削力实验结果

直径 63mm 铣刀随转速的增加，铣削力呈现下降的趋势，但是在转速为 13000r/min 时铣削力突然上升，主要原因在于此时铣刀的刀齿误差增加，引起铣削厚度和铣削力增大。直径 80mm 铣刀随转速的增加，铣削力出现波动，其主要原因在于铣刀在高速旋转中受到离心力及铣削力产生的变形影响，其主偏角增大，铣削厚度减小，使铣削层面积和铣削力减小；达到一定转速时，其变形相对稳定，铣削力不再下降，呈现不规则的上下波动，主要是由于受振动的影响。

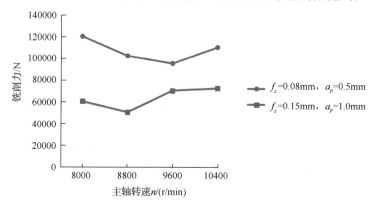

图 6-6　直径 80mm 铣刀铣削力实验结果

6.1.4　高速铣刀组件位移及动平衡实验结果

在高速铣刀铣削前后各刀齿径向误差和轴向误差检测中发现，铣刀组件结合面在初始预紧力作用下呈现不稳定的状态，铣削力和离心力载荷作用使其产生微小变形，并引起组件位移，导致铣刀刀齿径向误差和轴向误差发生变化，如图 6-7、图 6-8 所示。

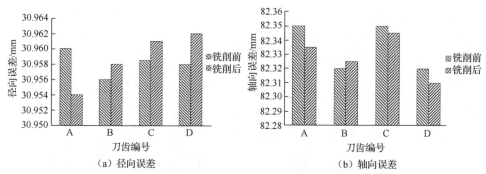

（a）径向误差　　　　　　　　（b）轴向误差

图 6-7　直径 63mm 高速铣刀刀齿误差变化

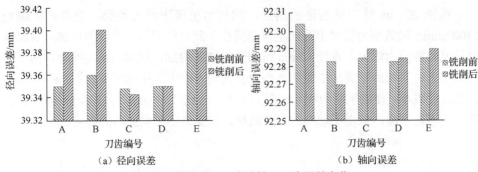

（a）径向误差　　　　　　　　　　（b）轴向误差

图 6-8　直径 80mm 高速铣刀刀齿误差变化

随离心力和铣削力载荷增大，高速铣刀质量偏心增量并未呈现明显规律性的变化，如图 6-9 所示。对比铣刀组件位移测试结果发现，质量偏心增量与铣刀组件结合面初始变形状态密切相关，铣削载荷增大并未引起铣刀组件及其结合面继续发生永久性变形和质量分布显著变化，设计的铣刀未发生安全性衰退，但应在设计方法和设计规则中强调铣刀组件结合状态稳定性设计内容。

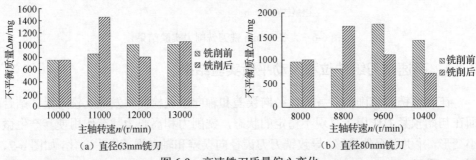

（a）直径63mm铣刀　　　　　　　（b）直径80mm铣刀

图 6-9　高速铣刀质量偏心变化

使用直径 80mm 五齿、四齿等齿距铣刀，采用铣削线速度 v_c=2000～2600m/min，每齿进给量 f_z=0.08～0.15mm，铣削深度 a_p=0.5～1.0mm，平衡实验结果如图 6-10、图 6-11 所示。

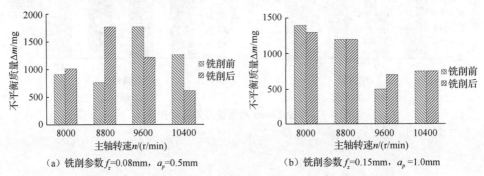

（a）铣削参数 f_z=0.08mm，a_p=0.5mm　　　（b）铣削参数 f_z=0.15mm，a_p=1.0mm

图 6-10　直径 80mm 五齿等齿距铣刀不平衡质量随转速变化趋势

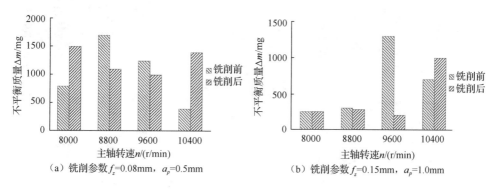

（a）铣削参数 f_z=0.08mm，a_p=0.5mm　　　　（b）铣削参数 f_z=0.15mm，a_p=1.0mm

图 6-11　直径 80mm 四齿等齿距铣刀不平衡质量随转速变化趋势

从两动平衡波动状态可明显看出，在铣削前期五齿刀具要优于四齿刀具。直径 80mm 五齿铣刀铣削前后铣刀的动平衡特性随转速的变化未呈现明显规律性的变化，这是由于不平衡质量的改变主要受刀齿变形的影响。当铣刀刀齿发生变形时，会使铣刀结构发生改变，当各个刀齿轴向和径向变化量均匀且趋势不相同时，铣刀质量分布发生明显改变，不平衡质量变化明显，振动振型发生改变，加速铣刀安全性衰退。直径 80mm 四齿铣刀在铣削开始后，刀具各组件之间新结合面首先发生弹性变形向趋于稳定的结合状态发展。当弹性变形发展到一定程度，到结合面不能恢复为原本状态时，开始发生塑性变形，铣削前后的不平衡质量有较大变动，尤其是在较小铣削深度、较小每齿进给量的铣削条件下，铣削前后动平衡相对变动较小，在较大铣削深度、较大每齿进给量的铣削条件下，转速较低时铣削前后动平衡变化比较小。新的结合面状态稳定，提高转速后，铣削动平衡值降低，说明经过铣削加工一段时间后铣刀各结合面状态越来越稳定。

6.1.5　高速铣刀安全性铣削实验

为验证高速铣刀安全性衰退过程控制方法，进行高速铣刀安全性铣削实验。实验条件为：线速度 2000m/min、铣削深度 0.5mm、每齿进给量 0.08mm、转速 8000～10000r/min，工件材料为铝合金 $7075C_1$；线速度 2000m/min、铣削深度 1.0mm、每齿进给量 0.15mm、转速 8000～10000r/min，工件材料为铝合金 $7075C_2$；线速度 2600m/min、铣削深度 0.5mm、每齿进给量 0.08mm、转速 10400～13000r/min，工件材料为铝合金 $7075C_3$；线速度 2600m/min、铣削深度 1.0mm、每齿进给量 0.15mm、转速 10400～13000r/min，工件材料为铝合金 $7075C_4$。C_1～C_4 代表在不同铣削参数下的四种铝合金材料工件刀片磨损不均匀性结果，如图 6-12～图 6-15 所示。

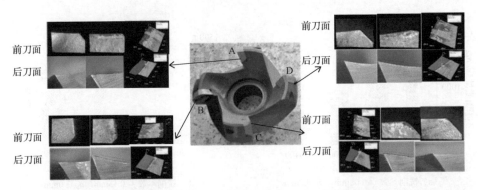

图 6-12　直径 63mm 四齿不等齿距铣刀刀片不均匀磨损程度

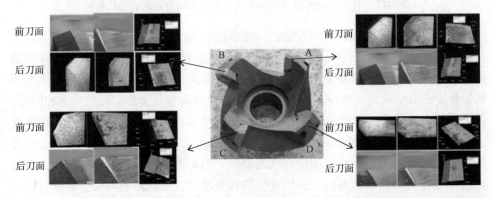

图 6-13　直径 63mm 四齿等齿距铣刀刀片不均匀磨损程度

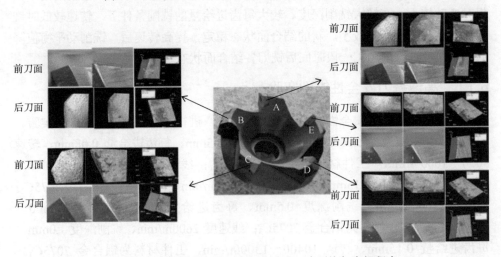

图 6-14　直径 80mm 五齿等齿距铣刀刀片不均匀磨损程度

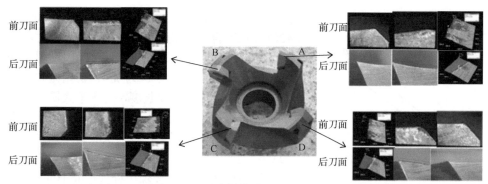

图 6-15　直径 80mm 四齿等齿距铣刀刀片不均匀磨损程度

依据实验结果，建立 63mm 四齿等齿距、63mm 四齿不等齿距、80mm 五齿等齿距、80mm 四齿等齿距在低线速度低铣削力、低线速度高铣削力、高线速度低铣削力、高线速度高铣削力水平下的后刀面磨损宽度表，如表 6-2 所示。

表 6-2　高速铣刀铣削前后后刀面磨损宽度　　　　　　（单位：mm）

序列	x_1	x_2	x_3	x_4
C_1	0.12	1.6	1.6	1.5
C_2	0.08	2	0.13	1
C_3	1.62	4.6	0.6	0.3
C_4	0.14	0.2	0.2	1.4

后刀面磨损宽度是评价铣刀组件弹性变形的重要指标。实验结果表明，采用高速铣刀安全性衰退过程控制方法得到的 63mm 四齿不等齿距铣刀后刀面磨损宽度最小。这主要是因为：齿距的改变引起了各个刀齿铣削力的重新分配，引起刀尖的塑性变形程度增大而弹性变形程度减小；直径增加引起离心力增大，塑性变形加剧弹性变形减弱，刀片后刀面磨损减小；齿数的增加、铣削效率的提高，使得刀体塑性变形减弱而弹性变形增强，后刀面磨损加剧。

实验结果表明，宏介观协同设计方法通过对宏介观结构的交互设计，有效抑制粒子群变形，从而延缓铣刀组件性能的衰退，提高铣刀服役性能，增加高速铣刀组件的安全稳定性。

6.2　高速铣刀组件安全性跨尺度关联验证实验

6.2.1　高速铣刀组件霍普金森压杆实验结果

为了获取铣刀初始、临界压缩损伤当量值，首先需要确定其中的若干参数。通过静载荷和动态载荷下的铣刀材料压缩冲击实验，期望获取铣刀刀具材料的初

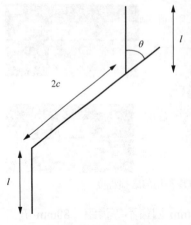

图 6-16　微裂纹模型

始以及损伤临界值。经过扫描电镜分析，40Cr、42CrMo 等合金结构钢刀体材料的粒径大约为 2μm。在刀具材料内部存在的微裂纹，假设图 6-16 中微裂纹模型中的角度 θ 为 $\pi/4$，初始微裂纹之间的距离为 4 倍微裂纹长度，对于干式铣削铝合金工件材料，受合金元素比例不同影响，摩擦系数在 0.45～0.75，因此，本节实验将摩擦系数定为 0.6。

采用分离式霍普金森压杆（split Hopkinson pressure bar, SHPB）设备，实验装置如图 6-17 所示，探讨高速铣刀各组件材料在冲击载荷下所表现的力学性能。

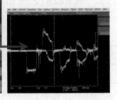

图 6-17　高速撞击研究中心 SHPB 设备

实验样件材料为 35CrMo、40Cr 和 42CrMo，充气压力为 0.4～0.8MPa，入射杆中的应力脉冲的其中一部分因波阻抗不匹配而被反射，另一部分通过样件射入透射杆中形成透射波。瞬态波形源储器记录下入射波 ε_i 信号、反射波 ε_r 信号及透射波 ε_t 信号，根据应力波的基本理论，三种信号 ε_i、ε_r 和 ε_t 将材料的应力应变关系确定如下：

$$\varepsilon_s = -\frac{2c_0}{l_0}\int_0^l \varepsilon_r \mathrm{d}t \tag{6-2}$$

式中，ε_s 为平均应变；c_0 为杆中一维应力波传播的波速；l_0 为试件初始长度；ε_r 为反射波应变。

$$\sigma = \frac{EA_{rs}}{A_s}\varepsilon_t \tag{6-3}$$

式中，σ 为试件中的平均应力；E 为入射杆弹性模量；ε_t 为透射波应变；A_{rs} 为入射杆截面积；A_s 为试件截面积。

霍普金森压杆实验撞击后试件在显微镜下观测冲击表面，观察冲击载荷对表面变形的情况并分析冲击压缩变形介观上的变形特征。撞击后样件材料自身的缺陷更加明显地显现出来，排除材料本身缺陷，冲击载荷加载后的试件表面呈波状界面，这是冲击加载后的基本组织特征。

　　实验样件在冲击载荷作用下的动态响应包含了介质质点的惯性效应和材料本构关系的应变率效应，采用 SHPB 设备分别测量 40Cr、42CrMo 和 35CrMo 三种组件材料在 0.4MPa、0.6MPa 和 0.8MPa 冲击压强下的应力-应变曲线和应变率，由数据采集器得到的应力、应变数据拟合成应力-应变曲线如图 6-18～图 6-20 所示。

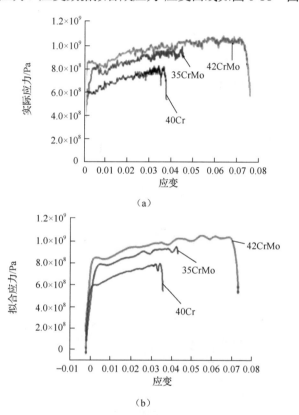

（a）

（b）

图 6-18　40Cr、42CrMo、35CrMo 组件材料应力-应变拟合曲线（0.4MPa）

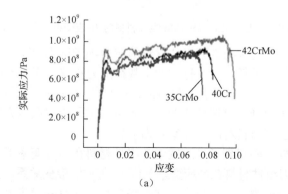

（a）

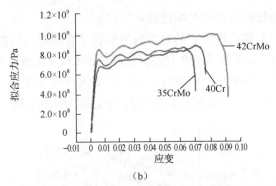

（b）

图 6-19　40Cr、42CrMo、35CrMo 组件材料应力-应变拟合曲线（0.6MPa）

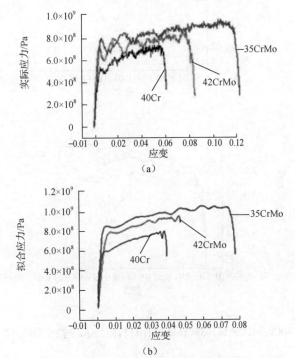

图 6-20　40Cr、42CrMo、35CrMo 组件材料应力-应变拟合曲线（0.8MPa）

　　由实验数据拟合得到的铣刀组件材料的应力-应变曲线可知，40Cr 组件材料的应变率相比其他材料较低，表明抵抗冲击载荷能力较差，而 42CrMo 组件材料的抗冲击能力相对较好。从以上各种材料冲击变形的应力-应变曲线可得，随着应力提高，铣刀屈服极限开始呈线性比例，当到达一定值后屈服能力明显下降，变形程度开始加剧，金属材料对应变速率尤为敏感。

　　霍普金森压杆实验得到了高速铣刀各组件材料在高应变率下所表现的力学性能，并获得了铣刀组件材料在高应变率范围内的应力-应变关系，分析了不同冲击载荷下组件材料屈服强度变动特点，并得到各种材料对外载应力的响应速率，为铣刀在铣削加工中抵抗动态铣削力提供实验分析基础，进而为铣刀高效安全稳定铣削提供实验支持。

经过换算与参数拟合，最终得到铣刀组件材料约翰逊-库克（Johnson-Cook）模型参量如表 6-3 所示。

表 6-3　铣刀组件材料 Johnson-Cook 模型参量

材　料	A/MPa	B/MPa	n	C	m
35CrMo	19.452	57.423	0.536	0.0382	1.732
40Cr	19.966	58.598	0.688	0.0094	1.647
42CrMo	20.516	61.367	0.704	0.0087	1.134

注：A 为初始屈服应力；B 为材料的实验系数；n 为应变硬化指数；C 为应变率灵敏度常数；m 为热软化指数。

由表 6-3 中各模型参量得到三种组件材料的本构方程如下。

35CrMo 组件材料的 Johnson-Cook 模型：

$$\sigma = [19.452 + 57.423\varepsilon^{0.536}]\left[1 - 0.0382\ln\left(\dot{\varepsilon}/\dot{\varepsilon}_0\right)\right](1 - \theta^{1.732}) \tag{6-4}$$

40Cr 组件材料的 Johnson-Cook 模型：

$$\sigma = [19.966 + 58.598\varepsilon^{0.688}]\left[1 + 0.0094\ln\left(\dot{\varepsilon}/\dot{\varepsilon}_0\right)\right](1 - \theta^{1.647}) \tag{6-5}$$

42CrMo 组件材料的 Johnson-Cook 模型：

$$\sigma = [20.516 + 61.367\varepsilon^{0.704}]\left[1 - 0.0087\ln\left(\dot{\varepsilon}/\dot{\varepsilon}_0\right)\right](1 - \theta^{1.134}) \tag{6-6}$$

通过高速铣刀组件材料本构模型，结合压缩实验获得的损伤当量应力值，可得到组件材料 35CrMo、42CrMo 和 40Cr 的初始损伤值分别为 0.0075、0.0089 和 0.0118，临界损伤值分别为 0.1243、0.1324 和 0.1439。

高速铣刀压溃性损伤形成于结合面压缩弹塑性变形，通过冲击实验得到铣刀组件材料应力应变关系，获取应力条件。压溃损伤形成与演变应力值应与初始压缩损伤当量和临界损伤当量对应，以压缩损伤当量表示铣刀压溃损伤程度，可直观明了地描述其动态变化过程，为研究压溃损伤的形成与演变机制提供基础。

6.2.2　高速铣刀组件宏介观同步关联演化的性能验证方法

高速铣刀安全性衰退的实质是高速冲击载荷作用下，铣刀粒子群发生偏离其平衡状态的乱序运动并导致宏介观结构破坏和性能下降的过程。

依据高速铣刀组件变形过程中，宏介观弹性模量、剪切模量、压缩模量、泊松比等性能参数的耦合匹配，验证高速铣刀宏介观同步关联演化机制。

依据高速铣刀组件材料 40Cr、42CrMo、35CrMo 等材料的拉伸、压缩、剪切实验结果，分别计算铣刀组件材料损伤时的力学参数，如表 6-4 所示。

表 6-4　高速铣刀组件材料力学性能实验结果

组件材料	弹性模量/GPa	压缩模量/GPa	剪切模量/GPa	泊松比
40Cr	433.33	316	152.17	0.2778
42CrMo	415.78	310	154.83	0.2448
35CrMo	450.67	328	250.67	0.2702

　　依据高速铣刀组件宏介观同步关联演化机制，采用基于力连接跨尺度关联分析方法，计算铣刀组件发生安全性衰退时的粒子群性能参数，如图 6-21 所示。

```
Effective Isotropic Elastic Constants (GPa)

Tensile           :        390.4
Poisson's Ratio   :        0.2782
Bulk              :        293.4
Shear             :        152.7
Lane Const. Lamda :        191.6
Lane Const. mu    :        152.7
```
（a）40Cr 组件材料力学性能

```
Effective Isotropic Elastic Constants (GPa)

Tensile           :        379.4
Poisson's Ratio   :        0.2770
Bulk              :        283.6
Shear             :        148.5
Lane Const. Lamda :        184.6
Lane Const. mu    :        148.5
```
（b）42CrMo 组件材料力学性能

```
Effective Isotropic Elastic Constants (GPa)

Tensile           :        444.0
Poisson's Ratio   :        0.2827
Bulk              :        340.5
Shear             :        173.1
Lane Const. Lamda :        225.1
Lane Const. mu    :        173.1
```
（c）35CrMo 组件材料力学性能

图 6-21　高速铣刀组件材料性能分子模拟结果

　　由图 6-21 与表 6-4 对比得出，高速铣刀组件材料性能分子模拟结果与实验结果吻合，依据粒子群跨尺度关联分析方法能够揭示高速铣刀宏介观同步关联演化机制。分析结果充分验证高速铣刀组件材料弹性模量、剪切模量、压缩模量以及泊松比等性能指标伴随铣刀组件介观结构不可逆变化程度的增大而逐渐下降，直至铣刀粒子群发生大面积破损为止。因此，对于高速铣刀组件粒子群性能衰退的有效控制应该集中在对粒子群性能衰退的抑制方面。

6.2.3　高速铣刀组件微区结构及原位成分分析

　　针对发生完整性破坏的高速铣刀样本，进行铣刀组件变形、断裂及结合面压溃的微区结构和原位成分分析，获得高速铣刀组件塑性变形和完整性破坏行为特征，如图 6-22、图 6-23 所示。

图 6-22　高速铣刀完整性破坏样本

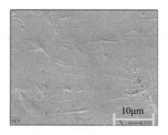

元素	Wt/%	Ar/%
CK	5.66	21.67
AlK	0.37	0.63
SiK	0.37	0.60
CrK	1.00	0.88
FeK	90.73	74.74
NiK	1.88	1.47

（a）刀体微区结构及原位成分

元素	Wt/%	Ar/%
CK	24.48	59.82
AlK	0.41	0.44
SiK	0.53	0.55
CrK	1.01	0.57
FeK	71.89	37.78
NiK	1.70	0.85

（b）螺钉微区结构及原位成分

元素	Wt/%	Ar/%
CK	21.77	74.28
OK	2.02	5.17
CoK	7.54	5.25
WL	68.67	15.31

（c）未参与铣削的刀片微区结构及原位成分

元素	Wt/%	Ar/%
CK	57.93	75.97
OK	13.79	13.58
NaK	4.65	3.19
BrL	6.36	1.25
SK	0.61	0.30
CLK	6.84	3.04
KK	3.47	1.40
CaK	1.81	0.71
FeK	0.90	0.25
WL	3.64	0.31

（d）参与铣削的刀片微区结构及原位成分

图 6-23　高速铣刀完整性破坏样本微区结构及原位成分

　　结果发现，在较大冲击载荷作用下发生完整性破坏的样本铣刀刀齿，其螺钉组件上的螺纹结合面变形程度和速度均大于刀体螺纹孔变形，螺钉组件发生较严重的剪切和拉伸变形，导致刀片预紧力显著下降或丧失，有四个刀齿上的刀片因此飞离刀体，刀齿发生较大程度的剪切塑性变形。在相对较低水平冲击载荷作用下，样本铣刀三个刀齿上的刀片发生断裂和破碎，其螺钉、刀体和刀齿根部未发生完整性破坏，但发生不同程度塑性变形。由此获得高速铣刀组件发生变形和完整性破坏过程行为特征，如图 6-24 所示。

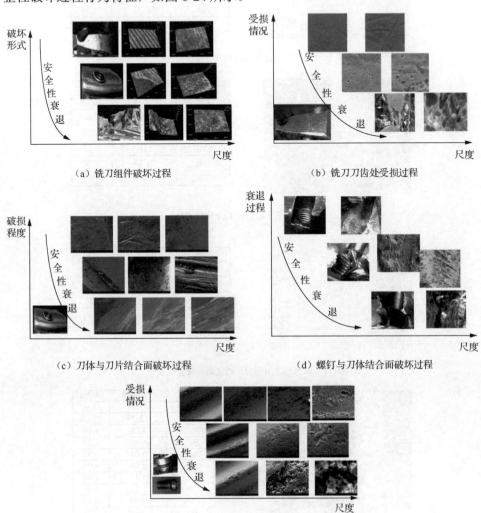

图 6-24　高速铣刀组件变形和完整性破坏过程行为特征

6.2.4　高速铣刀组件的原子群构型力学性能验证

通过高速铣刀组件力学性能实验，得出高速铣刀组件在拉伸、压缩和剪切变形的应力-应变曲线如图 6-25 所示。

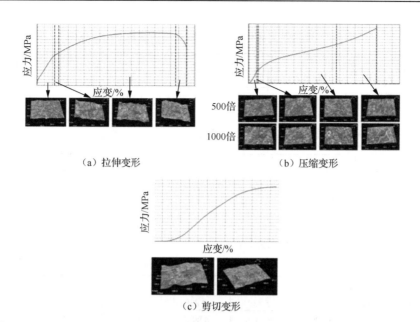

（a）拉伸变形　　　　　　　　　　（b）压缩变形

（c）剪切变形

图 6-25　高速铣刀组件材料变形应力-应变曲线

依据高速铣刀组件材料 40Cr、42CrMo、35CrMo 的拉伸、压缩、剪切实验结果，得出高速铣刀组件材料力学性能实验结果，如表 6-5 所示。依据高速铣刀力学行为实验和跨尺度关联分析结果，对比分析铣刀组件泊松比、弹性模量、晶格常数，如表 6-6~表 6-8 所示。

表 6-5　高速铣刀组件力学参数实验结果

材料编号	弹性模量/GPa	压缩模量/GPa	剪切模量/GPa	泊松比
40Cr	433.33	316	152.17	0.2778
42CrMo	415.78	310	154.83	0.2448
35CrMo	450.67	328	250.67	0.2702

表 6-6　高速铣刀组件泊松比实验与仿真结果对比分析

	40Cr	42CrMo	35CrMo
实验结果	0.2778	0.2884	0.2702
仿真结果	0.2782	0.2770	0.2827
误差/%	0.14	3.95	4.62

表 6-7　　高速铣刀组件弹性模量实验与仿真结果对比分析

		40Cr	42CrMo	35CrMo
拉伸弹性模量	实验结果/GPa	433.33	415.78	450.67
	仿真结果/GPa	390.4	379.4	444.0
	误差/%	9.91	8.75	1.48
压缩弹性模量	实验结果/GPa	316	310	328
	仿真结果/GPa	293.4	283.6	340.5
	误差/%	7.15	8.52	3.81
剪切模量	实验结果/GPa	152.17	154.83	210.67
	仿真结果/GPa	152.7	148.5	173.1
	误差/%	0.35	4.09	17.02

表 6-8　　高速铣刀组件晶格常数实验与仿真结果对比分析

		晶格参数					
		a	b	c	α	β	λ
刀体	实验结果	8.496	5.839	8.839	90	90	90
	仿真结果	8.5992	5.7328	8.8925	90.8953	89.4727	89.1322
	误差/%	1.21	1.82	6.05	0.99	0.58	0.96
螺钉	实验结果	7.436	5.657	7.671	90	90	90
	仿真结果	7.1975	5.1050	7.5336	91.2641	89.6095	89.3634
	误差/%	3.21	9.76	1.79	1.41	0.43	0.71

注：a、b、c 为三组棱长（mm）；α、β、λ 为棱间交角（°）。

如表 6-6～表 6-8 所示，除 35CrMo 组件剪切模量误差为 17.02%外，其他特征参数误差均在 10%以内。该分析结果表明，尽管为接近高速铣刀真实状态，在构型中加入了缺陷和杂质元素，铣刀实际原子群表面原子运动强度和自由度比模拟分析结果略低，实验数据与跨尺度关联分析数据存在一定差别，但高速铣刀跨尺度关联模型能够揭示出铣刀组件原子群运动对宏观载荷的响应特性。

采用上述跨尺度分析方法的高速铣刀及其组件材料性能的分子动力学模拟结果和实验结果基本吻合，证明了高速铣刀刀体及组件原子-连续介质跨尺度分析方法的准确性。由于其还存在一定的误差，所以材料的原子群构型和跨尺度耦合分析方法还值得进一步研究和分析。但是对分析铣刀安全性问题来说，该方法已经可以实现类似的研究和分析。

6.3　高速铣刀跨尺度关联设计方法验证实验

6.3.1　高速铣刀不平衡质量响应行为实验结果

采用高速铣刀安全性衰退载荷控制方法及模型，利用高速铣刀安全稳定性综合测试平台，在铣削速度 2000～2600m/min、每齿进给量 0.08～0.15mm、铣削深度 0.5～1.0mm、铣削接触角 144° 参数范围内进行测试实验。实验铣刀如图 6-26 所示。

（a）直径 63mm 铣刀　　　（b）直径 80mm 铣刀

图 6-26　高速铣削实验铣刀

高速铣刀不平衡质量测试结果表明，在铣削前期铣刀组件各结合面处于不稳定结合状态，发生的微小变形导致其不平衡质量变动较大。随着铣削冲击次数的增加，其结合面初始变形完成后，铣刀组件各结合面状态趋于稳定，铣刀在铣削中期不平衡质量变动较小，表现出较好的稳定性。同时发现，直径 63mm 铣刀不平衡质量对离心力增大响应不明显，但直径 80mm 铣刀不平衡质量则随离心力增大而增加，如图 6-27 所示。

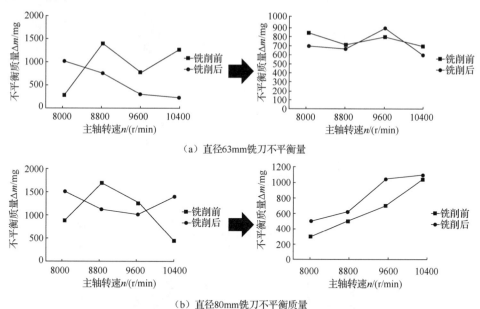

（a）直径63mm铣刀不平衡量

（b）直径80mm铣刀不平衡质量

图 6-27　高速铣刀不平衡质量响应行为

6.3.2　高速铣刀铣削力验证实验结果

高速铣刀铣削力实验结果如图 6-28 所示。直径 63mm 铣刀随转速的增大，铣削力呈现较平稳状态，且铣刀由前期铣削到中期铣削的铣削力无明显变化，该铣刀组件变形较小，对刀工接触关系和铣削层参数影响较小，表现出优良稳定的铣削性能。

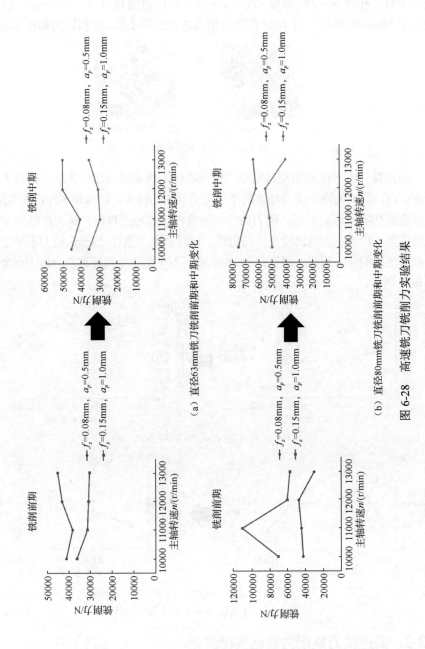

（a）直径63mm铣刀铣削前期和中期变化

（b）直径80mm铣刀铣削前期和中期变化

图 6-28　高速铣刀铣削力实验结果

　　直径 80mm 铣刀在前期铣削过程中铣削力出现较大变化，铣刀变形和组件位移对刀工接触关系和铣削层参数产生影响；中期铣削过程中，铣刀铣削力趋于平稳，随转速的增大铣削力变化不大，表现出较稳定的铣削性能。实验结果表明，上述两种铣刀的组件变形程度和位移均得到有效控制，其较平稳的铣削力载荷有效提高了高速铣刀安全可靠性和安全稳定性。

6.3.3　高速铣刀铣削稳定性实验结果

　　直径 63mm 高速铣刀振动实验结果如图 6-29 所示。该高速铣刀在铣削前空转、铣削后空转和改变铣削参数条件下，其振动频率没有发生明显改变，主要受机床主轴振动频率影响；铣削力只引起其振动幅值增大，其铣削前、铣削后空转振动幅值变化不大。实验结果表明，该铣刀结构在离心力、铣削力载荷频繁变化和交替作用下能保持优良的安全稳定性。

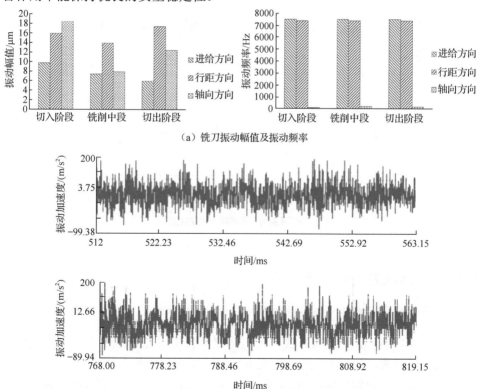

（a）铣刀振动幅值及振动频率

（b）铣削前、后振动加速度对比

图 6-29　直径 63mm 高速铣刀振动实验结果

　　直径 80mm 高速铣刀振动实验结果如图 6-30 所示。铣刀在铣削前空转、铣削后空转和改变铣削参数条件下，其铣削前与铣削后振动频率没有发生明显改变，铣削力引起其振动幅值增大和轴向振动频率的改变，引起了铣刀结构上的响应，但其铣削前、铣削后空转振动幅值变化不大。实验结果表明，铣削力冲击并没有引起其组件永久性变形和位移响应，铣削中铣刀仅发生了有限弹性变形，该铣刀结构在离心力、铣削力载荷频繁变化和交替作用下仍保持良好的安全稳定性。

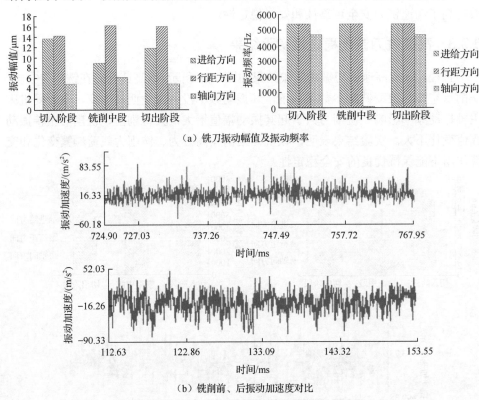

（a）铣刀振动幅值及振动频率

（b）铣削前、后振动加速度对比

图 6-30　直径 80mm 高速铣刀振动实验结果

6.3.4　高速铣刀磨损实验结果

1. 等齿距高速铣刀磨损实验结果与分析

实验机床使用 MIKRON UCP-710 五轴联动镗铣加工中心，工件材料为航空铝合金 7075，机床参数和工件尺寸见表 6-9、表 6-10。实验刀具选用两把直径同为 63mm，但齿距不同的高速铣刀，由理论分析可知铣削过程中不等齿距刀具往往具有减振效果，所以实验中的铣削参数选取四个转速水平，两个铣削力载荷水平，具体实验参数见表 6-11。通过实验测得铣削力，首先对比铣刀结构稳定性对铣削力载荷的影响，另外还可以计算实际铣削过程中铝合金 7075 的单位铣削力。

表 6-9　实验机床及工件

使用机床	零件材料	刀具
MIKRON UCP-710 五轴联动镗铣加工中心	铝合金 7075	高效铣刀
零件规格	加工方式	加工部位
500mm×200mm×100mm 铝合金试件	铣削	试件型面

表 6-10　实验选用铣刀参数

刀具	直径/mm	齿数	齿距/(°)	主偏角/(°)	刀片型号
F2033.022.040.063	63	4	88、89、91、92	45	SEHT1024AFN
2033.022.040.063	63	4	90	45	

表 6-11　高速铣刀铣削力及变形实验参数表

刀具	每齿进给量 f_z/mm	铣削线速度/(m/min)	铣削深度 a_p/mm	铣削宽度/mm
F2033.022.040.063	0.08	2000	0.5	56
		2200		
		2400		
		2600		
	0.15	2000	1.0	
		2200		
		2400		
		2600		

　　通过搭建高速铣刀铣削安全稳定性综合测试平台，选择两把高速铣刀进行高强度铝合金 7075 的高速铣削实验（铣削参数及实验条件见表 6-9～表 6-11）。实验中对磨损长度、后刀面磨损宽度和后刀面磨损深度进行测量，从而观察刀具的磨损情况，探寻在铣削过程中刀具变形和位移对刀具磨损的影响规律，以此分析由铣削不稳定表现出的不同刀齿磨损的不均匀性变化规律[21]，进而通过磨损的不均匀性对铣刀稳定性进行评价。

　　实验铣削参数为每齿进给量 f_z=0.08mm，铣削线速度 v_c=2000m/min、2200m/min、2400m/min、2600m/min，铣削深度 a_p=0.5mm，等齿距高速铣刀铣削前后刀齿磨损不均匀性对比如图 6-31～图 6-34 所示。

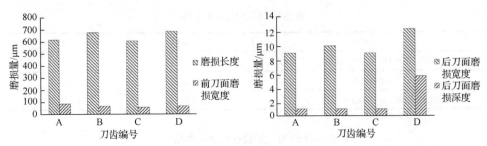

图 6-31　铣削线速度 v_c=2000m/min 等齿距高速铣刀铣削前后刀齿磨损

不均匀性（f_z=0.08mm, a_p=0.5mm）

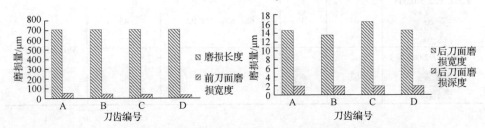

图 6-32　铣削线速度 v_c=2200m/min 等齿距高速铣刀铣削前后刀齿磨损

不均匀性（f_z=0.08mm, a_p=0.5mm）

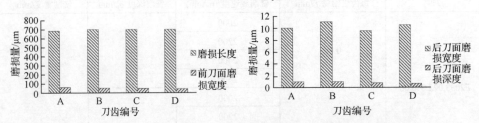

图 6-33　铣削线速度 v_c=2400m/min 等齿距高速铣刀铣削前后刀齿磨损

不均匀性（f_z=0.08mm, a_p=0.5mm）

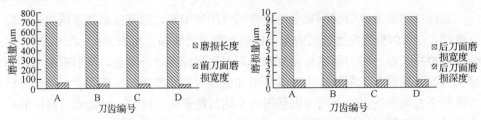

图 6-34　铣削线速度 v_c=2600m/min 等齿距高速铣刀铣削前后刀齿磨损

不均匀性（f_z=0.08mm, a_p=0.5mm）

　　对实验用刀刀片磨损不均匀进行分析，从磨损长度、前刀面磨损宽度、后刀面磨损宽度和后刀面磨损深度这些方面来分析，各个刀齿上的刀片磨损不均匀程度虽然变化不大，但仍有所差别，需要在各个参数条件下分别对刀齿前后刀面的磨损长度和磨损宽度进行对比分析，如图 6-35 所示。

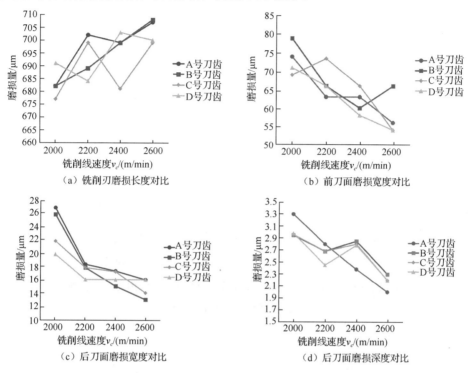

（a）铣削刃磨损长度对比　　　　（b）前刀面磨损宽度对比

（c）后刀面磨损宽度对比　　　　（d）后刀面磨损深度对比

图 6-35　刀齿磨损随铣削线速度变化趋势（f_z=0.08mm, a_p=0.5mm）

实验铣削参数为每齿进给量 f_z=0.15mm，铣削线速度 v_c=2000m/min、2200m/min、2400m/min、2600m/min，铣削深度 a_p=1.0mm，等齿距高速铣刀铣削前后刀齿磨损不均匀性对比如图 6-36～图 6-39 所示。

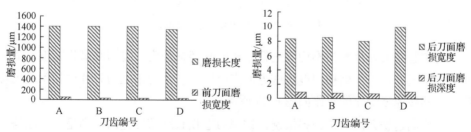

图 6-36　铣削线速度 v_c=2000m/min 等齿距高速铣刀铣削前后刀齿磨损
不均匀性（f_z=0.15mm, a_p=1.0mm）

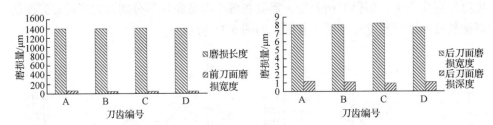

图 6-37　铣削线速度 v_c=2200m/min 等齿距高速铣刀铣削前后刀齿磨损
不均匀性（f_z=0.15mm, a_p=1.0mm）

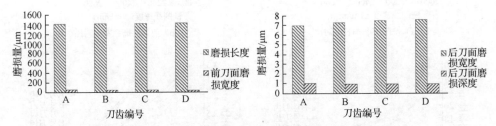

图 6-38　铣削线速度 v_c=2400m/min 等齿距高速铣刀铣削前后刀齿磨损
不均匀性（f_z=0.15mm, a_p=1.0mm）

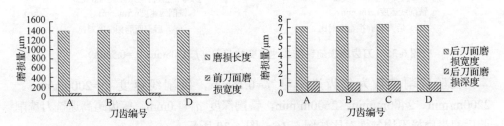

图 6-39　铣削线速度 v_c=2600m/min 等齿距高速铣刀铣削前后刀齿磨损
不均匀性（f_z=0.15mm, a_p=1.0mm）

　　对实验用刀刀片磨损不均匀进行分析，从磨损长度、前刀面磨损宽度、后刀面磨损宽度和后刀面磨损深度这些方面来分析，各个刀齿上的刀片磨损不均匀程度随铣削线速度变化的对比如图 6-40 所示。

　　分析高速铣刀的刀片磨损情况，铣削刃磨损长度随转速的提高呈上升趋势，前刀面磨损宽度、后刀面磨损宽度、后刀面磨损深度基本呈现下降趋势。具体刀齿的磨损程度与刀齿误差和位移量有一定的联系[22]，铣削前后铣刀径向和轴向变形量会使刀齿磨损程度发生改变，但是受振动影响更明显。

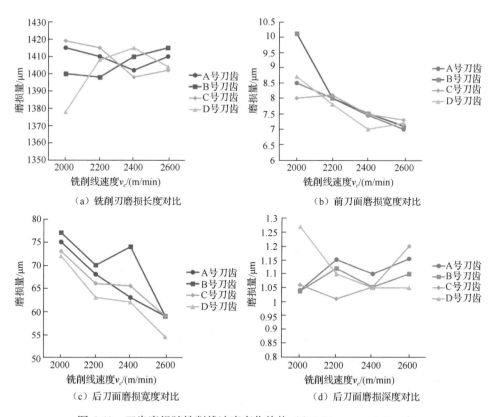

（a）铣削刃磨损长度对比　　　　（b）前刀面磨损宽度对比

（c）后刀面磨损宽度对比　　　　（d）后刀面磨损深度对比

图 6-40　刀齿磨损随铣削线速度变化趋势（f_z=0.15mm, a_p=1.0mm）

2. 不等齿距高速铣刀磨损实验结果与分析

实验铣削参数为每齿进给量 f_z=0.08mm，铣削线速度 v_c=2000m/min、2200m/min、2400m/min、2600m/min，铣削深度 a_p=0.5mm，不等齿距高速铣刀铣削前后刀齿磨损不均匀性对比如图 6-41～图 6-45 所示。

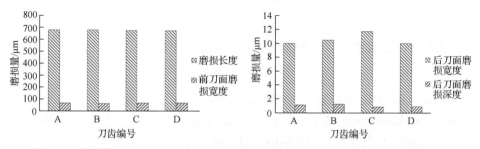

图 6-41　铣削线速度 v_c=2000m/min 不等齿距高速铣刀铣削前后刀齿磨损不均匀性

（f_z=0.08mm, a_p=0.5mm）

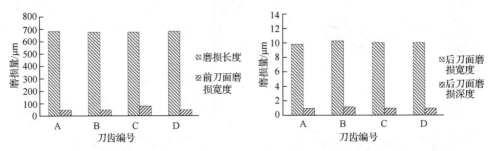

图 6-42　铣削线速度 v_c=2200m/min 不等齿距高速铣刀铣削前后刀齿磨损不均匀性

（f_z=0.08mm, a_p=0.5mm）

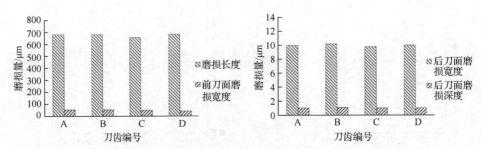

图 6-43　铣削线速度 v_c=2400m/min 不等齿距高速铣刀铣削前后刀齿磨损不均匀性

（f_z=0.08mm, a_p=0.5mm）

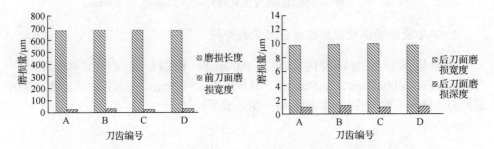

图 6-44　铣削线速度 v_c=2600m/min 不等齿距高速铣刀铣削前后刀齿磨损不均匀性

（f_z=0.08mm, a_p=0.5mm）

　　实验铣削参数为每齿进给量 f_z=0.15mm，铣削线速度 v_c=2000m/min、2200m/min、2400m/min、2600m/min，铣削深度 a_p=1.0mm，不等齿距高速铣刀铣削前后刀齿磨损不均匀性对比如图 6-46～图 6-49 所示。

　　如图 6-50 所示，B 号和 C 号刀齿的后刀面磨损宽度较大，这是由于 B 号、C 号刀齿铣削前后的径向长度增大较其他齿多，铣削过程中径向长度增大使刀齿前、后刀面的磨损程度加剧，轴向长度的增大会使铣削刃磨损长度增大[23]。

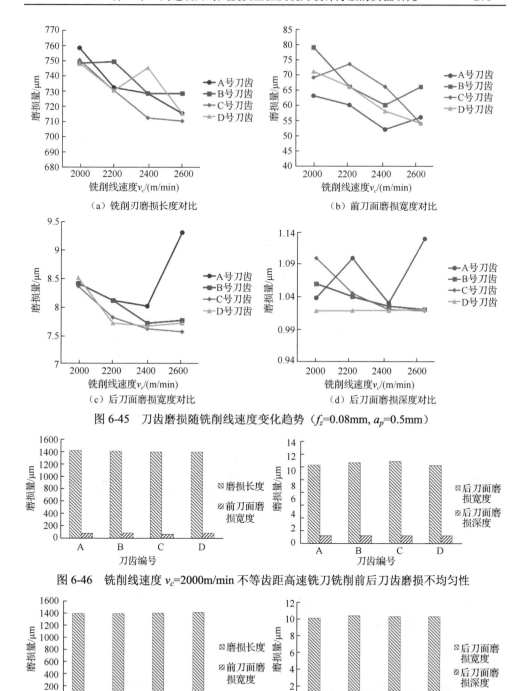

（a）铣削刃磨损长度对比

（b）前刀面磨损宽度对比

（c）后刀面磨损宽度对比

（d）后刀面磨损深度对比

图 6-45　刀齿磨损随铣削线速度变化趋势（f_z=0.08mm, a_p=0.5mm）

图 6-46　铣削线速度 v_c=2000m/min 不等齿距高速铣刀铣削前后刀齿磨损不均匀性

图 6-47　铣削线速度 v_c=2200m/min 不等齿距高速铣刀铣削前后刀齿磨损不均匀性

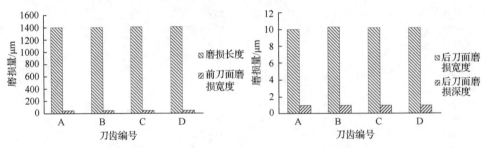

图 6-48　铣削线速度 v_c=2400m/min 不等齿距高速铣刀铣削前后刀齿磨损不均匀性

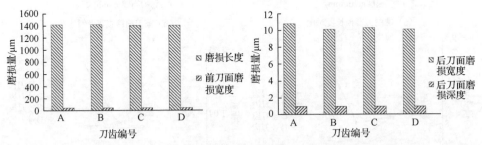

图 6-49　铣削线速度 v_c=2600m/min 不等齿距高速铣刀铣削前后刀齿磨损不均匀性

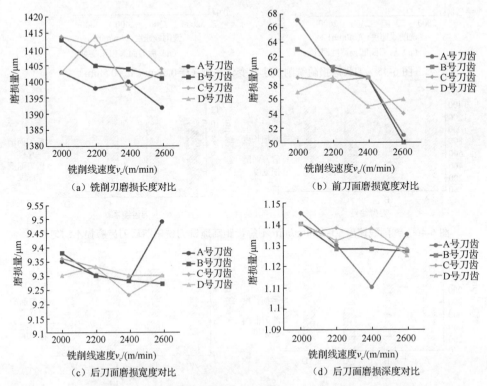

图 6-50　刀齿磨损随铣削线速度变化趋势（f_z=0.15mm，a_p=1.0mm）

6.3.5　高速铣刀加工表面形貌实验

为了研究高速铣刀加工表面形貌特征，进行高速铣削加工实验，实验材料为45#钢，具体刀具的结构参数及工艺参数如表 6-12 所示。

表 6-12　刀具的结构参数及工艺参数

	刀具结构参数				工艺参数		
	直径/mm	齿数	齿距/(°)	偏心质量/mg	n /(r/min)	f_z /mm	a_p /mm
	63	5	72	172	2200	0.06	0.32
					2200	0.12	0.32

图 6-51 是不同铣削力水平的振动行为实测结果。对比实测的振动行为的测试结果，发现每齿进给量的变化对振动行为的频域波形没有改变，即没有改变振动行为的主要类型，但是时域波形对多每齿进给量有明显的响应，说明每齿进给量的改变导致振动行为的振动幅值发生了变化。

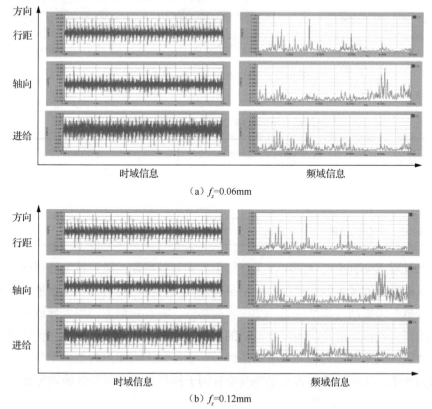

（a）f_z=0.06mm

（b）f_z=0.12mm

图 6-51　不同铣削力水平的振动行为实测结果

通过对比铣削工艺可知，相同刀具在相同转速和铣削深度条件下，每齿进给量的改变，实现了铣削力大小的变化，没有改变铣削力频率、离心力大小和频率，这与振动行为的实测结果一致。

图 6-52、图 6-53 分别是不同工艺条件下加工表面形貌的实测图。不同铣削力水平加工表面形貌结果见表 6-13。

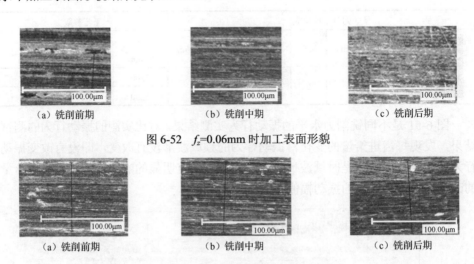

（a）铣削前期　　　　　　　　　（b）铣削中期　　　　　　　　　（c）铣削后期

图 6-52　f_z=0.06mm 时加工表面形貌

（a）铣削前期　　　　　　　　　（b）铣削中期　　　　　　　　　（c）铣削后期

图 6-53　f_z=0.12mm 时加工表面形貌

表 6-13　不同铣削力水平加工表面形貌结果

工艺方案	最大残留高度 R_{max}/μm			间距 L/μm		
	铣削前期	铣削中期	铣削后期	铣削前期	铣削中期	铣削后期
旧工艺	8.97	11.24	13.71	24.42	29.98	31.5
新工艺	10.88	11.56	12.95	29.61	29.80	31.40

通过对比分析不同铣削阶段工件加工表面形貌可知，随着铣削进程的进行，加工表面形貌的最大残留高度及间距呈变大的趋势，这是刀具铣削磨损造成的。对比分析不同铣削力水平的工件加工表面形貌，发现铣削力的增大导致加工表面形貌的最大残留高度及间距产生微小的增加，说明加工表面形貌的理论计算公式是一致的。但是铣削力较高水平的条件下，获得加工表面形貌整体均匀度优于低铣削力水平。这说明铣削力水平的改变有利于控制加工表面形貌的均匀性。

6.4　本章小结

（1）高速铣刀振动及铣削力实验结果表明，随转速提高，离心力对振动频率的影响明显增强，但铣刀振动幅值总体变化不明显，说明离心力是引起铣刀发生初始衰退的主要载荷，其改变了铣削频谱中的振动频率大小。铣削力的变化会导致初始衰退振动幅值增大和轴向振动频率的改变，引起铣刀结构上的响应，但其切前、切后空转振动幅值变化不大。铣削力出现波动的主要原因在于铣刀在高速旋转中受到离心力及铣削力产生的变形影响。高速铣刀安全性铣削实验结果表明，宏介观协同设计方法通过对宏介观结构的交互设计，有效抑制粒子群变形，从而延缓铣刀组件性能的衰退，提高铣刀服役性能，增加高速铣刀组件的安全稳定性，提出的高速铣刀安全性衰退过程控制方法，延迟了高速铣刀组件安全性衰退的响应时间，抑制了铣刀损伤及变形的发生，实现了高速铣刀安全、稳定、高效铣削的设计目标。

（2）通过对 40Cr、42CrMo、35CrMo 三种材料的能谱分析探查，建立相应的原子群构型，基于第一性原理对构型进行能量稳定构型优化，通过材料的力学性能进行仿真模拟，得出相应构型力学性能的仿真结果与材料宏观的力学性能结果基本一致，证明了高速铣刀刀体及组件原子-连续介质跨尺度分析方法的准确性。

（3）高速铣刀刀齿磨损不均性实验表明，刀齿径向长度较大则后刀面磨损深度和宽度较大，这与理论分析基本一致，但前刀面磨损状态与理论分析有区别，说明前刀面磨损受铣削振动影响显著，而铣削过程中轴向振动幅值较大，最终导致铣削刃磨损长度呈不规则变化。并以加工表面形貌的控制变量识别为基础，提出了高速铣刀加工表面形貌一致的结构动力学特性控制方法，并进行了实验验证。

参 考 文 献

[1] 姜彬, 林爱琴, 王松涛, 等. 高速铣刀安全性设计理论与方法[J]. 哈尔滨理工大学学报, 2013(2): 63-67.

[2] Khechana M, Djamaa M C, Djebala A, et al. Identification of structural damage in the turning process of a disk based on the analysis of cutting force signals[J]. International Journal of Advanced Manufacturing Technology, 2015, 80: 1363-1368.

[3] 姜彬, 郑敏利, 夏丹华. 高速铣刀安全可靠铣削淬硬钢的检测方法: 201110420666[P]. 2014-12-10.

[4] 姜彬, 郑敏利, 宋继光. 控制高速铣削淬硬钢曲面刀具消耗量的工艺方法: 2011104177990[P]. 2015-11-11.

[5] 姜彬, 郑敏利. 高速铣刀跨尺度设计方法及铣刀: 2010100324680[P]. 2012-10-03.

[6] Jiang B, Qi C X, Nie J, et al. Grey incidence analysis on the performance of high speed milling cutter[J]. Joural of Harbin Institute of Technology, 2010, 17: 115-118.

[7] 姜彬, 韩占龙, 陈强. 一种抑制刀齿受迫振动磨损不均匀性的高速铣刀设计方法: 201410023811.3[P]. 2014-01-20.

[8] 姜彬, 姚贵生. 高速铣刀多齿不均匀铣削行为的补偿方法: 201510345571.3[P]. 2015-06-30.

[9] Jiang B, Gu Y P, He T T, et al. Diversity of assembly error migration and its solution model for heavy duty machine tool[J]. International Journal of Mechatronics and Manufacturing Systems, 2018, 4(11): 277-298.

[10] 姜彬, 白锦轩. 一种低熵值的安全性高速铣刀: 201310611359.8[P]. 2013-11-28.

[11] Jiang B, He T T, Gu Y P, et al. Method for recognizing wave dynamics damage in high-speed milling cutter[J]. International Journal of Advanced Manufacturing Technology, 2017, 92(1-4): 139-150.

[12] 文玉华, 朱如曾, 周富信. 分子动力学模拟的主要技术[J]. 力学进展, 2003, 33(1): 65-73.

[13] 姜彬, 张明慧, 姚贵生, 等. 高速铣刀安全性跨尺度设计方法[J]. 机械工程学报, 2016, 52(5): 1-10.

[14] Jiang B, Fan L L, Zhao P Y, et al. Identification method for the dynamic distribution characteristics of machining errors in high energy efficiency milling[J]. The International Journal of Advanced Manufacturing Technology, 2022, 118(1-2):255-274.

[15] 姜彬, 谷云鹏, 张明慧. 一种基于高速铣刀组件原子群构型的铣刀损伤预后方法: 201710418147.6[P]. 2018-08-24.

[16] 姜彬, 何田田, 张明慧. 一种断续冲击载荷作用下的高速铣刀波动力学损伤识别方法: 201610966431.2[P]. 2018-06-01.

[17] 姜彬, 徐兴亮, 赵培轶. 一种高效铣刀损伤的多尺度识别方法: 201910284927.5[P]. 2020-06-05.

[18] Jiang B, Zhang M H, Yao G S. Trans-scale design method on safety of high speed milling cutter[J]. Journal of Mechanical Engineering, 2016, 52(5): 202-212.

[19] 姜彬, 张明慧, 姚贵生. 一种振动作用下的高效铣刀刀齿磨损差异性检测方法: 2016102063606[P]. 2017-10-17.

[20] 姜彬, 范丽丽, 赵培轶. 铣刀铣削振动变化特性的检测与高斯过程模型构建方法: 201910293137.3[P]. 2019-06-28.

[21] 姜彬, 王强, 赵培轶, 等. 一种高进给铣刀刀齿后刀面摩擦磨损边界检测与解算方法: 201911300165.X[P]. 2021-06-22.

[22] 姜彬, 姚贵生. 淬硬钢试件、工艺检测方法、设计方法、车门铣削方法: 104942350A[P]. 2015-09-30.

[23] 姜彬, 赵娇, 徐彤, 等. 刀具左右铣削刃分层铣削差异性分析方法: 105868455A[P]. 2016-08-17